Kurt Gödel
Philosophische Notizbücher
BAND 7
Maximen VII
Seite 7

Kurt Gödel
Philosophical Notebooks
VOLUME 7
Maxims VII
Page 123

Kurt Gödel
Philosophische Notizbücher

Herausgegeben von Eva-Maria Engelen
im Auftrag der Berlin-Brandenburgischen
Akademie der Wissenschaften (BBAW)

BAND 7

Philosophical Notebooks

Edited by Eva-Maria Engelen
on behalf of the Berlin-Brandenburg Academy
of Sciences and Humanities (BBAW)

VOLUME 7

Kurt Gödel

Maximen VII / Maxims VII

Herausgegeben von /
Edited by Eva-Maria Engelen
Aus dem Deutschen von /
Translated from German by Merlin Carl

DE GRUYTER

Edited on behalf of the Berlin-Brandenburg Academy
of Sciences and Humanities (BBAW) with support
of the Hamburg Foundation for the Advancement of Research and Culture.

Design: Friedrich Forssman.
Typeface: Chaparral Pro by Carol Twombly.
Print and bookbinding: CPI books GmbH, Leck.

Editing of the German Text: Christopher von Bülow.
Editing of the English translation: Carolyn Benson.
Funding of the translation: Alfred P. Sloan Foundation.

Printed in Germany.
Printed on acid-free paper.

Library of Congress Control Number: 2025941599

Bibliographic information published by the Deutsche Nationalbibliothek
The Deutsche Nationalbibliothek lists this publication
in the Deutsche Nationalbibliografie;
detailed bibliographic data are available on the Internet
at http://dnb.dnb.de

ISBN 978-3-11-140466-0
eISBN 978-3-11-168185-6

www.degruyterbrill.com
Fragen zur allgemeinen Produktsicherheit:
productsafety@degruyterbrill.com

Inhalt – Contents

Kurt Gödel
Maximen VII

Herausgegeben von Eva-Maria Engelen

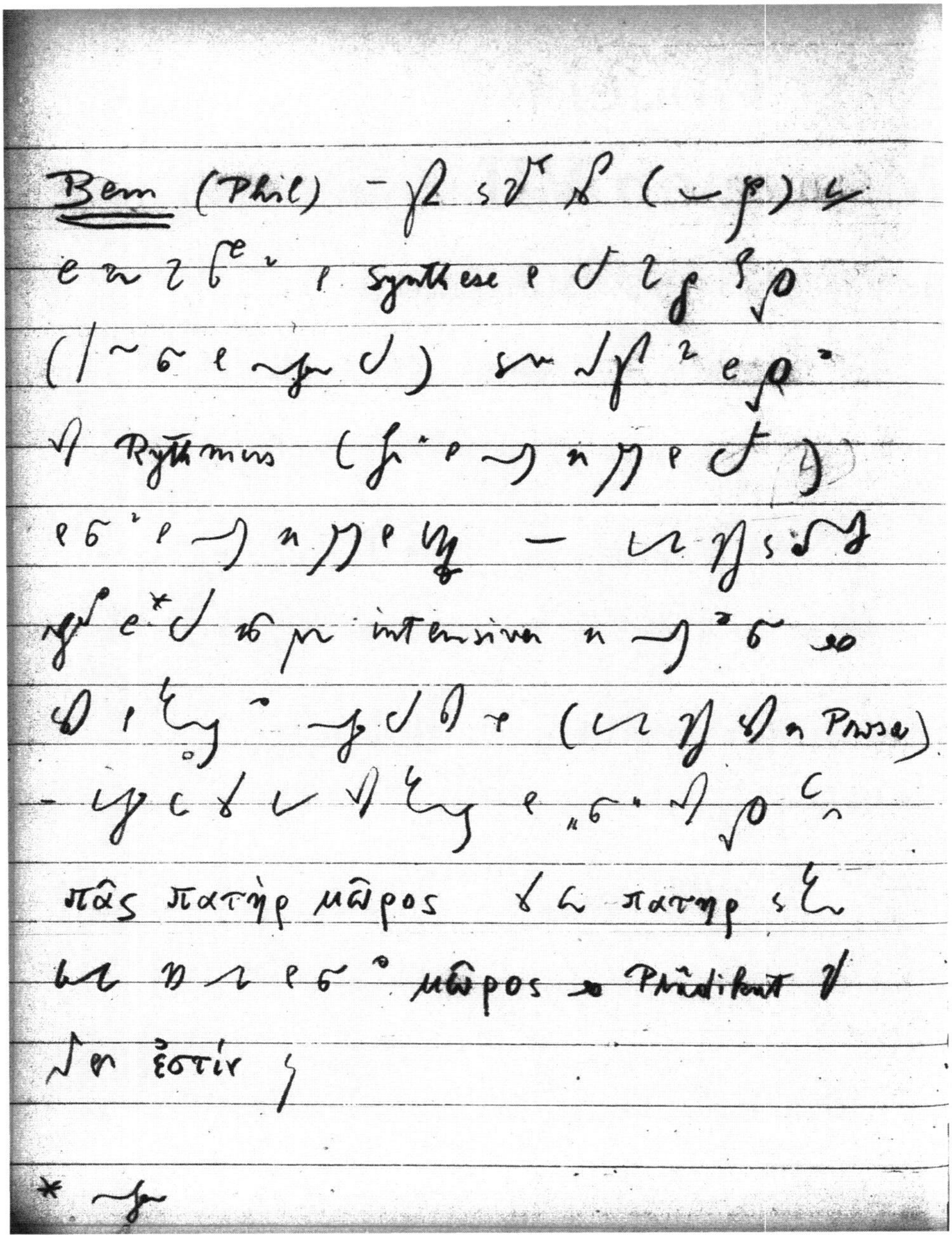

Beispielseite aus ›Max VII‹
Kurt Gödel Papers (CO282), Behältnis 6b, Reihe III, Mappe 68, ursprüngliche Dokumentennummer 030093
Firestone Library, Princeton University.

Dank

Die Edition von Kurt Gödels Philosophischen Notizbüchern wird durch die Hamburger Stiftung zur Förderung von Wissenschaft und Kultur sehr umfassend, großzügig und überaus verlässlich unterstützt. Dafür sei ihr, und namentlich Jan Philipp Reemtsma, herzlich gedankt.

Die Übersetzung ins Englische wurde dankenswerterweise von der Alfred P. Sloan Foundation finanziert.

Der Berlin-Brandenburgischen Akademie der Wissenschaften, an der die Edition von Kurt Gödels Philosophischen Notizbüchern angesiedelt ist, gebührt gleichfalls großer Dank für umfangreiche Unterstützung. Insbesondere sind hier ihr Altpräsident Martin Grötschel, der amtierende Präsident Christoph Markschies sowie die Akademiemitglieder Jürgen Mittelstraß und Martin Mulsow zu nennen.

Den Nachlassverwaltern von Kurt Gödels Hinterlassenschaft gilt mein Dank für die Erlaubnis, Gödels Notizbücher zu edieren, dem Archiv des Institute for Advanced Study in Princeton sowie der Rare Books and Manuscripts Division der Firestone Library der Princeton University für Materialbereitstellung aus dem Nachlass.

Für Auskünfte, fachkundigen Rat und sonstige Hilfestellungen in Fragen, die insbesondere den vorliegenden Band betreffen, danke ich Merlin Carl (Flensburg/Konstanz), Angelos Chaniotis (Princeton), John W. Dawson, Jr. (York, Pennsylvania), Cheryl A. Dawson (York, Pennsylvania), Alexander Englert (Princeton), Christian Fleischhack (Paderborn), Gottfried Gabriel (Jena), David Hyder (Ottawa), Thomas Müller (Konstanz), Christopher von Bülow (Konstanz), Paul Weingartner (Salzburg) und Andreas Zierl (Dresden).

Editorische Notizen

Bei den vorliegenden Transkriptionen, die von Eva-Maria Engelen stammen, handelt es sich um eine Textrekonstruktion aus der Kurzschrift Gabelsberger. Die dadurch erforderlichen grammatikalischen und sonstigen Ergänzungen werden für die daran interessierten Leser sichtbar gemacht, wurden aber so gewählt, dass die Lektüre für die an den Zusätzen uninteressierten Leser nicht erschwert wird.

Die Bände enthalten, wenn benötigt, ein Literaturregister der Werke, die Gödel gelesen und für seine Notizen herangezogen hat. Die ausführlichen Angaben dazu finden sich im Werkregister, Kurzangaben dazu zudem im Kommentarapparat. Grundsätzlich wurden Erstausgaben angeführt, es sei denn, es ist erkennbar, welche Ausgabe Gödel nachweislich oder anzunehmenderweise benutzt hat. In diesem Fall wurde die von ihm verwendete Ausgabe angegeben. Die Literatur, welche für die Einleitung ausgewertet wurde, ist getrennt davon im Anschluss an dieselbe angeführt, allerdings nicht noch einmal im Werkregister.

Zitate aus Kurt Gödels Philosophischen Notizbüchern werden mittels nicht abgekürzten Titels sowie Seiten- und Zeilenangaben des jeweiligen Bandes belegt, wenn der edierte Text gedruckt vorlag; war das nicht der Fall, werden der von Gödel abgekürzte Manuskripttitel und die Manuskriptseiten angegeben. Auch wenn auf das Manuskript Bezug genommen wird, wird der von Gödel abgekürzte Titel des Manuskripts angeführt.

Nähere Angaben zu den von Gödel direkt oder indirekt angeführten Personen finden sich im Personenregister, mitunter auch im erläuternden Kommentarapparat.

Die Notation der logischen Zeichen wurde in der englischen Übersetzung in moderne Notation übertragen; im deutschen Originaltext ist hingegen die Notationsweise Gödels beibehalten worden, um die Erforschung historischer logischer Notationen zu ermöglichen. Beibehalten wurde auch in der englischen Übersetzung Gödels Gebrauch der logischen Symbole $\rightarrow$ und $\supset$.

Die Übersetzung ins Englische gleicht in ihrer typographischen Gestalt dem deutschen Text. Es entfallen: unsichere Lesarten / die Differenzierung in Lang- und Kurzschrift / die Hervorhebung von Wort- und Wortteil-Ergänzungen / die Hervorhebung von Gödel-Interpunktionen / die Markierung unlesbarer Textteile / die Markierung von Einfügungen / weitgehend der nicht erläuternde Kommentarapparat. Unterstreichungen erfolgen nur einfach.

Die erforderliche Ergänzung einzelner Buchstaben im Falle syntaktischer, grammatikalischer Interpretationen wie Pluralsetzung, Kasus etc., die Auswirkungen auf die Semantik haben könnten, ist durch Graudruck sichtbar gemacht. Hat eine Ergänzung hingegen keine erkennbaren Auswirkungen auf die Semantik, wird sie stillschweigend vorgenommen.

Textergänzungen

Die Ergänzung ganzer Worte erfolgt im Graudruck ohne eckige Klammern.

Ergänzung ganzer Worte

Da das Setzen von Satzzeichen, insbesondere von Kommata, im Deutschen oftmals mit einer Interpretation einhergeht und sich sogar sinnverändernd auswirken kann, werden die von der Herausgeberin eingefügten Satzzeichen nicht fett gedruckt; die von Gödel gewählten Satzzeichen werden hingegen fett gedruckt und sind immer geradestehend.

Satzzeichen

Die in der Regel verwendete Kurzschrift Gabelsberger wird in der Transkription in einer Antiqua, also einer Serifenschrift, wiedergegeben. Die Langschrift erfolgt in *kursiver Schrift*; sie kommt meist bei Personen- und Ortsnamen sowie bei Zitaten in nichtdeutscher Sprache vor.

Lang- und Kurzschrift

Unsichere Lesarten stehen in leichter Grotesk. Danach steht kein Fragezeichen in Spitzklammern oder Ähnliches.

Unsichere Lesarten

Auflösen von Abkürzungen: In Gabelsberger standardisierte Abkürzungen wurden im Fließtext in ganzen Worten wiedergegeben, innerhalb der Klammern jedoch auch in der Transkription als Abkürzungen. Das soll die Lesbarkeit des Textes erhöhen.

Abkürzungen

Wiedergabe von Zahlenangaben: Gödel schreibt Zahlenangaben manchmal als Ziffern, manchmal als Worte. In der Transkription wurde die jeweilige Vorgehensweise Gödels übernommen, nicht so in der englischen Übersetzung.

Zahlenangaben

Gödel unterstreicht in zahlreichen Varianten: einfach, doppelt, dreifach, gestrichelt, wellenförmig oder in Kombination dieser Va-

Unterstreichungen

rianten. Einfache, doppelte und dreifache Unterstreichungen werden als solche sichtbar gemacht, wellenförmige oder gestrichelte jedoch nicht, sie werden als einfache Unterstreichungen wiedergegeben. In der englischen Übersetzung werden die Unterstreichungen nur als einfache sichtbar gemacht.

Streichungen

Streichungen werden mit senkrechtem Strich | angegeben und im Apparat für editorische Erläuterungen wiedergegeben. Eine Ausnahme davon sind Streichungen, bei denen davon auszugehen ist, dass sie erledigte Punkte auf einer Liste wiedergeben, weil Gödel den Titel gelesen oder die Aufgabe erledigt hat etc.

Einfügungen

Einfügungen durch Gödel werden in {Schweifklammern} wiedergegeben.

Paginierung der Manuskriptseiten

Die Paginierung der Manuskriptseiten durch Gödel wird in eckigen Klammern angegeben. Bei Verweisen auf einzelne Stellen innerhalb eines Notizheftes wird diese Paginierung angegeben. Erfolgt die Paginierung innerhalb einer Aufzählung, wird sie rechtsbündig wiedergegeben, ansonsten linksbündig. Die Paginierung der geraden und ungeraden Seitenzahlen stammt zum Teil von Gödel; die fehlenden wurden meist stillschweigend ergänzt.

Gödels Fußnoten, Kommentarapparat

Gödels Fußnoten erscheinen in der Edition als Marginalien. Diese Vorgehensweise wurde gewählt, um den Lesefluss zu erleichtern und um ihre Zugehörigkeit zum Textkorpus deutlich werden zu lassen. Nachweise und Erläuterungen werden als Fußnoten unter den Kolumnen gegeben. Der Kommentarapparat steht am Seitenfuß außen.

Literaturangaben

Die Kenntlichmachung von Buchtiteln erfolgt im Anmerkungsapparat durch ›einfache Anführungszeichen‹, die von Aufsatztiteln und anderen unselbstständigen Titeln durch »doppelte Anführungszeichen«.

Unlesbares

Unlesbare Textteile werden mit einfachem senkrechten Strich | angegeben (Strich in leichter Grotesk) und kommentiert. Gestrichene unlesbare Textteile werden mit doppeltem, durchgestrichenem senkrechten Strich ++ angegeben.

Die Gödel-»Fußnoten« in den Marginalspalten sind bezeichnet: Sternchen, zwei Sternchen, drei Sternchen, Kreuz, Doppelkreuz, Paragraph, Alinea (* / ** / *** / † / ‡ / § / ¶). Diese Symbole stehen im Text (Kreuz † bis Alinea-Zeichen ¶ werden im Haupttext hochgestellt, † vor dem Text in den Marginalien jedoch nicht) und zu Beginn der Anmerkungen. Die Marginal-»Fußnoten« beginnen jeweils auf der Höhe der Markierung im Text, soweit möglich, ansonsten schließen sie direkt an die vorige Fußnote an. Fußnoten, -zeichen

Typographische Angaben

Die Schrift ist die Chaparral Pro von Carol Twombly. Durch ihren geringen Strichstärkenunterschied eignet sie sich gut für Graudruck. Es gibt sie in verschiedenen Designgrößen; für die Fußnoten und Marginalien werden die »Caption«-Schnitte verwendet, die für kleinere Grade optimiert sind. Die Grotesk ist die Gill Sans light. Schriften

Die Satzart ist grundsätzlich Blocksatz, wobei tabellen- und listenartige Textteile auch im Flattersatz stehen können. Satzart

Alle Anführungszeichen haben »diese« bzw. ›diese‹ Form. Anführungszeichen

Es werden Mediävalziffern verwendet (1234567890). Im Formelsatz ist Verwendung von Versalziffern (1234567890) möglich. In der Bezeichnung ›Max 0‹ steht immer die Versalziffer. Ziffernform

Abdruckgenehmigung

Dem Institute for Advanced Study, Princeton, ist als Nachlassverwalter von Kurt Gödels Nachlass für die Erlaubnis zu danken, Kurt Gödels ›Maximen Philosophie‹ zu transkribieren, zu edieren, zu übersetzen und zu veröffentlichen.

Einleitung

Blue Hill

Das Notizbuch ›Maximen VII‹ ist im Sommer 1942 fast vollständig in Blue Hill im Bundesstaat Maine verfasst worden. Auf Manuskriptseite 475 notiert Gödel: »Blue Hill House, 1. August 1942, Beginn«, und bevor die Niederschrift der Bemerkungen einsetzt, hält er nachträglich sowohl »*Blue Hill House, p.* 475–562; 1. *August* – 10. *September* 1942« fest als auch »*Max* VII, 15. *Juli* 1942 – 10. *September* 1942«.[1]

Über Gödels Aufenthalt in Blue Hill ist bereits geschrieben worden.[2] Er hat vonseiten der Forschung besonderes Interesse erfahren, weil Gödel in dieser Zeit, wie wir aus einem anderen Notizbuch wissen, auch an einem Beweis der Unabhängigkeit des Auswahlaxioms gearbeitet hat und zur Kontinuumshypothese. In ›Arbeitsheft 15‹ heißt es auf Blatt 26: »*Blue Hill House Unabh. Auswahlaxiom*, 10./VIII. 1942«, und im Inhaltsverzeichnis am oberen Rand der Seite: »*p.* 56 Formulierung der Kontinuums*Hypothese* in der Analysis«.[3]

Er hat in diesen wenigen Wochen also nicht nur fast ein ganzes Notizheft mit philosophischen Bemerkungen geschrieben – um genau zu sein, 87 Manuskriptseiten –, sondern auch über zentrale Probleme der Mathematik nachgedacht, zu denen er

1 Auf die Datierung der Notizbücher ›Maximen VI‹ und ›Maximen VII‹ wurde bereits in Band 6 der Philosophischen Notizbücher Gödels auf den Seiten 14–16 eingegangen. Dort ist dargelegt, dass Kurt und Adele Gödel sich im Sommer 1942 wohl in der ersten Hälfte des Juli 1942 zunächst in Seaside Heights, New Jersey, zur Erholung aufgehalten haben und anschließend vom 1. August an mehr als fünf Wochen in Blue Hill, Maine.

2 Peter Suber, »50 Years Later, the Questions Remain. Kurt Gödel in Blue Hill«, in: ›Ellsworth American‹, August 27, 1992, Section I, p. 2: http://legacy.earlham.edu/~peters/writing/godel.htm (zuletzt angesehen am 17. Oktober 2024).

3 In dem von Gödel angefertigten Inhaltsverzeichnis zu ›Arbeitsheft 15‹ heißt es außerdem: »*p.* 26–57 *Blue Hill House*«. Zu den in Blue Hill abgefassten Seiten des Arbeitsheftes ist zudem in diesem Inhaltsverzeichnis festgehalten: »Auswahl*Axiom p.* 38, 48, 55. […] *p.* 41 oben *Theorem*. […] *p. 42* → *p. 46* Einführung von Gegenstandsfunktion *Modifikation p. 49*. […] [Ferner früher *p.* 28, 30, 34, 41] → *Funktionen*«. ›Arbeitsheft 15‹ befindet sich im Gödel-Nachlass, CO282, in Behältnis 5c, Reihe III, Mappe 27, ursprüngliche Dokumentennummer 030033. Der Zusatz ›CO282‹ wird im Folgenden nicht mehr wiederholt.

in einem weiteren Notizheft noch einmal 31 Manuskriptseiten festgehalten hat.

Zu den mathematischen Überlegungen, die er in diesen Wochen angestellt hat, hat sich Gödel 25 Jahre später in einem Brief an Wolfgang Rautenberg wie folgt geäußert:

> Die Mostowskische Behauptung[4] ist insofern unrichtig, als ich bloß im Besitze gewisser Teilresultate war, naemlich von Beweisen für die Unabhaengigkeit des Konstruktibilitaets- und Auswahlaxioms in der Typentheorie. {Auf Grund meiner hoechst unvollstaendigen Aufzeichnungen von damals koennte ich heute ohne Schwierigkeit nur den ersten dieser Beweise rekonstruieren. Meine Methode hatte eine viel naehere Verwandschaft mit den neuerdings von Dana Scott entwickelten als mit der Cohenschen.}[5] Da aber bald darauf mein Interesse sich der Philosophie, und spaeter auch der Kosmologie zuwandte, wurden diese Beweise niemals im Detail ausgearbeitet und die Untersuchungen nicht fortgesetzt. Bis zu einem Beweis der Unabhaengigkeit der Kontinuumshypothese vom Auswahlaxiom bin ich nicht gelangt und es war mir zweifelhaft, ob die Methode, die ich verwendete, ueberhaupt dazu ausreichen wuerde.[6]

Auch wenn Gödel 25 Jahre später mit Bezug auf das Ergebnis der Arbeitsschritte in der Mathematik abwiegelt, lässt sich sagen, dass er in seiner Antwort an Rautenberg immerhin nahelegt, er habe einen Beweis der Unabhängigkeit des Auswahlaxioms in der Typentheorie zustande gebracht, was so manche als eine Lebensleistung angesehen hätten. Aber Gödel mochte diesen Beweis nicht und hat ihn nicht ausgearbeitet.

4 Andrzej Mostowski hatte 1964 behauptet, Gödel habe bereits vor vielen Jahren einen Beweis der Unabhängigkeit der Kontinuumshypothese und des Auswahlaxioms in der Mengenlehre aufgestellt.

5 Fußnote Gödel.

6 Kurt Gödel an Wolfgang Rautenberg am 30. Juni 1967, abgedruckt in: Kurt Gödel, ›Collected Works‹, Bd. V. ›Correspondence H–Z‹, hrsg. v. Solomon Feferman, John W. Dawson, Jr., Warren Goldfarb, Charles Parsons, Wilfried Sieg, Oxford (Clarendon Press) 2003, S. 182.

In einer Veröffentlichung Alonzo Churchs,[7] für deren Zustandekommen Church mit Gödel in Briefkontakt stand,[8] wird dennoch darauf hingewiesen, dass der Unabhängigkeitsbeweis für das Axiom der Konstruktibilität sich zu einem Unabhängigkeitsbeweis für das Auswahlaxiom erweitern ließe. Und in dem der Publikation Churchs vorangegangenen Briefwechsel hatte Gödel geschrieben, dass die Erweiterung zu einem Unabhängigkeitsbeweis für das Auswahlaxiom »without serious difficulty« von seiner Seite erfolgen könne:

> In addition to the shifting of my field of work, there were various other motives for my not publishing the partial result, e.g., that I disliked the version of the proof I had found, that the result is of little philosophical interest, that I hoped to return to these questions sometime later and to obtain something more satisfactory [...], etc. At any rate, the fact that I had not proved the corresponding set theoretical result was of little importance in this connection because I believed (and I think rightly) that I could extend my proof to this case without serious difficulty.[9]

Die Sommerfrische 1942 in Blue Hill war also, obgleich Gödel seine mathematischen Ergebnisse herunterspielt, eine äußerst produktive und wohl auch eine sehr anstrengende Zeit. Dieser Umstand dürfte dazu beigetragen haben, dass sein Sozialverhalten auf seine Umgebung noch ungewöhnlicher gewirkt hat, als das üblicherweise bereits der Fall war. Für die übrigen Hotelgäste des Blue Hill House (heute Blue Hill Inn) sowie für die Bewohner des kleinen Ortes Blue Hill, die Gödel zu Gesicht bekommen haben, hat er jedenfalls so merkwürdig gewirkt, dass das Gerücht aufkam,

7 Vgl. Alonzo Church, »Paul J. Cohen and the Continuum Problem«, in: ›Proceedings of the International Congress of Mathematicians (Moscow 1966)‹, S. 15–20.

8 In einem Brief an Church vom 10. August 1966 heißt es dazu: »It is not true that, for many years, I have been in the possession of a proof of the independence of the continuum hypothesis and of the axiom of choice in set theory. I did obtain (in 1942) a partial result, namely the independence of the axiom of choice in type theory.« Kurt Gödel, ›Collected Works‹, Bd. IV. ›Correspondence A–G‹, hrsg. v. Solomon Feferman, John W. Dawson, Jr., Warren Goldfarb, Charles Parsons, Wilfried Sieg, Oxford (Clarendon Press) 2003, S. 371–372, hier S. 372. Vgl. dazu Charles Parsons, »Wolfgang Rautenberg«, in: ›Collected Works‹, Bd. V, op. cit., S. 179–180.

9 Kurt Gödel, ›Collected Works‹, Bd. IV, op. cit., S. 372–373, hier S. 373.

er sei ein deutscher Spion.[10] Louise Frederick, die das Hotel 1942 geleitet hat, berichtete dies in einem Interview im Juli 1989.[11]

Demnach machte er auf seine Mitmenschen im Blue Hill House den Eindruck eines unablässig mürrischen und wortkargen Menschen mit finsterem Blick, während er auf die Hotelbesitzerin eher wie ein gedankenverlorener Mensch wirkte. Um ungestört nachdenken zu können, ging er von Sonnenuntergang bis nach Mitternacht spazieren, die Hände auf dem Rücken verschränkt, nach vorn gebeugt und auf den Boden schauend. Sein Weg führte ihn gewöhnlich die Parker Point Road entlang. Das ist eine schmale Straße, die ihn, aus der Richtung des Blue Hill House kommend, zunächst durch ein nicht sehr dicht bebautes Wohngebiet geführt hat, anschließend durch Kiefernwald, und dann auch näher ans Meer heran. Sehr vielen Menschen dürfte er auf diesen Spaziergängen nicht begegnet sein, aber die wenigen, die er getroffen hat (und er muss sie sogar gegrüßt haben, da sie seinen Akzent bemerkten), waren offenbar alarmiert, denn Louise Frederick berichtete 1989, sie habe während der Dauer von Gödels Aufenthalt zahlreiche Anrufe erhalten: »[...] agitated telephone calls from people of the town. Who was this scowling man with thick German accent walking alone at night along the shore?« Viele dachten, er sei ein deutscher Spion, der den im Blue Hill Bay vorbeifahrenden Schiffen und U-Booten Signale sende.[12]

Tagsüber haben die Gödels ihr Hotelzimmer jedoch beide nicht verlassen, und selbst das Reinigungspersonal durfte es nicht betreten, wohl, wie Frau Frederick vermutete, damit Gödels Notizblätter und Notizbücher, die er auf einem Tisch ausgebreitet hatte, unangetastet blieben. Fredericks Annahme lässt einen natürlich unwillkürlich fragen, wie sie davon wissen konnte, wenn die Gödels ihr Zimmer nicht verlassen haben. Hat sie neugierig umhergespäht, wenn sie nach eventuellen Wünschen ihrer Gäste fragte? War es offensichtlich, wenn sich die Türe öffnete, weil das Zimmer

10 Für US-Amerikaner waren ein deutscher und ein österreichischer Akzent wohl kaum zu unterscheiden. Tatsächlich war es aber so, dass Kurt und Adele Gödel auf Grund des sogenannten Anschlusses Österreichs an das Deutsche Reich 1938 einen deutschen Pass hatten, weshalb sie als feindliche Ausländer eingestuft worden waren und Princeton nur mit Erlaubnis des Department of Justice in Trenton, der Hauptstadt New Jerseys, verlassen durften.

11 Siehe dazu und für das Folgende Peter Suber, »50 Years Later, the Questions Remain. Kurt Gödel in Blue Hill«, op. cit.

12 Ebd.

nicht groß war? Gödel hatte sie jedenfalls im Verdacht, das Zimmer während einer der kurzen Abwesenheiten des Ehepaares Gödel betreten zu haben, da er ihr nach seiner Abreise noch zweimal schrieb und sie beschuldigte, den Schlüssel seines Reisekoffers gestohlen zu haben.[13] Theoretisch wäre das während der Abendessen möglich gewesen, zu denen die Gödels zwar jeden Abend erschienen, bei denen sie laut Louise Frederick aber fast nichts aßen.[14]

Das Manuskript ›Ergebnisse. Eigenes Buch (Grundlagen)‹ als Hintergrund für ›Maximen VII‹

Gödels Arbeitstisch im Hotel Blue Hill House war also, laut der damaligen Hotelbesitzerin Louise Frederick, mit Notizblättern und Notizheften bedeckt. Sicher ist, dass sich ›Maximen VII‹ genauso auf dem Tisch befunden hat wie ›Arbeitsheft 15‹, da er an beiden geschrieben hat. Als Vorlage für zahlreiche Bemerkungen in ›Maximen VII‹ dürfte daneben aber auch das Notizbuch ›Ergebnisse. Eigenes Buch (Grundlagen)‹[15] dort gelegen haben sowie möglicherweise ›Logisches Notizheft. Altes Excerpten Heft I (1931 – …)‹,[16] das wiederum als Vorlage für ›Eigenes Buch (Grundlagen)‹ gedient hat. Dass diese Vermutung nicht von der Hand zu weisen ist, zeigt sich unter anderem daran, dass die Bemerkungen, mit denen die Aufzeichnungen in Blue Hill in ›Maximen VII‹ beginnen, mit Gottlob Freges Logizismus und ›Antinomien‹ einsetzen, Themen, die

13 Ebd.

14 Leider berichtet Peter Suber nicht, wie »they virtually never ate« genau zu verstehen ist, denn zumindest Adele Gödel, der keine Essstörung nachgesagt wird, wird in den fast sechs Wochen des Aufenthaltes in Blue Hill, in denen auch sie das Zimmer tagsüber nicht verlassen hat, irgendetwas zu sich genommen haben und selbst Gödel wird nicht nur von Luft und Wasser gelebt haben.

15 ›Ergebnisse. Eigenes Buch (Grundlagen)‹ ist zu finden im Gödel-Nachlass, Behältnis 7a, Reihe IV, Mappe 10, ursprüngliche Dokumentennummer 040019. Der Titel des Notizbuches ergibt sich daraus: Er umfasst das Manuskript, das zunächst als Beitrag für die Schriftenreihe »Ergebnisse der Mathematik« des Springer Verlages gedacht war, der gemeinsam mit Arend Heyting verfasst werden sollte. Als sich dieses Vorhaben zerschlagen hat, weil Gödel seine Kapitel nicht rechtzeitig fertig geschrieben hatte, plante er ein »eigenes Buch« zum Thema Grundlagen der Mathematik und fügte dem Notizheft diesen neuen Arbeitstitel hinzu. Im Folgenden wird meist die Abkürzung ›Eigenes Buch (Grundlagen)‹ verwendet.

16 ›Logisches Notizheft. Altes Excerpten Heft I (1931 – …)‹ ist zu finden im Gödel-Nachlass, Behältnis 6a, Reihe III, Mappe 58, ursprüngliche Dokumentennummer 030079.

beide auch zentrale Gegenstände der Darstellung im Manuskript ›Eigenes Buch (Grundlagen)‹ sind.

Bei diesem Manuskript handelt es sich um Material für ein auf Initiative des Springer Verlages zunächst gemeinsam mit dem Mathematiker und Brouwer-Schüler Arend Heyting geplantes Buch, das Gödel schließlich als eigenständige Monographie herausbringen wollte, nachdem der Verlag nicht länger auf seinen Teil hatte warten wollen und der Band, lediglich aus Heytings Kapiteln bestehend, erschienen war.[17] Dazu ist es, wie so oft im Falle geplanter Veröffentlichungen bei Gödel, nicht gekommen. Seine Aufzeichnungen dazu lassen sich, wenn rekonstruiert, zwar flüssig lesen, sind allerdings lediglich als ein erster Entwurf anzusehen, der vor einer Publikation noch einen erheblichen Arbeitsaufwand mit sich gebracht hätte.[18] Und auch die überarbeitete Fassung des Unterkapitels »Logizismus« hätte vor einer Veröffentlichung noch weiter durchgesehen und geändert werden müssen. Dennoch ist

17 Arend Heyting, ›Mathematische Grundlagenforschung, Intuitionismus, Beweistheorie‹, Reihe: Ergebnisse der Mathematik, Bd. 3, Heft 4, Berlin (Springer) 1934. In der Verlagsankündigung dazu heißt es u. a.: »Von den drei Hauptrichtungen in der Grundlagenforschung der Mathematik […] werden in dem vorliegenden Forschungsbericht Intuitionismus und Formalismus behandelt. Ein weiteres Heft von Gödel, das den Logizismus behandeln soll, ist in Vorbereitung.«

18 Das Material ist in Form einer Übersetzung der Transkription von Jan von Plato ins Englische publiziert: Jan von Plato, ›Chapters from Gödel's Unfinished Book on Foundational Research in Mathematics‹, Cham (Springer) 2022. Für die ausführliche Rekonstruktion der Entstehungsgeschichte dieses Manuskripts sei auf die Einleitung zu von Platos Band verwiesen. Um den deutschen Text zitieren zu können, wurden für die Belange des vorliegenden Bandes Teiltranskriptionen von Eva-Maria Engelen angefertigt und von Merlin Carl übersetzt. Zitiert wird dabei, soweit vorhanden, nach den Zahlenfolgen, die sich rechts oder links unten an Stelle von Seitenpaginierungen auf den Manuskriptseiten befinden. Jan von Plato zitiert nach den Mikrofilmangaben des fotografierten Materials, mit dem er gearbeitet hat. Da neben dieser Mikrofilm-Kopie allerdings weitere kursieren, deren Angaben sich von der Kopie, die Jan von Plato vorlag, unterscheiden, werden hier diejenigen Angaben verwendet, die sich auf den Manuskriptseiten zum Kapitel »Logizismus« befinden und von Gödel selbst dort notiert wurden, auch wenn es sich nicht um Seitenpaginierungen im eigentlichen Sinne handelt, sondern um Seitenberechnungen für den geplanten Druck, dessen Seiten- und Zeilenzahl vom Verlag strikt vorgegeben war. Die fortlaufenden Angaben der Seitenberechnung auf den Recto-Seiten garantieren jedoch, ähnlich wie Seitenpaginierungen, eine eindeutige Auffindbarkeit und auch eine Bezugnahme zu von Platos Übersetzung, wo diese Angaben ebenfalls wiedergegeben sind. Die Seiten zum zweiten Abschnitt des geplanten Buches, dem er keine Kapitelüberschrift gegeben hat, hat Gödel dann von Neuem durchgerechnet und notiert, daher werden diese Angaben gleichfalls für die hier angefertigten Transkriptionen zur Identifizierung der Manuskriptseiten verwendet.

es, was die Niederschrift in Gabelsberger anbelangt, sehr viel einfacher lesbar als die Erstfassung, die sich nur mit Mühe rekonstruieren lässt. Es ist daher anzunehmen, dass Gödel nicht zuletzt diesen überarbeiteten Abschnitt konsultiert haben wird, falls sich das entsprechende Notizheft tatsächlich auf seinem Arbeitstisch in Blue Hill befunden haben sollte.

Auf den ansonsten überlieferten Seiten hat er viel und wild durchgestrichen und insbesondere die Nachweise, mit denen er Sätze und Behauptungen aus der rezipierten Literatur belegen wollte, offengelassen. Dies ist auch in der überarbeiteten Fassung noch der Fall. Als Hintergrundinformation für ›Maximen VII‹ ist das Material allerdings aufschlussreich.

Als Heyting und Gödel 1931 zusammen angefragt worden waren, einen Einführungsband zur Grundlagenforschung in der Mathematik für die Reihe ›Ergebnisse der Mathematik und ihrer Grenzgebiete‹ zu verfassen, entstand eine Aufteilung dazu, wer welches Kapitel schreiben sollte.

Gödels Manuskript enthält eine sehr kurze Einleitung, gefolgt von einem Kapitel zum Logizismus (wie angedeutet in zwei Fassungen, einem ersten Entwurf und einer überarbeiteten Version), einem zu Antinomien und einem Kapitel »Logikkalkül«. An anderen Stellen im Nachlass verstreut, lässt sich zudem ein recht unvollständiges Kapitel zur Metamathematik zusammenstellen.[19]

Die Inhaltsangabe für das Kapitel »Logizismus« auf Manuskriptblatt 4r von ›Manuskript, Ergebnisse‹,[20] ehe das Manuskript zu ›Eigenes Buch (Grundlagen)‹ beginnt, war wohl eher zu Gödels eigener Orientierung beim Schreiben gedacht denn als Inhaltsverzeichnis für das geplante Buch. Sie liest sich wie folgt:

A. Logizismus[21]

1. Behauptung des Logizismus – Was ist Logik? – Russell früher – jetzt – Wittgenstein – Hahn

19 So rekonstruiert es Jan von Plato. Die Aufzeichnungen zum Kapitel »Metamathematik« sind nicht zusammen mit dem Material ›Manuskript, Ergebnisse. Eigenes Buch (Grundlagen)‹ aufbewahrt worden und auch nicht gebündelt. Siehe von Plato, ›Chapters from Gödel's Unfinished Book on Foundational Research in Mathematics‹, op. cit., S. 4.

20 Der gesamte Textabschnitt beginnt auf Manuskriptseite 1v.

21 Aus: ›Manuskript, Ergebnisse‹, Gödel-Nachlass, Behältnis 7a, Reihe IV, Mappe 10, ursprüngliche Dokumentennummer 040019, Manuskriptseite 4r.

2. Notwendigkeit einer Symbolik zur Durchführung des Programms – Calculus *ratiocinator*. Formales System – erstes solches Kalkül von Peano zeigt, dass aus wenig Voraussetzungen die ganze Mathematik folgt
3. Durchführung des Logizismus, Frege, Grundbegriffe, Grundsätze,[22] strenge Formalisierung
4. *Definitionen*, ihre verschiedenen Arten
5. Ableitung der Mathematik

a. Natürliche Zahlen, *Dedekind* – Frege, Russell – Peano, Cantor *Definition* von ›endlich‹, ›unendlich‹, *Tarski*

b. Negative Zahlen, Brüche (*Tannery*), *Peano*, *Russell*

c. Irrationale Zahlen

d. Lehre vom Maß

6. Die Antinomien und allgemeine Methode zu ihrer Herstellung
7. Russell: verschiedene Arten der Möglichkeit ihrer Überwindung; Durchführung von *Zig Zag* bei Frege {*Russell principles*}, Behmann – von *limit* in der Axiomatik der Mengenlehre, *no class*-Theorie
8. *Poincaré* und nicht-prädikative *Definition*, Diskussion mit Zermelo *etc.*
9. Darstellung der Russellschen Theorie samt Reduzibilitätsaxiom, beschreibende Funktion, Typenmehrdeutigkeit
10. 2. Auflage Russell
11. Formalisierung durch *Lezniewski*
12. *Chwistek*
13. Verbesserung durch *Ramsey*
14. *Carnap*, *Langford*

Überschneidungen zwischen diesem Manuskript und ›Maximen VII‹ ergeben sich insbesondere in den Ausführungen zu Gottlob Frege, Giuseppe Peano, Bertrand Russell und Ludwig Wittgenstein. Das Manuskript ›Eigenes Buch (Grundlagen)‹ wurde verfasst, um die Positionen der Autoren einem interessierten Publikum vorzustellen. In ›Maximen VII‹, etwa acht Jahre später geschrieben als das Manuskript, greift Gödel die Darstellungen zum Teil inhaltlich wieder auf. Dies im Einzelnen zu vergleichen, wäre sehr interessant, würde aber den Rahmen dieser Einleitung sprengen. Den-

22 Andere Lesart: Grundgesetze

noch muss darauf in einigen Aspekten eingegangen werden, weil es für das Verständnis von ›Maximen VII‹ wichtig ist zu begreifen, warum Gödel seine Ausführungen zu den Grundlagen der Mathematik für seine philosophischen Überlegungen herangezogen hat, und dafür eignet sich das Notizbuch ›Eigenes Buch (Grundlagen)‹. Sich einige Ausführungen in ›Eigenes Buch (Grundlagen)‹ anzusehen, macht die Zusammenhänge sowie das Vorgehen in ›Maximen VII‹ leichter zugänglich.

Gödel selbst führt in der Einleitung zu ›Eigenes Buch (Grundlagen)‹ überwiegend philosophische Fragestellungen an, die gemäß seiner Analyse den Grundlagendiskussionen in der Mathematik im ersten Drittel des 20. Jahrhunderts zu Grunde liegen. Inhalt und philosophische Herangehensweise sind dort unmittelbar erkennbar. Es heißt da:[23]

> Von einer Grundlegung der Mathematik wird man vor allem die Beantwortung der folgenden 3 Fragen verlangen:
> 1. Was ist die erkenntnistheoretische Natur der mathematischen Sätze? {Worauf heute nur mehr die beiden Auffassungen, sie wären analytisch oder entsprängen einer Art reiner Anschauung, in Betracht kommen.}
> 2. Welches sind die {mathematischen} Begriffe und Sätze, {Beweismethoden, die man auf Grund der Beantwortung von 1. als gesichert annimmt,} das heißt, welches sind die nicht weiter reduzierbaren Tautologien beziehungsweise anschauungsmäßig gegebenen Sätze?
> 3. Wie kann man {und wie weit führt es,} die {übliche} Mathematik aus diesen Grundsätzen ableiten? –
>
> Die erste Frage ist historisch[24] zuerst aufgetreten. Die beiden gegensätzlichen Anschauungen knüpfen sich an die Namen

23 ›Eigenes Buch (Grundlagen)‹, Gödel-Nachlass, Behältnis 7a, Reihe IV, Mappe 10, ursprüngliche Dokumentennummer 040019, Manuskriptseite 2v. Für ›Eigenes Buch (Grundlagen)‹ beginnt hier die Zählung der Manuskriptseiten von vorn; die erste Manuskriptseite ist verso beschrieben, aber zur Gänze von Gödel durchgestrichen worden. Wie sonst auch geben die geschwungenen Klammern Einfügungen Gödels an. Es handelt sich aber nicht immer um Einfügungen zwischen den Zeilen, sondern kann sich um solche handeln, die Gödel auf einer anderen Manuskriptseite (meist recto) gemacht hat. Dies wird hier nicht gesondert angeführt oder ausgezeichnet.

24 Andere Lesart: unhistorisch; wenn man das Gabelberger-Zeichen für ›und‹, das auch als ›un‹ gelesen werden kann, nicht, wie hier geschehen, löscht. In diesem

von Leibniz und Kant und werden heute durch Logizismus einerseits, Intuitionismus und Formalismus andererseits verkörpert. Die Gegensätze sind heute noch ebenso schroff wie {zur Zeit} einmal und einen Fortschritt kann man höchstens in dem Streben nach präziser Formulierung der Standpunkte erblicken.

Was die 2. Frage {in der 2ten Hälfte des 19. Jahrhunderts} betrifft, so ist es interessant festzustellen, dass ihre Beantwortung von der ersten weitgehend unabhängig ist. So kamen Weyl in seinem ›Kontinuum‹ {einerseits} + *Chwistek*, und *Russell* in der 2. Auflage der ›Principia‹ andererseits von entgegengesetzten Auffassungen {über die Natur der mathematischen Sätze ausgehend} zu nahezu äquivalenten Grundsätzen. Ganz allgemein kann man sagen, dass heute die 3 Hauptrichtungen [3v] in der Beantwortung der Frage 2 mehr und mehr konvergieren. Formalismus und Intuitionismus stimmen darin von jeher überein und der Logizismus, der früher {gewisse} von den anderen Richtungen abgelehnte Grundsätze annahm (z.B. das Reduzibilitätsaxiom), hat in den letzten Jahren teilweise aufgegeben {›*Principia Mathematica*‹} und zeigt {in seinen maßgeblichen Vertretern} stark konstruktivistische Tendenzen (*vgl. Kö*,[25] *p.* 104; *Hahn*, *p.* 38).

Das 3. oben aufgestellte Teilproblem kann auf 2 Arten gelöst werden, indem man entweder die Sätze der Mathematik selbst oder bloß ihre Widerspruchsfreiheit {(Verträglichkeit miteinander)} aus den Grundsätzen ableitet. [...] [4v] [...]

Während die Fragen 1., 2. philosophischer Natur sind, ist das Problem 3. ein rein mathematisches, was sich darin zeigt, dass vor allem hier allgemein anerkannte Resultate erzielt wurden.[26] [...]

Fall käme nach ›unhistorisch‹ ein Komma.

25 Die Auflösung zu ›*Kö*‹ gibt von Plato in ›Chapters from Gödel's Unfinished Book on Foundational Research in Mathematics‹, op. cit., auf Seite 22 wie folgt an: »The page reference is to Carnap's article in the proceedings of the September 1930 Königsberg meeting, in *Erkenntnis*, vol. 2, 1931.«

26 Jan von Plato verändert diesen Satz, er liest sich im Manuskript jedoch korrekt.

Formalsprache und Wortsprache

In seinen Ausführungen zum Logizismus befasst sich Gödel mit den Positionen Freges, Peanos, Russells und Wittgensteins, die auch in ›Maximen VII‹ erörtert werden. Gödel stellt den Logizismus im gleichnamigen Kapitel als eine Fortsetzung von Leibniz' Calculus ratiocinator dar, weil auch dort der Versuch unternommen wird, die Mathematik vollständig auf Logik zurückzuführen. Dafür müsse die unpräzise Wortsprache (so, wohl auf Frege referierend, Gödels Wortwahl in ›Eigenes Buch (Grundlagen)‹) derart durch eine präzise Formelsprache ersetzt werden, dass sie rein mechanisch, ohne Wissen um Bedeutungen, anwendbar wäre (so wird ›Formelsprache‹, anders als ›Formalsprache‹, im Folgenden benutzt). Die Notwendigkeit einer Symbolik zur Durchführung des Programms wird von Anfang an in Gödels vorläufigem, programmatischem Inhaltsverzeichnis zu ›Eigenes Buch (Grundlagen)‹ deutlich; entsprechend geht er auf diesen Punkt im Manuskript ausführlicher ein. In ›Maximen VII‹ finden wir vergleichbare Bemerkungen insbesondere zu Gottlob Freges logischer Notation.

Das Unterfangen der Logizisten, die Mathematik auf Logik zurückzuführen, beurteilt Gödel in ›Eigenes Buch (Grundlagen)‹ durchaus vorsichtig, wie etwa die Formulierung »einen Fortschritt kann man höchstens in dem Streben nach präziser Formulierung der Standpunkte erblicken« zeigt, aber er setzt sich in ›Maximen VII‹ inhaltlich damit insofern auseinander, als er eingehend überlegt, was es bedeutet, dass eine Formelsprache eine Präzision, aber auch Inhaltsleere erreicht, wie es in der unpräzisen Wortsprache nicht möglich ist, weil sie unter anderem dazu da ist, Informationen zu übermitteln.

›Präzision‹, ›Bestimmtheit‹, ›Genauigkeit‹, die in der Formelsprache mit Hilfe logischer Grundbegriffe und Konstanten (in Gödels Terminologie) erzielt werden, sind der Gegenpol zur Ungenauigkeit, die mit Sätzen, Wahrnehmungen und Empfindungen einhergeht. Die logischen Begriffe oder Konstanten sind aber, anders als Wahrnehmungen, Empfindungen oder Sätze der Wortsprache, keine Zeichen für etwas in der Welt, sondern drücken lediglich die Form von Sätzen aus. Sie haben keinen Sinn und ergeben sich aus der Art und Weise, in der Sprache die Symbole der Wirklichkeit zuordnet, wie Gödel schreibt.[27]

Wie in ›Maximen VI‹ ist ›Sprache‹ auch in ›Maximen VII‹ ein zentraler Gegenstand der Überlegungen, aber anders als in ›Maximen VI‹ nicht aus der Perspektive dessen, der die geistesgeschichtlichen und kulturellen Aspekte der Sprachentwicklung und der Sprachphilosophie sowie die Verbindungen zur Geistesgeschichte im Blick hat, sondern aus der des Logikers, der die Aufgabe, aber auch die Grenzen, strenger Formalsprachen untersucht und dabei die Möglichkeiten und ebenso die Limitierungen der natürlichen Sprache mit in den Blick nimmt.

Von der Position des Logikers aus ist Gödel die strenge Durchführung der Formalisierung besonders wichtig. In ›Eigenes Buch (Grundlagen)‹ hebt er daher explizit Freges konsequentes Vorgehen in dieser Hinsicht in dessen logischem Hauptwerk ›Grundgesetze der Arithmetik‹ im Vergleich zu dem Russells in dessen[28] ›Principia Mathematica‹ hervor.

In der Position des Philosophen, der klären möchte, wie es kommt, dass unsere Worte einen Sinn haben, gilt es hingegen, das Verhältnis von Formelsprache und natürlicher Sprache sowie deren Beziehung zur Welt zu untersuchen. Auch für die Beschäftigung mit diesem Themenkomplex rezipiert er unter anderem Freges Schriften eingehend, diesbezüglich jedoch dessen philosophische Aufsätze.[29]

Logische, semantische und intensionale Antinomien

Gödel untersucht das Verhältnis von Formalsprache, Logik und natürlicher Sprache zudem bezüglich eines Themas, das ihn immer wieder intensiv beschäftigt, nämlich des der Antinomien. Es ist auch in den meisten vorangegangenen Philosophischen No-

27 Für eine weitergehende Beschäftigung mit der Thematik sei auf Jan von Platos Übersetzung seiner Transkription verwiesen.

28 Obgleich die ›Principia Mathematica‹ Alfred North Whitehead neben Bertrand Russell sogar als Erstautor ausweisen, wird Whitehead von Gödel sehr selten angeführt, hier ist es beispielsweise nicht der Fall.

29 Gödels äußerst knappe Frege-Exzerpte sowohl zu dessen Werk ›Grundgesetze der Arithmetik‹ als auch zu einigen von dessen philosophischen Aufsätzen befinden sich in: ›Logisches Notizheft. Altes Excerpten Heft I (1931 – ...)‹, op. cit. Dort heißt es zu Beginn der 30er Jahre des 20. Jahrhunderts auf Manuskriptseite 9: »*Frege*, vor Schröder und *Formulaire*, aber Einfluss sehr gering.«

tizbüchern zur Sprache gekommen. In ›Maximen VII‹ macht sich Gödel bezüglich dieses Themas nicht nur Gedanken zu den mengentheoretischen (Auf-)Lösungen der Antinomien wie etwa der Typentheorie, sondern daneben zu sogenannten intensionalen Auflösungen.

Was Gödel mit »intensionale Auflösung« meint, ist nicht einfach zu beantworten. In der Literatur ist in erster Linie die Unterscheidung in logische (oder ›mengentheoretische‹) und semantische Antinomien bekannt, die als erste Giuseppe Peano und Frank P. Ramsey getroffen haben. Ramsey spricht von ›linguistischen‹ und ›logischen Paradoxien‹;[30] im englischen Sprachraum wurde diese Terminologie dann später aufgegriffen und in ›logische‹ oder ›mengentheoretische Paradoxien‹ einerseits und ›semantische Paradoxien‹ andererseits abgeändert.[31] Im deutschsprachigen Raum wurde hingegen auch von ›syntaktischen‹ und ›semantischen Antinomien‹ gesprochen.[32] In all diesen Fällen wird die im Anschluss an Peano ausgeführte Darstellung Ramseys aufgegriffen, dass es sich bei den logischen Antinomien um solche handelt, die sich aus Fehlern hinsichtlich des Begriffs der Menge ergeben und damit die Logik und Mathematik betreffen, während es sich bei den anderen

30 Frank P. Ramsey, »The Foundations of Mathematics«, in: ders., ›The Foundations of Mathematics and Other Logical Essays‹, hrsg. v. Richard B. Braithwaite, London (Routledge) 1931, S. 1–61, hier S. 20f. Der Beitrag erschien zuerst 1926 in den ›Proceedings of the London Mathematical Society‹, Bd. 25, S. 338–384. Eine Unterscheidung in ›Paradoxie‹ und ›Antinomie‹ wird dort nicht vorgenommen. Auf S. 21 erwähnt Ramsey, bereits Giuseppe Peano habe darauf aufmerksam gemacht, dass Richards Antinomie keine mathematische, sondern eine linguistische sei. Daran knüpft Ramsey mit seiner grundlegenden Unterscheidung an. Darauf geht auch Rudolf Carnap in seinem Aufsatz »Die Antinomien und die Unvollständigkeit der Mathematik« (1934) ein. Carnap nennt die logischen oder mengentheoretischen Antinomien ›logische Antinomien‹, aber die sprachlichen, epistemologischen und semantischen Antinomien bezeichnet er als ›syntaktische Antinomien‹. Vgl. Rudolf Carnap, »Die Antinomien und die Unvollständigkeit der Mathematik«, in: ›Monatshefte für Mathematik und Physik‹ 41 (1934), S. 263–284, hier insbes. S. 265.

31 Siehe zur Geschichte der sogenannten semantischen Paradoxien: Leon Horsten, »One Hundred Years of Semantic Paradox«, in: ›Journal of Philosophical Logic‹ 44 (2015), S. 681–695.

32 Siehe etwa Franz von Kutschera, »Die logischen Antinomien in sprachphilosophischer Sicht«, in: ›Logik, Ethik, Theorie der Geisteswissenschaften‹, hrsg. v. Günther Patzig, Erhard Scheibe und Wolfgang Wieland, Hamburg (Meiner) 1977, S. 58–69, hier S. 60. Für Kutschera sind die ›syntaktischen Antinomien‹ die logisch-mathematischen Antinomien, Carnap hingegen nennt die sprachlichen, semantischen und epistemologischen Antinomien ›syntaktische Antinomien‹; siehe Rudolf Carnap, »Die Antinomien und die Unvollständigkeit der Mathematik«, op. cit., S. 265.

Antinomien um solche handelt, die keine rein logischen sind, sondern das Denken und die Sprache insgesamt betreffen:

> But the contradictions of Group B are not purely logical, and cannot be stated in logical terms alone; for they all contain some reference to thought, language, or symbolism, which are not formal but empirical terms. So they may be due not to faulty logic or mathematics, but to faulty ideas concerning thought and language.[33]

Die rein mengentheoretischen Antinomien, wie etwa die Russellsche, wurden im 20. Jahrhundert gelöst, indem der Begriff der Menge so formuliert wurde, dass er diese Paradoxien vermeidet. Gödel hält auch die so genannten semantischen Antinomien, wie zum Beispiel die Richardsche Antinomie eine ist,[34] für verstanden, weshalb sie keiner weiteren Aufmerksamkeit seitens der Forschung mehr bedürften.[35] Diese Gruppe von Antinomien enthält nicht-mathematische Begriffe wie den der Definierbarkeit und den der Erfüllung, welcher eine Verallgemeinerung des Wahrheitsbegriffs darstellt,[36] aber nach Gödel zudem empirische Begriffe.[37] Es ist nach wie vor nicht klar, ob sich die semantischen Antinomien bzw. Paradoxien auf die gleiche Weise lösen lassen wie logisch-mathematische.[38] Eine Weichenstellung bei den Lösungsstrategien ist, ob man hinsichtlich der zentralen Begriffe und ihrer Bedeutung mit einer Gebrauchstheorie arbeitet oder mit expliziten Definitionen. Gödel jedenfalls untersucht in ›Maximen VII‹ Definitionen, worauf wir weiter unten noch eingehen werden.

33 Frank P. Ramsey, »The Foundations of Mathematics«, op. cit., S. 20f.

34 Genauer handelt es sich um eine semantische Antinomie der Mengenlehre und der natürlichen Sprache.

35 Siehe für diesbezügliche Äußerungen Gödels insbesondere: Hao Wang, ›A Logical Journey. From Gödel to Philosophy‹, Cambridge, Mass./London (MIT Press) 1996, S. 271, Nr. 8.5.9.

36 Vgl. hierzu Leon Horsten, »One Hundred Years of Semantic Paradox«, op. cit., S. 683.

37 Siehe hierzu insbesondere: Hao Wang, ›A Logical Journey‹, op. cit., S. 271f., Nr. 8.5.12.

38 Sowohl Horsten (»One Hundred Years of Semantic Paradox«, op. cit., S. 693) als auch Thomas Bolander im Artikel »Self-Reference and Paradox« in der ›Stanford Encyclopedia of Philosophy‹ (zuletzt angesehen am 6. November 2024) sagen, dass es zur Lösung dieser Antinomien insbesondere darauf ankommen könnte, den Begriff der Wahrheit besser zu verstehen.

Das eigentlich interessante Problem stellen für Gödel jedoch die von ihm so genannten intensionalen Antinomien dar. Er sagt laut Wang dazu unter anderem Folgendes:

> 8.5.9 The semantic paradoxes have to do with language and are understood. In contrast, the intensional paradoxes remain a serious problem of logic, of which concept theory is the major component. The two kinds of paradox are often mixed together because without Platonism concepts appear more like language.
> 8.5.10 The difference between semantical and conceptual paradoxes tends to be obliterated by nominalism. Without objectivism, concepts become closely related to language. That is why semantic and intensional paradoxes are often thought to be the same. But conceptual paradoxes can be formulated without reference to language at all.
> 8.5.11 Language plays no part in the intensional paradoxes, since they are concerned with concepts as properties and relations of things which exist independently of our definitions and constructions.
> 8.5.12 The intensional paradoxes involve only logical concepts, while the semantic paradoxes involve empirical concepts too. We see the solution of the semantic paradoxes in that they say nothing. With the intensional paradoxes, however, we don't see the solution and it is not clear that ›it says nothing‹ is the right direction to look for it. Language plays no part in the intensional paradox. Even though we use symbols to state it, that still does not make it into a linguistic paradox. With semantic paradoxes, we are always in a definite language, which always has countably many symbols. We can never have *true* in the same language. Ordinary English is not a precise language, so the question of semantic paradoxes does not apply to it. The semantic paradoxes have no content, because they use *empirical* self-reference. With *logical* self-reference, the lack of content does not occur. For example, not-applying-to-itself is a perfectly reasonable concept; we see no reason why it should not be. It could be proved that applying-to-itself applies to itself.[39]

39 Hao Wang, ›A Logical Journey‹, op. cit., S. 271f.

Das sind die Ansichten, die Gödel zu Beginn der 1970er Jahre Hao Wang gegenüber zu intensionalen Antinomien geäußert hat. Sie werden allerdings im Sommer 1942 bereits angesprochen, denn auf Manuskriptseite 477, Bemerkung Grundlagen 1, heißt es:

> Vielleicht ist die richtige Idee zur Auflösung der *intensionalen Antinomien* zugleich die richtige Idee zur Auflösung jedes Problems.

Aber noch viel wichtiger ist, was Gödel auf Manuskriptseite 476 zu intensionalen Antinomien schreibt:

> Die nicht mengentheoretische (d. h. *intensionale*) Auflösung der Antinomien würde darin bestehen, das Aussonderungs-*Axiom* zu verwerfen und dafür Kriterien über die Struktur der Aussagefunktionen anzunehmen (z. B. *Stratifikation* oder Zirkelfreiheit).

Diese Bemerkung ist deshalb für die künftige Forschung von Bedeutung, weil Gödel gegenüber Hao Wang ferner gesagt hat, die Lösung der intensionalen Antinomien würde dazu beitragen zu zeigen, dass der menschliche Geist mehr als eine Maschine ist, und die soeben zitierte Bemerkung auf eine Gödels Ansicht nach mögliche Lösungsstrategie hinweist:

> 6.1.12 If one could clear up the intensional paradoxes somehow, one could get a clear proof that mind is not [a] machine.[40]

Für Gödel sind mengentheoretische Antinomien mathematische Antinomien, intensionale hingegen logisch-begriffliche und semantische sprachliche. Aber obgleich Gödel die semantischen Antinomien im Gegensatz zu den intensionalen für verstanden hält, lohnt es sich, noch einmal auf das Thema zurückzukommen, weil die logischen und sprachphilosophischen Aspekte, die damit verbunden sind, in ›Maximen VII‹ noch Spuren hinterlassen haben.

40 Hao Wang, ›A Logical Journey‹, op. cit., S. 187.

Klar ist, dass die Analyse von Schlüssen in natürlichen Sprachen, wie sie den semantischen Antinomien zu Grunde liegen, nicht funktionieren konnte, solange in der Logik eine rein extensionale Sprache verwendet wird, in der auf den Begriffsumfang abgestellt wird, um die Bedeutung der Begriffe zu charakterisieren. Eine intensionale Logik und Semantik wurde erst in den 60er Jahren des 20. Jahrhunderts entwickelt.[41] Auch sie ist allerdings nicht geeignet, die von Gödel so genannten intensionalen Antinomien aufzulösen. Zu der Frage, in welche Richtung hierfür zu denken wäre, wurde die entsprechende Bemerkung soeben wie folgt zitiert:

> Die nicht mengentheoretische (d. h. *intensionale*) Auflösung der Antinomien würde darin bestehen, das Aussonderungs-*Axiom* zu verwerfen und dafür Kriterien über die Struktur der Aussagefunktionen anzunehmen (z. B. *Stratifikation* oder Zirkelfreiheit).

In Rudolf Carnaps Werk ›Der logische Aufbau der Welt‹ von 1928 heißt es noch:

> [E]s gibt keine intensionalen Aussagen. Alle Aussagen sind extensional. In jedem Satz darf das Zeichen des von der Aussage beurteilten Gegenstandes, sei es nun ein Gegenstand im engeren Sinne, eine Aussage, eine Aussagefunktion oder was immer, ersetzt werden durch jedes Zeichen von gleicher Bedeutung [= Extension], auch wenn dieses einen anderen Sinn [= Bedeutung] hat.[42]

Diese Auffassung war begleitet von der Annahme, dass alles, was sich logisch, und das heißt: extensional, nicht erfassen lässt, nicht präzise, also unpräzise ist oder, was Carnap anbelangt, sogar sinnlos. Daraus ergibt sich in ›Maximen VII‹ daher Gödels Beschäftigung mit der Frage, was präzise ist und was nicht:

41 An dieser Entwicklung war Carnap dann gleichfalls beteiligt.
42 Rudolf Carnap, ›Der logische Aufbau der Welt‹, Berlin (Weltkreis Verlag) 1928, S. 45.

Man hat die Tendenz, alle nicht der theoretischen Physik oder Mathematik angehörenden Sätze als unpräzise (daher letzten Endes sinnlos, nicht entweder wahr oder falsch) zu betrachten. (Nachteilige Wirkung des Mathematikstudiums in Folge des Fehlschlusses: Das ist *präzise*, also alles andere nicht, und: Wofür ich nicht den *präzisen* Sinn sehe, das ist nicht *präzise*.)[43]

Gödel vertritt die Ansicht, dass eine Formelsprache keinen Sinn hat, sich nicht auf die Welt bezieht, aber immer präzise ist. Die natürliche Sprache wird hingegen als unpräzise gesehen, enthält jedoch sinnvolle Sätze, und man kann sich mit ihrer Hilfe auf die Welt beziehen. Diese Unterscheidung ist für Gödel jedoch lediglich eine grobe, die er sich genauer ansieht. Denn nicht nur die natürliche Sprache kann unpräzise sein, auch Wahrnehmung und Erkenntnis können unpräzise sein, und soziologische Sätze etwa können wiederum für ihn präzise sein. Die Differenzierungen des logischen Empirismus treffen nach Gödel mithin nicht zu, denn wenn alles Wissen auf Wahrnehmungen und Beobachtungssätze zurückzuführen ist, diese auf Grund unpräziser Wahrnehmungen allerdings gleichfalls unpräzise sein können, sind die Unterscheidungen lediglich gradueller Natur und nicht grundsätzlicher.

Das Unpräzise, Ungenaue tritt für Gödel dann auf, wenn es sich im weitesten Sinne um ein Abbild handelt. Also: Die Wahrnehmung bildet in gewissem Sinne die Welt ab, und die Sprache tut dies gleichfalls. Diese Thematik wird im Manuskript ›Eigenes Buch (Grundlagen)‹ angesprochen, wenn es um »die ungenaue und mehrdeutige Wortsprache« geht, die es gemäß dem Logizismus für die Logik und Mathematik durch eine präzise Formelsprache zu ersetzen gilt.

So heißt es denn auch in ›Eigenes Buch (Grundlagen)‹ in einer Zusammenstellung von erster und überarbeiteter Fassung des Logizismus-Kapitels durch die Transkriptorin:

[…] Dieser tautologische Charakter ist das Kriterium für die Sätze der Logik. Die These des Logizismus wird dadurch zur Behauptung, dass die mathematischen Sätze Tautologien

43 Kurt Gödel, ›Maximen VII‹, Manuskriptseite 560, Bemerkung Philosophie 1.

seien {(daraus folgt, dass sie in jeder möglichen Welt gelten müssen)}. [...][44]

[...] Aus dieser Auffassung folgt, dass die logischen Sätze nichts über die Wirklichkeit aussagen, sondern in Wahrheit schon aus der Art und Weise, wie die Symbole der Wirklichkeit zugeordnet werden, sich ergeben.

Um die These des Logizismus zu erweisen, ist es, wie schon Frege bemerkt, unbedingt erforderlich, die ungenaue und mehrdeutige Wortsprache durch eine exakte Formelsprache zu ersetzen. Nur für eine | solch exakte Sprache kann man die logischen Grundsätze und {nur für eine solche Sprache kann man die logischen} Schlussregeln mit hinreichender Genauigkeit angeben, um zu vermeiden, dass während der Deduktionen sich unbemerkt außerlogische Elemente einschleichen. Als Charakteristikum der Schlussregeln ergibt sich dabei, dass sie rein formal sind, [3] das heißt, sich nur auf das Äußere, die Gestalt der Formeln beziehen, sodass sie mechanisch (ohne Erkenntnis der Bedeutung der Formeln) angewandt werden können. [...][45]

Definition und Eigenname

Im Vergleich zwischen der Sprache der Logik und der natürlichen Sprache sind Rolle und Funktion von Definitionen sowohl in ›Maximen VII‹ als auch in ›Eigenes Buch (Grundlagen)‹ Gegenstand seiner Überlegungen. Welche Definitionen leisten was und welche Funktion haben sie? Muss man, um einen Begriff zu verstehen, seine substantielle Definition kennen?

Wie Gödel darüber in sprachphilosophischer Hinsicht gedacht hat, zeigt sich etwa an seinen Überlegungen zu ›Sokrates‹. So heißt es auf Manuskriptseite 528:

44 Aus: Erste Fassung von ›Eigenes Buch (Grundlagen)‹, op. cit., Manuskriptseite 2v.

45 Aus: Überarbeitete Fassung von ›Eigenes Buch (Grundlagen)‹, op. cit., Manuskriptseite 2f. Siehe Anhang zu dieser Einleitung. Dort werden die beiden Fassungen getrennt voneinander wiedergegeben. Die Manuskriptseitenzählung für die beiden Fassungen beginnt jeweils von vorn. Für die überarbeitete Fassung ist auf Grundlage des Mikrofilms allerdings nicht erkennbar, welche Seite recto und welche verso ist.

10: | in einer

> Die Sprache ist *intensional*, das heißt, *Sokrates* zum Beispiel bedeutet nicht dieses Ding, sondern eine *Definition* dieses Dings oder dieses Ding + einer *Definition* [d. h. dieses Ding, insofern es so und so definiert ist]; das heißt, einen bestimmten erkenntnismäßigen Zugang [eine bestimmte Gegebenheitsweise] zu diesem Ding.

Anders als die extensionale Formalsprache hat die intensionale Sprache also einen Bezug zur Wirklichkeit, sie hat, wie es Gödel ausdrückt, einen erkenntnismäßigen Zugang zu ihren Gegenständen. ›Sokrates‹ als Begriff und als Eigenname wird bereits an anderen Stellen in ›Maximen VII‹ erörtert. So heißt es etwa auf Manuskriptseite 489f.: »*Sokrates* ist auch ein Begriff«, was er im Folgenden so erläutert, dass eine substantielle Definition des Begriffes ›Sokrates‹ desgleichen dessen Charaktereigenschaften anzugeben habe. Daneben ist ›Sokrates‹ aber ein Eigenname, und als solcher hat er eine Funktion als Indikator oder »Konstante« in der Syntax: »Und der Eigenname ist das in der Sprache Entsprechende und die ›Konstante‹ in meiner *Syntax*.« Es wäre sinnvoll, das damit zu vergleichen, was Gödel unter einer logischen Konstante versteht. Im Kapitel »Logizismus« in ›Eigenes Buch (Grundlagen)‹ heißt es:

> Danach ist das Charakteristische der logischen Konstanten, {dass sie} nicht Zeichen für etwas in der Welt Vorhandenes sind, sondern {nur dazu dienen, die Form der Sätze auszudrücken}.[46]

Der Eigenname als Indikator ist, anders denn als Begriff, nichtdeskriptiv und gibt lediglich den damit angezeigten Gegenstand im logischen Raum an. Der logische Raum ist nach Gödel »›die Form‹ von allem Denkbaren«.[47] Er sieht, mit anderen Worten, dass Eigennamen syntaktisch gesehen gewissermaßen als starre Designatoren fungieren, macht aber eine Unterscheidung zwischen dieser syntaktischen Rolle von Eigennamen und der begrifflichen, die

46 Kurt Gödel, ›Eigenes Buch (Grundlagen)‹, »Logizismus«, erste Fassung, op. cit., Manuskriptseite 1v.

47 Wie wir weiter unten noch sehen werden, sind für Gödel abstrakte Kategorien wie ›Zweck‹ oder ›Wesen‹ Grundbegriffe des logischen Raums, daher gilt es in weiterer Forschung zu klären, inwiefern »›die Form‹ von allem Denkbaren« und der »logische Raum« dasselbe sind.

mit einem semantischen Gehalt einhergeht. Gödel umreißt mithin bereits die Argumentationslinien der Kennzeichnungstheorien von Eigennamen von Frege und Russell auf der einen Seite und die der Theorien starrer Designatoren der späten 70er und frühen 80er Jahre des 20. Jahrhunderts auf der anderen Seite, ohne dazu eine kohärente, zusammenhängende Theorie auszubuchstabieren. Das Beispiel zeigt an einem konkreten Fall, wie Gödel versucht hat, »sinnlose« Formelsprache und »sinnvolle« Wortsprache zusammen zu denken.[48]

Kategorien und Wahrnehmung

Gödel begnügt sich in ›Maximen VII‹ allerdings keineswegs damit, das Verhältnis von Formalsprache und Wortsprache zu untersuchen. Er befasst sich darüber hinaus mit der Intentionalität psychischer Zustände, dem Bezug von allgemeinen, apriorischen Begriffen, die wir als Schemata in uns haben, auf Empfindungen, die dadurch geformt werden, und ausführlich mit dem Begriff der Apperzeption, der für ihn »der Teil des Seelenzustandes ist, welcher in dem Beziehen der Empfindungen auf *Kategorien* besteht«.[49]

Diese letzte Bemerkung ist unter anderem deshalb besonders interessant, weil darin der natürliche Bezug auf die Welt durch Empfindungen angesprochen wird, der weder beim Menschen noch bei Tieren insofern ein rein physiologischer ist, als sie durch Kategorien geformt sind. Denn für Gödel verfügen sowohl Tiere über Kategorien, nämlich die der Sinnlichkeit (Raum, Zeit, Mate-

48 Zu verstehen sind diese Überlegungen Gödels vor dem Hintergrund seiner Gegenposition zu der Rudolf Carnaps in dessen Buch ›Logische Syntax der Sprache‹ von 1934. Gödels Auffassung zum Bedeutungsgehalt mathematischer Sätze, die sich gegen Carnap und den Wiener Kreis richtet, hat in dem zu Gödels Lebzeiten nicht veröffentlichten Aufsatz »Is Mathematics Syntax of Language?« einen Niederschlag gefunden. An dieser Abhandlung hat Gödel zwischen 1953 und 1959 gearbeitet. Er wollte damit den »logizistischen« Ansatz zur Mathematik, wie er im Wiener Kreis vorherrschend war, wonach die Sätze der Mathematik tautologisch sind und nur die Weise wiedergeben, wie wir Sprache verwenden, aber nichts über (mathematische) Gegenstände oder Sätze aussagen, einer eingehenden Kritik unterziehen. Siehe Kurt Gödel, »Is Mathematics Syntax of Language?«, in: ders., ›Collected Works‹, Bd. III. ›Unpublished Essays and Lectures‹, hrsg. v. Solomon Feferman, John W. Dawson, Jr., Warren Goldfarb, Charles Parsons und Robert M. Solovay, New York (Oxford University Press) 1995, S. 334–362; Fassung III und V.

49 Kurt Gödel, ›Maximen VII‹, Manuskriptseite 508, Bemerkung Psychologie 1.

rie, Kraft), wie er schreibt, als auch Menschen, welche nach ihm allerdings zudem über abstrakte Kategorien wie Möglichkeit, Ursache, Sein, Vielheit, Wesen, Zweck verfügen:

> Dieses Erfassen ist auch schon bei Tieren vorhanden, aber sie haben nur die Kategorien der Sinnlichkeit (Raum, Zeit, Materie, Kraft). Die anderen (abstrakten) Kategorien [Möglichkeit, Ursache, Sein, Vielheit, Wesen, Zweck] bilden Grundbegriffe im »logischen Raum«.[50]

Wir hatten bereits gesehen, was Gödel unter ›logischem Raum‹ versteht: Es ist »›die Form‹ von allem Denkbaren«. Hier setzt er den Begriff jedoch in Anführungszeichen, das heißt, er ist sich bewusst, dass er mit diesem Begriffsgebrauch von dem anderer Philosophen abweicht. Neben einer Untersuchung der Verwendung von ›logischer Raum‹ durch Gödel wäre es zudem lohnenswert, Gödels Aufzählung dessen, was er unter ›Kategorien‹ versteht, damit zu vergleichen, was andere Philosophen in der Geschichte der Philosophie darunter verstanden haben. Denn seine Aufzählung entspricht weder der des Aristoteles noch der des Thomas von Aquin oder der Tafel Kants.

Die Kategorien der Logik, Metaphysik und Erkenntnistheorie sind, und das gilt es festzuhalten, wichtiger als das Sprachgefühl, wenn es darum geht, Begriffe, Sachverhalte oder Dinge zu analysieren und damit genauer zu verstehen. Für diese Aufgaben ist das Sprachgefühl, und man kann ergänzen: die natürliche Sprache oder Wortsprache, lediglich ein entbehrlicher Wegweiser, der nicht zu einem genauen Verständnis führen kann. Dafür sind vielmehr die präzisen Analyseinstrumente der extensionalen Sprache erforderlich. Aber nicht nur dafür, sondern ferner, um so zentrale philosophische Begriffe wie ›Sinn‹ und ›Bedeutung‹ zu klären:

> *Bemerkung* (*Philosophie*): Untersuchungen wie die der 3 vorhergehenden Bemerkungen sind nicht Untersuchungen des Sprachgefühls, sondern das Sprachgefühl ist bloß ein (entbehrlicher) »Wegweiser«. Es ist vielmehr ein Schauen im Raum der Begriffe und hat ein objektiv kontrollierbares Resultat, nämlich gewisse* logische Beziehungen von gewissen

* Oft höchst unerwartete.

50 Vgl. Manuskriptseite 501 in diesem Band.

Behauptungen über Begriffe wie: Bedeutung, Sinn; das Herz sind die *Kategorien* der Logik, Metaphysik und Erkenntnistheorie.[51]

Sinn

›Sinn‹ ist im Deutschen mehrdeutig, und mit dieser Bedeutungsvielfalt spielt Gödel, wie sich bereits bei der Lektüre von ›Maximen VI‹ feststellen ließ. ›Einen Sinn haben‹ können Worte. So gebraucht Frege bekanntlich diesen Begriff. ›Einen Sinn haben‹ können aber ansonsten die Taten, gar das Leben, von Menschen. Darunter wird wiederum Verschiedenes verstanden: Man trägt dazu bei, dass etwas besser wird (was immer das ist); man bringt seine angeborenen Fähigkeiten zu voller Geltung; man tut Gutes; man ist für andere da; etc. ›Einen Sinn haben‹ kann ferner ebenfalls heißen, dass etwas einen Zweck hat. Und schließlich ist das Wort ›Sinn‹ ein Synonym für ›Sinnesorgan‹, und ›einen Sinn für etwas haben‹ heißt so viel wie ein Verständnis von etwas haben. Die Liste ließe sich noch weiter fortsetzen.

Dieses Bedeutungsnetz erlaubt es, an seinen Rändern den Aspekt des Lebens und der Lebendigkeit mit dem des Zwecks von Lebewesen bis hin zur Pflanze zu verbinden und zu erörtern und so die Frage der Sinnhaftigkeit von Leben auf einer sehr konkreten, allerdings auch sehr allgemeinen Ebene anzugehen.

Im vorliegenden Zusammenhang ist es wichtig, sich zu vergegenwärtigen, dass es bei Formalsprachen und mechanischen Wirkzusammenhängen lediglich um die logischen Beziehungen zwischen den Begriffen geht, was u. a. zu einer Präzision führt, die sonst nicht erreicht wird. Und es sei gleichfalls nochmals darauf hingewiesen, dass Gödel diese Präzision und Genauigkeit für die Mathematik und die Physik für unabdingbar hält, was ihn jedoch nicht davon abhält, die Quellen des Sinns in anderen Bereichen in ihren vielfältigen Formen zu erörtern.

51 Siehe Manuskriptseite 527, Bemerkung Philosophie 1 in diesem Band.

Ein entscheidender Satz hinsichtlich dieser Gegenüberstellung fällt in ›Maximen VII‹ zu Beginn. Er lautet:

> Der Sinn des einzelnen, aufgeschriebenen Satzes ist der bezeichnete Sachverhalt und die Mitteilung. Das theologische Weltbild unterscheidet sich vom wissenschaftlichen dadurch, dass alles einen ›Sinn‹ hat [die Ursacherelation ist ersetzt durch die Sinnrelation], das heißt, ›beabsichtigt‹ ist.

Die logische Sprache hat keinen Sinn, keine Bedeutung, sie gehört auf Grund der mit ihr verbundenen Präzision zum wissenschaftlichen Weltbild, wohl aber hat die natürliche Sprache Sinn und Bedeutung, weil sie anders als die Formelsprache eine Mitteilungsfunktion erfüllt. Gödels Untersuchungen kreisen um die Frage, wo und wodurch dem Menschen Sinn (im weitesten Sinn verstanden) und Bedeutung vermittelt werden. Eine Quelle dafür ist die Sprache, eine andere sind Empfindungen und Emotionen – man könnte ebenso sagen, das Leben und das Lebendige, zu dem neben der Biologie außerdem die Kultur gehört.

Immer stärker wird in den Philosophischen Notizbüchern allerdings darüber hinaus Religion als »Sinnstifterin« thematisiert. Das ist der Bereich, der nach Gödel vermitteln sollte, dass der Welt eine Zweckmäßigkeit zugrunde liegt und die Geschehnisse dort daher sinnvoll zu nennen sind.[52] In ›Maximen VII‹ wird das nur angedeutet, sollte aber bereits festgehalten werden, weil die »Sinnlosigkeit« von Formelsprache (und mechanischem Wirken), die in ›Maximen VII‹ ausführlich erörtert wird, bei Gödels Beschäftigung mit Religion und Theologie mitzudenken ist.

52 So heißt es in ›Max VIII‹, Manuskriptseite 566, Bemerkung Philosophie 1: »[...] des Religionsunterrichts, dessen Zweck es wäre, die Überzeugung zu wecken, dass alles in dieser Welt nach einem wohlerwogenen Plan und in höchster Regelmäßigkeit und Zweckmäßigkeit eingerichtet ist. Das heißt, dass es letzten Endes nichts Sinnloses, Zufälliges, Schlechtes gibt.«

Literatur

Thomas Bolander, »Self-Reference and Paradox«, in: ›The Stanford Encyclopedia of Philosophy‹ (Fall 2024 Edition), hrsg. v. Edward N. Zalta und Uri Nodelman, URL = https://plato.stanford.edu/archives/fall2024/entries/self-reference.

Rudolf Carnap, ›Der logische Aufbau der Welt‹, Berlin (Weltkreis Verlag) 1928.

Rudolf Carnap, »Die Antinomien und die Unvollständigkeit der Mathematik«, in: ›Monatshefte für Mathematik und Physik‹ 41 (1934), S. 263–284.

Alonzo Church, »Paul J. Cohen and the Continuum Problem«, in: ›Proceedings of the International Congress of Mathematicians 1966‹ 1 (1966), S. 15–20.

Eva-Maria Engelen, »Einleitung«, übers. v. John Crutchfield, in: Kurt Gödel, ›Philosophische Notizbücher, Bd. 6: Maximen VI‹ / ›Philosophical Notebooks, vol. 6: Maxims VI‹, hrsg. v. Eva-Maria Engelen, übers. v. Merlin Carl, Berlin/München/Boston (De Gruyter) 2024, S. 14–43.

Kurt Gödel, ›Logisches Notizheft. Altes Excerpten Heft I (1931 – …)‹, in: Gödel-Nachlass, Behältnis 6a, Reihe III, Mappe 58, ursprüngliche Dokumentennummer 030079.

Kurt Gödel, ›Ergebnisse. Eigenes Buch (Grundlagen)‹, in: Gödel-Nachlass, Behältnis 7a, Reihe IV, Mappe 10, ursprüngliche Dokumentennummer 040019.

Kurt Gödel, ›Arbeitsheft 15‹, in: Gödel-Nachlass, Behältnis 5c, Reihe III, Mappe 27, ursprüngliche Dokumentennummer 030033.

Kurt Gödel, »Is Mathematics Syntax of Language?«, Fassung III und V, in: ders., ›Collected Works‹, Bd. III. ›Unpublished Essays and Lectures‹, hrsg. v. Solomon Feferman, John W. Dawson, Jr., Warren Goldfarb, Charles Parsons und Robert M. Solovay, New York (Oxford University Press) 1995, S. 334–362.

Kurt Gödel an Alonzo Church, Brief vom 10. August 1966, in: ›Collected Works‹, Bd. IV. ›Correspondence A–G‹, hrsg. v. Solomon Feferman, John W. Dawson, Jr., Warren Goldfarb, Charles Parsons und Wilfried Sieg, Oxford (Clarendon Press) 2003, S. 371–372.

Kurt Gödel an Alonzo Church, Brief vom 29. September 1966, in: ›Collected Works‹, Bd. IV, op. cit., S. 372–373.

Kurt Gödel an Wolfgang Rautenberg, Brief vom 30. Juni 1967, in: Kurt Gödel, ›Collected Works‹, Bd. V. ›Correspondence H–Z‹, hrsg. v. Solomon Feferman, John W. Dawson, Jr., Warren Goldfarb, Charles Parsons und Wilfried Sieg, Oxford (Clarendon Press) 2003, S. 182.

Arend Heyting, ›Mathematische Grundlagenforschung, Intuitionismus, Beweistheorie‹, Reihe: Ergebnisse der Mathematik, Bd. 3, Heft 4, Berlin (Springer) 1934.

Leon Horsten, »One Hundred Years of Semantic Paradox«, in: ›Journal of Philosophical Logic‹ 44 (2015), S. 681–695.

Franz von Kutschera, »Die logischen Antinomien in sprachphilosophischer Sicht«, in: ›Logik, Ethik, Theorie der Geisteswissenschaften‹, hrsg. v. Günther Patzig, Erhard Scheibe und Wolfgang Wieland, Hamburg (Meiner) 1977, S. 58–69.

Charles Parsons, »Wolfgang Rautenberg«, in: Kurt Gödel, ›Collected Works‹, Bd. V, op. cit., S. 179–181.

Jan von Plato, ›Chapters from Gödel's Unfinished Book on Foundational Research in Mathematics‹, Cham (Springer) 2022.

Frank P. Ramsey, »The Foundations of Mathematics«, in: ders., ›The Foundations of Mathematics and Other Logical Essays‹, hrsg. v. Richard B. Braithwaite, London (Routledge) 1931, S. 1–61, hier S. 20f. Der Beitrag erschien zuerst in: ›Proceedings of the London Mathematical Society‹ 25 (1926), S. 338–384.

Peter Suber, »50 Years Later, the Questions Remain. Kurt Gödel in Blue Hill«, in: ›Ellsworth American‹, August 27, 1992, Section I, p. 2; auch zugänglich über http://legacy.earlham.edu/~peters/writing/godel.htm.

Anhang

Eigenes Buch (Grundlagen)

Überarbeitete Fassung des Logizismus-Kapitels – Auszüge

[1]
Logizismus

Unter Logizismus versteht man die auf Leibniz zurückgehende und von *Peano*, Frege und Russell näher begründete Auffassung, dass die Mathematik auf Logik zurückführbar sei, das heißt, dass die mathematischen Begriffe aus logischen definierbar und die mathematischen Lehrsätze aus den Axiomen der Logik beweisbar seien. Was den genauen Sinn betrifft, den man dem Term »Logik« in dieser Behauptung geben muss, so begnügt man sich zunächst mit einer Aufzählung gewisser Begriffe und Grundsätze, welche man nach üblichem Sprachgebrauch als logisch zu bezeichnen geneigt ist.

Erst in jüngster Zeit, und besonders unter dem Einfluss Wittgensteins, werden von den Vertretern des Logizismus Versuche unternommen, den Begriff der Logik zu klären, das heißt, die Merkmale anzugeben, durch welche sich logische Begriffe und Sätze von anderen unterscheiden (*Russell* (...), *Hahn*, (...)).

Danach ist das Charakteristische der logischen {Begriffe} {(auch oft logische Konstanten genannt)}, dass sie nicht Zeichen für et-

28 (...): ›(...)‹ gibt hier und im Folgenden jeweils an, wo Gödel eine Lücke gelassen hat, um bibliographische Angaben nachzutragen. Er selbst kennzeichnet das auch manchmal mit ›(...)‹, manchmal aber auch so: ›[...]‹

29 }: Wie sonst auch geben die geschwungenen Klammern Einfügungen Gödels an. Es handelt sich aber nicht immer um Einfügungen zwischen den Zeilen, sondern kann sich um solche handeln, die Gödel auf einer anderen Manuskriptseite angegeben hat. Dies wird hier nicht gesondert angeführt oder ausgezeichnet

5 Bei der folgenden Textwiedergabe im Anhang handelt es sich nicht um eine kritische Edition, sondern lediglich um eine Transkription. So wurden etwa die zahleichen Durchstreichungen Gödels nicht mit wiedergegeben. Zudem wurde nicht durchgehend ein Obertext hergestellt, in den sowohl die erste Fassung als auch die überarbeitete Fassung eingegangen und damit dokumentiert sind. Die Transkription folgt vielmehr dem Gesichtspunkt: Welche Passagen aus dem Manuskriptbestand ›Ergebnisse. Eigenes Buch (Grundlagen)‹ sind für die Lektüre von ›Maximen VII‹ besonders relevant und sollten den Lesern der deutschsprachigen Ausgabe daher zur Verfügung gestellt werden?

8 Die Manuskriptseitenzählung erfolgt für die überarbeitete Fassung und die erste Fassung getrennt und beginnt jeweils von vorn. Für die überarbeitete Fassung ist auf Grundlage des Mikrofilms allerdings nicht erkennbar, welche Seite recto und welche verso ist.

was in der Welt Vorhandenes sind, sondern nur dazu dienen, die Form der Sätze auszudrücken. Sie ergeben sich bloß durch die Art und Weise, in der in der Sprache die Symbole der Wirklichkeit zugeordnet werden.

[2]
Die Möglichkeit logischer Sätze kommt dadurch zustande, dass diese Ordnung nicht eineindeutig ist, so dass dieselben Sachverhalte in verschiedener Weise ausgedrückt werden können (z. B. durch p und $\sim\sim p$). Ein Satz, der die Tatsache ausdrückt, dass p und $\sim\sim p$ demselben Sachverhalt zugeordnet sind (d. h., $p \equiv \sim\sim p$), ist dann ein Satz der Logik, ebenso ein Satz, welcher aussagt, dass eine gewisse Symbolkombination {(z. B. $p \vee q$)} einer umfassenderen Klasse von Sachverhalten zugeordnet ist als eine andere p (d. h. in unserem Fall »aus *p folgt p oder q*«). Aus dieser Auffassung folgt, dass die logischen Sätze nichts über die Wirklichkeit aussagen, sondern in Wahrheit schon aus der Art und Weise, wie die Symbole der Wirklichkeit zugeordnet werden, sich ergeben.

Um die These des Logizismus zu erweisen, ist es, wie schon Frege bemerkt, unbedingt erforderlich, die ungenaue und mehrdeutige Wortsprache durch eine exakte Formelsprache zu ersetzen. Nur | in einer solch exakten Sprache kann man die logischen Grundsätze, {von denen man ausgeht,} und {nur für eine solche Sprache kann man die logischen} Schlussregeln, {nach denen man von Grundsätzen weitere Sätze ableitet,} mit hinreichender Genauigkeit angeben, um zu vermeiden, dass während der Deduktionen sich unbemerkt außerlogische Elemente einschleichen. Als Charakteristikum der Schlussregeln ergibt sich dabei, dass sie rein formal sind [3], das heißt, sich nur auf das Äußere, die Gestalt der Formeln beziehen, sodass sie mechanisch (ohne Erkenntnis der Bedeutung der Formeln) angewandt werden können. {So ergibt die Durchführung des logizistischen Standpunktes (unabhängig davon, ob sie ihr Ziel erreicht oder nicht) das Resultat, dass man die mathematischen Sätze durch Kombination einiger weniger Grundsymbole ausdrücken und aus einigen wenigen Grundsätzen mittels einiger weniger mechanischer Regeln deduzieren kann.}

2 **Sie ergeben:** Andere Lesart: Sie ergibt
3 **in der in der Sprache die Symbole der Wirklichkeit zugeordnet:** Andere Lesart: in der Sprache die Symbole der Wirklichkeit zuordnet. Bei dieser Lesart wird ›in der‹ einmal gestrichen
11 ›n‹ von der Editorin verbessert in ›m‹
22 ›für eine‹ von der Editorin gelöscht

[…]

[4]
[…]
Die erste Durchführung des logizistischen *Progamms* liefert *Frege* in **[…]**. Er erreicht in der Formulierung seiner Grundsätze und Schlussregeln eine Präzision, die auch modernsten Ansprüchen [5] noch vollkommen genügt – und erst von den formalistischen Schulen und den polnischen Metamathematikern wieder erreicht wurde. Die logischen Grundbegriffe, welche er als undefiniert seinen Deduktionen zu Grunde legt, sind die folgenden:

1.) »Gegenstand«: Dieser Begriff hat kein besonderes Zeichen, sondern tritt nur durch Variablen *a*, *b*, *c* ..., welche beliebige Gegenstände bezeichnen, auf.
2.) »Funktion«: Darunter wird verstanden eine beliebige {eindeutige} Zuordnung von Gegenstand zu Gegenstand, das heißt, eine Vorschrift *f*, durch die jedem Gegenstand *a* in eindeutiger Weise ein Gegenstand *b* zugeordnet ist (*b* heißt der Wert der Funktion *f* für das Argument *a*). Der symbolische Ausdruck einer Funktion ist eine Zeichenkombination, welche eine Gegenstandsvariable *a* enthält und welche einen bestimmten Gegenstand bezeichnet. Wenn *a* durch den Namen eines bestimmten Gegenstandes ersetzt wird (z. B. der Vater von *a*, *sin a*), ist insbesondere der Wert einer Funktion *f* eine Aussage (wie z. B. für die durch »*a* ist rot« ausgedrückte Funktion), so heißt sie »Aussagefunktion«. (Funktionen, die nicht Aussagefunktionen sind, heißen »Gegenstands«-Funktionen oder *deskriptive* Funktionen.) [6] Frege lässt auch Funktionen mit mehreren Argumenten zu (z. B. $a + b$, $x > y$). {Aussagefunktionen mit einer (beziehungsweise mehreren) Variablen sind, wie ersichtlich, der Ausdruck für Eigenschaften und Relationen.} Die Funktionen rechnet Frege nicht zu den Gegenständen, mit der Begründung, dass sie unvollständig (ergänzungsbedürftig) seien, nämlich durch Einsetzung eines Namens an Argumentstelle. Auch der Begriff der Funktion

1 Im Folgenden werden Gödels Ausführungen in der überarbeiteten Fassung des Logizismus-Kapitels ausgelassen, weil in ›Maximen VII‹ zumindest keine direkte Rezeption davon stattgefunden hat. Für Interessierte sei auf Jan von Platos Übersetzung seiner Transkription verwiesen: Jan von Plato, ›Chapters from Gödel's Unfinished Book on Foundational Research in Mathematics‹, op. cit., S. 62ff.

26 ›{‹ von der Editorin verbessert in ›(‹

hat im System kein besonderes Zeichen, sondern tritt nur durch eine Variablengattung f, g, h ..., welche beliebige Funktionen bezeichnet, auf.

3.) F-Funktion: Bezeichnet durch eine besondere Variablengattung F, G. Das sind Funktionen, deren Argumente nicht Gegenstände, sondern Funktionen sind.

Die übrigen Fregeschen Grundbegriffe sind die folgenden:
1. Negation,
2. *Implikation* [das ist der Begriff dafür: »aus *a* folgt *b*«],
3. identisch mit,
4. alle,
5. derjenige Gegenstand, welcher,
6. »Wertverlauf einer Funktion«.

Das ist das, was 2 Funktionen gemeinsam ist, welche für dieselben Argumente stets denselben Wert annehmen, zum Beispiel *sin* 2 *a* ... und ... 2 *cos a sin a*. Da Frege als Wert einer Aussagefunktion $\varphi(x)$ für das Argument a nicht den Satz $\varphi(a)$, sondern den Wahrheitswert dieses Satzes auffasst (d.h. den Wahrheitswert »wahr«, wenn $\varphi(a)$ zutrifft, und »falsch«, wenn $\varphi(a)$ nicht zutrifft), [7] so ist der Wertverlauf einer Aussagefunktion das, was man gewöhnlich »Umfang eines Begriffs« oder »Menge der unter den Begriff fallenden Gegenstände« nennt. {Der Wertverlauf {der Funktion}, im Gegensatz zu den Funktionen selbst, wurde zu den Gegenständen gerechnet, was für die Antinomien verhängnisvolle Folgen hatte.}

Jeder Begriff | hat im Fregeschen System ein besonderes Zeichen, und es wird mit peinlicher Sorgfalt definiert, wie sich die sinnvollen Ausdrücke bei diesen Zeichen zusammen mit den 3 Variablengattungen aufbauen [Grammatik der Formelsprache].

8 Formeln werden als {logische} Axiome an die Spitze gestellt und ... Schlussregeln formuliert, nach denen alle Deduktionen in dem Fregeschen Werke verlaufen.

Das Wesen einer Definition sieht Frege in der Einführung eines einfachen Namens an Stelle eines aus den obigen Grundsymbolen zusammengesetzten Ausdrucks, und die Regeln, nach denen dies zu geschehen hat, wurden ebenfalls von ihm als erstem genau formuliert. Ferner ist es auch sein Verdienst, diejenigen Behauptungen (Begriffe), welche sich in logistischer Symbolik allein ausdrücken lassen, als Erster unterschieden zu haben von denen, welche

27 nicht lesbare Zeichen
33 ›vorlaufen‹ von der Editorin verbessert in ›verlaufen‹

sich auf die Symbole des Systems beziehen und in gewöhnlicher Wortsprache formuliert werden müssen (Hilbert unterscheidet zwischen Mathematik und Metamathematik).

Zur 2ten Kategorie gehört zum Beispiel die *Definition* von [8] »sinnvoller Ausdruck« sowie die Formulierung der Schlussregel.

Sein System benützt Frege in erster Linie dazu, um eine (später von *Russell* wiederentdeckte) rein logische Theorie der natürlichen Zahlen zu entwickeln; {die sich auf den Begriff der Äquivalenz von Mengen stützt}. [...]

Eigenes Buch (Grundlagen)

Erste Fassung des Logizismus-Kapitels – Auszüge

[1v]

Logizismus

Unter Logizismus {versteht man die auf Leibniz zurückgehende und von *Peano*, Frege und Russell näher begründete Auffassung,} dass die Mathematik restlos auf Logik zurückführbar sei, das heißt, dass die mathematischen Begriffe aus logischen definierbar und die mathematischen Sätze aus den Axiomen der Logik beweisbar seien (*Carnap* [...]).

Was ist dabei unter logischen Begriffen und Sätzen zu verstehen? Und wodurch unterscheiden sie sich von anderen Begriffen und Sätzen? – Diese Fragen wurden vom Logizismus selbst lange Zeit unbeantwortet gelassen. Er begnügte sich mit der Aufzäh-

7 Hier steht ›Formulierung‹, nicht ›Formalisierung‹.

17 Die erste oder Ausgangsfassung des Logizismus-Kapitels wird hier gleichfalls wiedergegeben, weil dort zusätzliche Aspekte angesprochen werden, die für die Rezeption von ›Maximen VII‹ von Belang sind. Wie erwähnt, wird, soweit vorhanden, nach den Zahlenfolgen, die sich rechts oder links unten an Stelle von Seitenpaginierungen auf den Manuskriptseiten befinden, zitiert, obgleich es sich nicht um Seitenpaginierungen im eigentlichen Sinne handelt, sondern um Seitenberechnungen für den geplanten Druck. Die fortlaufenden Angaben der Seitenberechnung auf den Recto-Seiten garantieren jedoch, ähnlich wie Seitenpaginierungen, eine eindeutige Auffindbarkeit und auch eine Bezugnahme zu von Platos Übersetzung, da dieser diese Angaben neben denen, die auf den Mikrofilm Bezug nehmen, ebenfalls wiedergibt.

26 **[...]**: ›[...]‹ oder ›(...)‹ geben jeweils an, wo Gödel eine Lücke gelassen hat, um die bibliographischen Angaben nachzutragen

lung der so genannten »logischen Konstanten« {(›oder‹, ›nicht‹, ›alle‹, ›es gibt‹ *etc.*) und logischen Axiomen}, und als Kriterium für die Wahrheit eines Satzes der Logik wurde eine Art Intuition angenommen (*vgl.* Russell [...]), aber sogar Grundsätze, die nicht intuitiv einleuchten, hielt man dadurch für gerechtfertigt, dass sie zu den gewünschten {d. h. mit der Intuition übereinstimmenden, ebenso wie in der Physik Hauptsätze dadurch gerechtfertigt wurden} Resultaten führen (*vgl. Russell* Ordnungsaxiom, {*Revue de Metaphysique et de Morale* 1906, *p.* 630}).

[Russell stellt explizit die Theorie auf, dass ebenso wie *Hypothesen* der Physik dadurch gerechtfertigt werden, dass sie zu mit der Erfahrung übereinstimmenden Resultaten führen, ebenso die Grundsätze der Logik gerechtfertigt werden, dass sie zu mit der Intuition übereinstimmenden Resultaten führen.] –

Frege dagegen sah die logischen Grundgesetze als im Reich der Ideen bestehende Gesetzmäßigkeiten an, nach deren Begründung man nicht fragen könne **(...)**. Erst in jüngster Zeit wurde unter dem Einfluss von Wittgenstein eine befriedigende Auffassung angebahnt (*Russell* (...), *Hahn* (...)). Danach ist das Charakteristische der logischen Konstanten, {dass sie} nicht Zeichen für etwas in der Welt Vorhandenes sind, sondern {nur {dazu} dienen, die Form der Sätze auszudrücken}. [2v] Sie werden nur {nötig} durch die {komplizierte} Art, wie {die Sprache ihre Symbole} der Wirklichkeit zuordnet**.** Diese Zuordnung ist nicht eineindeutig, so dass es möglich ist, denselben Sachverhalt auf verschiedene Weise auszudrücken (z. B. durch p und $\sim\sim p$), und die Sätze der Logik bestehen gerade darin, festzustellen, dass 2 Symbolkombinationen demselben Sachverhalt zugeordnet sind (z. B. $p \equiv \sim\sim p$).

Dieser tautologische Charakter ist das Kriterium für die Sätze der Logik. Die These des Logizismus wird dadurch zur Behauptung, dass die mathematischen Sätze Tautologien seien {(daraus folgt, dass sie in jeder möglichen Welt gelten müssen)}.

Dies besagt wesentlich mehr als die ursprüngliche Russellsche Formulierung: Die mathematischen Sätze seien solche, in denen nur logische Konstanten vorkommen, denn in solchen Sätzen können auch empirische Tatsachen ausgedrückt werden (z. B. in dem Satz »Es gibt mindestens 10 Dinge«). {[*Ramsey* (...)]}

{Den Begriff der Tautologie suchen *Wittgenstein* und *Ramsey* folgendermaßen genauer zu präzisieren: Sie nehmen an, es gäbe gewisse einfachste Sätze (Atomsätze {etwa »Dies ist rot«}). Auf

13 **Grundsätze:** Andere Lesart: Grundgesetze
15 **Grundgesetze:** Andere Lesart: Grundsätze
19 ›sind‹ von der Editorin gelöscht
40 ›)‹ von der Editorin gelöscht

diese Atomsätze können die Wahrheitswerte wahr, falsch in verschiedener Weise verteilt sein (bei n Atomsätzen gibt es 2^n mögliche Verteilungen). Jeder sinnvolle Satz behauptet nun, dass die tatsächlich vorliegende Verteilung einer bestimmten Teilmenge T dieser 2^n Elemente umfassenden Menge angehört. Was so ausgedrückt wurde: Jeder Satz sei eine Wahrheitsfunktion der Atomsätze; falls T alle möglichen Verteilungen umfasst, ist der Satz eine Tautologie, falls T leer ist, eine Kontradiktion (*z. B. p* und nicht *p* ++ *p*).}

Um die eingangs formulierte These des Logizismus zu beweisen, ist es, wie Frege (...) bemerkt, unbedingt erforderlich, die | ungenaue und mehrdeutige Wortsprache durch eine | exakte Formelsprache zu ersetzen.

Nur wenn man die logischen Grundgesetze [von denen man ausgeht] präzise {durch Formeln} formuliert und die {logischen} Schlussregeln, nach denen man aus diesen weitere Formeln ableitet, genau angibt und dadurch vermeidet, dass während der Deduktionen sich unbemerkt außerlogische Elemente einschleichen, geht das. {Dabei sind Schlussregeln rein formal, das heißt, sie nehmen nur auf die äußere Gestalt der Formeln, nicht auf ihre Bedeutung Bezug, so dass das Schließen zu einem Rechnen wird.} So {findet} man hier die schon von Leibniz bei seinem *calculus ratiocinator* vorausgeahnte Idee des so genannten formalen Systems, die dann von der Hilbertschen Schule zur vollen {Klarheit gebracht wurde}. [...]

[3¼v]
[...]
Die erste Durchführung des logizistischen Programms liefert Frege in **[...]**. Er erreicht in der Formulierung der {logischen Grundgesetze, die er zugrunde legt}, eine Präzision, die auch den modernsten Ansprüchen noch genügt und später erst von den formalistischen Schulen und den polnischen Metamathematikern **(...)** wieder erreicht wurde. Die {logischen} Grundbegriffe, {welche er als undefiniert seinen Deduktionen zugrunde legt, sind} die folgenden: 1. »Gegenstand« [...].

11 | Entfernt: unexakte Ergänzt: ungenaue
12 | Entfernt: präzise Ergänzt: exakte

2 Hier folgt im Manuskript auf den folgenden Seiten nun die weitere Aufzählung der Grundbegriffe bei Frege. Was Wort- und Symbolwahl anbelangt, differiert diese Aufzählung sowohl von der in der überarbeiteten Fassung, die oben abgedruckt ist, als auch von der in den Exzerpten zu Freges ›Grundgesetze‹

[…]

[6¼v]

[…] So genügt Frege {in nahezu vollkommener Weise} allen Ansprüchen, die man heute an ein formales System stellt. Insbesondere ist es sein Verdienst, als Erster die Behauptungen {und Begriffe}, welche sich in den logistischen Symbolen selbst ausdrücken lassen, deutlich zu unterscheiden von solchen Betrachtungen, welche in gewöhnlicher Wortsprache formuliert werden und von den Symbolen des Systems handeln (Hilbert [7¾v] Metamathematik). Zu den Letzteren gehört {*z. B.*} die *Definition* von »sinnvoll«, durch welche die Grammatik der symbolischen Sprache festgelegt wird, und die Formulierung »der Schlussregeln«. […]

Antinomien

Historisch letzte dieser mengentheoretischen Antinomien ist der Widerspruch der größten Ordinalzahl.

1. Die durch die Relation »größer« geordnete Menge aller Ordinalzahlen ist wohlgeordnet, muss daher selbst eine Ordinalzahl besitzen, welche größer sein muss als alle Ordinalzahlen, also auch größer als sie selbst. *Burali-Forti*. {Seither konstruiert man absichtlich eine Anzahl Antinomien und versucht so den Grund der Erscheinung aufzudecken.}
2. Die Kardinalzahl der Menge aller Mengen {*A*} muss offenbar die größte Kardinalzahl sein, da ja jede Menge Teilmenge von *A* ist. Andererseits hat aber Cantor bewiesen, dass es zu jeder

in ›Logisches Notizheft. Altes Excerpten Heft I (1931 – …)‹, Gödel-Nachlass, Behältnis 6a, Reihe III, Mappe 58, ursprüngliche Dokumentennummer 030079, Manuskriptseite 27f. Was die inhaltlichen Aussagen anbelangt, unterscheiden sich die Angaben selbstverständlich nicht. Gödel verwendet im Manuskript ›Ergebnisse. Eigenes Buch (Grundlagen)‹ nicht Freges Logiksymbole, sondern transferiert sie in der ersten Fassung weitgehend in die zur damaligen Zeit übliche Notation, und in der überarbeiteten Fassung verzichtet er fast ganz darauf, logische Symbole für Freges logische Grundbegriffe anzugeben (s. o.). In dem Jahre später entstandenen Manuskript ›Maximen VII‹ greift er hingegen wieder teilweise auf Freges Notation zurück, die er auch im zeitlich am frühesten niedergeschriebenen Notizbuch zu dem Thema, ›Logisches Notizheft. Altes Excerpten Heft I (1931 – …)‹, wiedergegeben hat. Da hier keine komplette Transkription der langen Textstelle erfolgen kann, sei für Interessierte auf die Übersetzung seiner Transkription durch Jan von Plato in ›Chapters from Gödel's Unfinished Book on Foundational Research in Mathematics‹, S. 28ff., verwiesen.

Kardinalzahl α eine größere gibt, nämlich 2^{α} (Russell, *Principia Mathematica*). [7¾r]

[3.] Indem Russell diesen Widerspruch analysiert, das heißt, einen cantorschen Beweis für $2^{\alpha} > \alpha$ auf die Menge aller Mengen anwendet, findet er seinen bekannten 3. Widerspruch der Menge aller Mengen, die sich nicht selbst als Element enthalten, von der man zeigen kann, dass sie weder sich enthalten noch sich nicht enthalten kann. {[8¾r] Um zu zeigen, dass diese Antinomie nicht vom Mengenbegriff abhängt, gibt dem Russell {[*P. L.*]} die folgende Form:

4. Eine Eigenschaft heißt {*prädikabel*}, wenn sie sich selbst zukommt, sonst {imprädikabel} (›*abstrakt*‹ ist z. B. | autologisch, ›konkret‹ | heterologisch). Von der Eigenschaft ›imprädikabel‹ kann man zeigen, dass sie weder | {*prädikabel*} noch | {*imprädikabel*} ist.}
5. {(prinzipiell)} [7¾r] Auf einen zu 3. ähnlichen Widerspruch führt die Relation *T*, welche zwischen zwei Relationen *R* und *S* dann und nur dann besteht, wenn *R* nicht die Relation *R* zu *S* hat.

Die bisher genannten Antinomien haben das gemeinsam, dass sie mit rein logischen (mathematischen) Begriffen operieren. Sie treten daher innerhalb der formalen Systeme der Mathematik (wenn nicht besondere Kunst angewendet wird) auf, *z. B.* innerhalb des Fregeschen Systems {(mit Ausnahme von 4., welches durch die Fregesche Unterscheidung zwischen Begriff und Gegenstand nicht auftritt)}.

Eine zweite Art von Antinomie operiert mit empirischen {(*linguistischen*)} Begriffen: »*A* behauptet es«, »Wort der deutschen Sprache«, {»Satz einer bestimmten Sprache«}, *u. a.* Sie werden daher epistemologisch genannt (die Unterscheidung geht schon auf *Peano Rivista* zurück, klarer formuliert wurde sie zuerst von *Ramsey*). In diese Gruppe gehört:

12 ›|‹ von der Editorin verbessert in ›autologisch‹
12: | autologisch
13 ›|‹ von der Editorin verbessert in ›heterologisch‹
13: | heterologisch
14 | autologisch
14 | heterologisch
16 ›ähnlichen‹ von der Editorin gelöscht
21 **mathematischen:** Andere Lesart: grammatischen

20 Interessant ist in diesem Zusammenhang eine Notiz in ›Logisches Notizheft. Altes Excerpten Heft I (1931 – …)‹, Gödel-Nachlass, Behältnis 6a, Reihe III, Mappe 58, ursprüngliche Dokumentennummer 030079, wo auf Manuskriptseite 23 im Zusammenhang mit den Antinomien steht: »*Carnap* behauptet: *Imprädikabel* stammt von *Russell* (nicht semantisch); *Heterologisch* von *Grelling* (semantisch).«

1 **Peano Rivista:** Peano hat 1891 die Zeitschrift ›Rivista di matematica‹ gegründet, in der Fragen der Logik und der Grundlagen der Mathematik behandelt wurden.

6. Der Lügner: Wenn {eine Person *A*} sagt: »Der Satz, den ich jetzt ausspreche, ist falsch«, so kann dieser Satz weder wahr noch falsch sein (bezüglich einer logischen Formulierung dieser Antinomie *vgl. Hilbert Ackermann* (...)) [8¾r] {Eine Arbeit zunächst bei *Finsler*}.
   Dies ist nichts anderes als der **»**Kreter-Schluss**«**, der aber in der überlieferten Form, {dass ein Kreter sagt:} **»**alle Kreter lügen**«**, zu keinem Widerspruch, sondern zur Folgerung, dass einige Kreter lügen und einige nicht lügen, führt.

[...]

[24¼v]
[...]
Die von Russell gegebene Durchführung des logizistischen Programms wird man insofern als nicht ganz befriedigend ansehen müssen, als gewisse zweifellos nicht-tautologische Axiome (das Axiom des Unendlichen und der Reduzibilität, für manche Sätze auch das Auswahlaxiom) erforderlich sind, um die Mathematik zu begründen. Dieser Mangel trat besonders deutlich hervor, als man (*vgl. p.* (...)) das Wesen des Logischen und den Begriff der Tautologie deutlicher fasste. Es wurde dadurch völlig klar, dass das Reduzibilitätsaxiom eine außerlogische Voraussetzung ist, da man sich Welten (das System von Individuen und atomaren Funktionen, *vgl. p.* (...)) konstruieren kann, in denen es nicht gilt (*vgl. Wittgenstein*, *Ramsey*, *Bernays* (...)). {Ob es in unserer gilt, ist demnach eine empirische Frage.}

Bezüglich des Auswahl- und des Unendlichkeitsaxioms hatte Russell dies schon in **[...]** anerkannt, indem er diese in Sätzen, zu deren Beweis sie gebraucht wurden, als Voraussetzungen ausdrücklich anführt, und er ging später noch weiter, indem er auch den {in den Principia} beweisbaren Satz, dass es mindestens 1 Individuum und {daher} 2^n Klassen n^{ter} Stufe gibt, nicht als Tautologie gelten lässt [...].

11 Die Aufzählung verschiedener Antinomien wird im Manuskript fortgesetzt, ebenso die Ausführungen zum Thema Antinomien und der Umgang mit ihnen bei verschiedenen Logikern und Mathematikern. Da an dieser Stelle aber nicht der gesamte Text dazu wiedergegeben werden kann, sei für Interessierte auf Jan von Platos Übersetzung seiner Transkription, ›Chapters from Gödel's Unfinished Book on Foundational Research in Mathematics‹, op. cit., S. 35–56, verwiesen.

16 ›zu‹ von der Editorin gelöscht

Man kann sich mitten in diesen Schwierigkeiten zurechtfinden, indem man sich daran erinnert, es seien nicht die Sätze der Mathematik selbst logischer {(*d.h.* tautologischer) Natur} (wie dies Frege geglaubt hatte}, sondern bloß {diejenigen Implikationen, welche besagen, dass sie aus gewissen außerlogischen Voraussetzungen folgen (in Rückkehr zu Peano).}

Diesen Standpunkt vertritt H. Hahn in **[…]**. Er wies darauf hin, dass die Begriffe des Russellschen Systems, Individuen [25¼v] und atomare Funktionen, keine absolute Bedeutung haben, sondern in verschiedener Weise in der Welt realisiert werden können. Und die Sätze der Mathematik gelten nur für solche Realisierungen, in denen gewisse »Reichhaltigkeitsforderungen« erfüllt sind, {aus denen sie durch tautologische Umformung {(d. h. logische Schlüsse)} hervorgehen}. […]

[26v]
[…]
Viel beachtenswerter sind *Russells* Ansichten über die Antinomien 2ter Art, für die er in Ermangelung der verzweigten Typentheorie eine neue Auflösung geben muss.

[27v]
Er stellt als Erster fest, dass in all diesen Antinomien[32] die Relation zwischen einem Symbol und seiner Bedeutung auftritt ({die Relation} ›*a* bedeutet den Gegenstand *b*‹), und sieht den Grund für die Antinomie darin, dass man eine solche Relation in voller Allgemeinheit nicht bilden (definieren) könne, sondern verschiedene Stufen von ihr unterscheiden muss, wobei ein Symbol, in dem eine Bedeutungsrelation n^{ter} Stufe vorkommt, zu dem Objekt, das es bezeichnet, in der Bedeutungsrelation $n + 1^{\text{ter}}$ Stufe steht.

{Die Antinomie des Heterologischen verschwindet zum Beispiel dadurch, dass man {so} definiert | **:** »Heterologisch {n^{ter} Stufe} heißt ein Eigenschaftswort, wenn es in der Bedeutungsrelation n^{ter} Stufe zu einer seiner Eigenschaften steht«. Das Wort ›heterologisch‹ steht aber zu keiner Eigenschaft in der Bedeutungsrelation n^{ter} Stufe (sondern zu einer gewissen Eigenschaft in der Bedeutungsrelation $n + 1^{\text{ter}}$ Stufe).}

Dadurch kehrt die verzweigte Typentheorie insofern zurück, als man die Ausdrücke von Funktionen {und Sätzen} je nach der Ordnung, in der sie ihre Objekte bedeuten, in Ordnungen einteilen

32 ›muss‹ von der Editorin gelöscht

kann, aber diese Einteilung bezieht sich eben nur auf die sprachliche Darstellung der Funktionen und Sätze, nicht auf diese selbst (deren Objekte können durch Symbole verschiedener Ordnungen bezeichnet werden).

Eine andere (nicht genauer ausgeführte) Idee |, die imprädikative *Definition* als zulässig und die verzweigte Typentheorie als überflüssig zu erweisen, entwickelt *Carnap* **[...]**, indem er erklärt, das Alle-Zeichen {sei in der Logik nicht *extensional* darzustellen (bedeutet nicht »für jedes Einzelne«), sondern bedeutet »logisch ableitbar«. Wodurch ein auf Funktionen bezogenes Alle-Zeichen nicht die Gesamtheit der Funktionen voraussetzt (eine ähnliche Idee bei *Langford*)}.

Russell behält in der 2ten Auflage der *Principia Mathematica* die verzweigte Typentheorie bei, lässt aber das Reduzibilitätsaxiom (als nicht-logischen Satz) fallen und setzt an seine Stelle ein anderes (für rein logisch gehaltenes) Axiom, die Extensionalitätsthese. Aussagefunktionen, deren Argumente Sätze sind (z. B. $p \vee q$) heißen extensional, wenn ihre Wahrheitswerte nur abhängen vom Wahrheitswert der Argumente. Analog heißt eine Aussagefunktion mit Aussagefunktionen als Argumente extensional, wenn ihr Wahrheitswert nur abhängt vom Umfang der Argumentfunktionen (z. B. $\varphi(x) \supset_x \psi(x)$).

Alle in der Mathematik vorkommenden Funktionen sind extensional, und die Extensionalitätsthese besagt, dass jede Funktion extensional ist, oder in noch schärferer Form (Russell), dass jede Funktion von einer atomaren Funktion durch Anwendung der [28v] Operationen ($\bar{\ }$, $\vee$, ( ), $\exists$) erhalten werden kann. {Sie ergibt sich von selbst aus der *p.* (...) besprochenen Auffassung {*Wittgensteins*} über die Logik und wurde auch von *R.* in (...) zugrunde gelegt.} Zahlreiche Beispiele scheinen dem zu widersprechen, *z. B.* sind »*A* glaubt *p*«, »*q* folgt | logisch aus *p*«, »Im Satz *p* ist vom Gegenstand *a* die Rede«, und analoge Sätze für Funktionen, zum Beispiel: »*A* glaubt, dass $(x)\ \varphi(x)$ wahr ist«, offenbar nicht extensional.

30 $\bar{\ }$: Hierbei dürfte es sich um das Zeichen für Negation handeln.
30 ( ): »( )« steht hier für den Allquantor.

5 ›)‹ von der Editorin gelöscht
31 ›{durch}‹ von der Editorin gelöscht

Max VII

Handschriftenbeschreibung

Papier, Schreibheft, Heftgröße 19,3 cm (Höhe) x 12,7 cm (Breite). Heftumschlag: braun, auf dem Heftumschlag hat Gödel oben rechts der Mitte mit Bleistift ›VII‹ notiert. Aufdruck auf dem Notizbuch, vordere Umschlagseite: »Handy Note Book No. 3645«; auf der Rückseite Aufdruck eines Adlers mit Schriftzug »NATIONAL«. Die Ecken sind leicht abgerundet. Buchrücken mit Leinen, ca. 1,0 cm breit, beklebt. Das Heft hat Fadenbindung. Heftinnenseiten: beiges, vergilbtes Papier, hellblaue Linien. Die erste (rechte) Seite ist beschriftet, die zweite (linke) ist nicht beschriftet; durchgehende Paginierung der geraden Seitenzahlen, die mit ›470‹ auf der dritten (rechten) Seite einsetzt, bis einschließlich Manuskriptseite 510; ab Seite 511 sind die ungeraden Seitenzahlen paginiert. Schreibwerkzeug: Bleistift. Sprache: Deutsch; Schrift: Kurzschrift Gabelsberger, gelegentlich Langschrift.

Entstehungszeitraum

Entstehungszeitraum 15. Juli 1942 bis 10. September 1942; konkrete Angaben von Daten: 1. August 1942.

15. *Juli* 1942 – 10. *September* 1942

Max VII

Blue Hill House p. 475–562

1. *August* – 10. *September* 1942

[Leere Seite]

[470]
Bemerkung (*Philosophie*): Jedes Wort hat eine bestimmte Anzahl verschiedener Bedeutungen (das heißt solcher, welche im Sprachbewusstsein nicht mehr miteinander zusammenhängen). Das sind die *Komponenten* der »Bedeutungs«menge.

Bemerkung (*Theologie*): Es scheint, dass die Bequemlichkeiten des äußeren Lebens (Wohnung, Sommerfrische, Gehalt, *etc.*) davon unabhängig sind, wie viel Zeit man darauf verwendet, sich diese Dinge so angenehm als möglich zu gestalten; sondern, wenn man denn viel darauf verwendet, so hat das nur den Erfolg, dass die äußeren Bedingungen schlechter werden.

Bemerkung (*Philosophie*): Richtige Einteilung der Pflanzen: Flechten und Spaltpilze, Algen, Moose und Farne, Pilze, Blütenpflanzen. Der wesentliche Unterschied ist wahrscheinlich in der Art des Stoffwechsels. Es ist vielleicht ein Widerspruch, dass die Fort-

18 **Wohnung, Sommerfrische:** Vgl. zu Lebensführung (hier Wohnung und Sommerfrische) und ihre Bedeutung für die Thematik ›Philosophie als Lebensform‹: Kurt Gödel, ›Zeiteinteilung (Maximen) I und II‹, Einleitung, S. 34f., 54, Gödels Text, S. 58, 60–63, 67, 68, 82, 84, 89, 91–94, 96, 99f., 102, 118, 120, 125, 143, 156, 189, 196f., 219, 258, 270.

24 **Pflanzen:** Vgl. Kurt Gödel, ›Maximen III‹, S. 80, Z. 17–20; 101, Z. 18f.; 130, Z. 28; ›Maximen IV‹, S. 61, Z. 23–29; ›Maximen VI‹, S. 82, Z. 7f., 11–12, 15f.; 84, Z. 14f.

27 **Stoffwechsels:** Kurt Gödel, ›Maximen III‹, S. 130, Z. 28; ›Maximen IV‹, S. 61, Z. 23–29. Stoffwechsel und Fortpflanzung werden in lateinisch-aristotelischer Tradition vom vegetativen Seelenvermögen ermöglicht.

27 **Fortpflanzung:** Vgl. Kurt Gödel, ›Maximen III‹, S. 130, Z. 28; ›Maximen IV‹, S. 61, Z. 23–29; ›Maximen VI‹, S. 82, Z. 7f., 11–12. Siehe vorangegangene Sacherläuterung.

pflanzung der Sinn von irgendetwas sein soll, denn das hieße: Der Sinn von *A* ist es, *A* zu produzieren. Pilze und Flechten* sind das Böse (giftig und krankheiterregend). [471]

Sie entsprechen den Insekten und *Coelenteraten*. Die *Mollusken* sind den Wirbeltieren näher als die Insekten [Fleisch] nach oberflächlichster Betrachtung** (ähnlich wie Gold und tonisch). Die Augen der *Mollusken* sind höher als die der Insekten. Der Spitzensinn der Insekten ist der Geruchssinn. Die Insekten verwesen sehr schnell, nicht so die Muscheln.

* Diese sind besonders böse, weil sie ein Moos zu sich »herausziehen«.

** Auch bei oberflächlichster Betrachtung erscheinen sie als das Böse (giftig und lästig).

<u>Bemerkung</u>? (*Philosophie*): Die 4 Temperamente könnten entstehen durch Einteilung starker [schwacher] Reaktion und äußerer

1 **der Sinn von irgendetwas:** Vgl. auch Kurt Gödel, ›Maximen VI‹, S. 82, Z. 7f.; sowie Manuskriptseite 473, Bemerkung Theologie 1, Pkt. 6 in diesem Band. Wenn das vegetative Seelenvermögen in lateinisch-aristotelischer Tradition angesprochen ist, ist mit »Sinn« nicht der Zweck gemeint, sondern das »Sinnenvermögen«.

1 **Der Sinn von *A* ist es, *A* zu produzieren:** Bei Aristoteles heißt es in ›De anima‹ II 4, 415a 25–415b 1: »ἧς ἐστὶν ἔργα γεννῆσαι καὶ τροφῇ χρῆσθαι. φυσικώτατον γὰρ τῶν ἔργων τοῖς ζῶσιν, ὅσα τέλεια καὶ μὴ πηρώματα ἢ τὴν γένεσιν αὐτομάτην ἔχει, τὸ ποιῆσαι ἕτερον οἷον αὐτό, ζῷον μὲν ζῷον, φυτὸν δὲ φυτόν, ἵνα τοῦἀεὶ καὶ τοῦ θείου μετέχωσιν ᾗ δύνανται. πάντα γὰρ ἐκείνου ὀρέγεται, καὶἐκείνου ἕνεκα πράττει ὅσα πράττει κατὰ φύσιν.« »Ihre Verrichtungen sind Zeugen und sich Nähren. Denn die natürlichste Thätigkeit bei allem Lebendigen, soweit es vollkommen entwickelt und nicht verstümmelt ist oder durch Urzeugung entsteht, ist die, ein anderes seiner Art hervorzubringen, also das Sinnenwesen ein Sinnenwesen, die Pflanze eine Pflanze, damit sie an dem Ewigen und Göttlichen theilnehmen, soweit sie es vermögen. Denn alles verlangt nach diesem und thut seinetwegen alles, was es naturgemäß thut.« Aus: ›Des Aristoteles Schrift über die Seele‹, übersetzt und erklärt von Eugen Rolfes, Bonn (P. Hanstein) 1901, S. 82.
»Its functions are reproduction and assimilation of nutriment. For it is the most natural function in all living things, if perfect and not defective or spontaneously generated, to reproduce their species; animal producing animal and plant plant, in order that they may, so far as they can, share in the eternal and the divine. For it is that which all things yearn after, and that is the final cause of all their natural activity.« Aus: Aristotle, ›De anima‹, übersetzt und erklärt von R. D. Hicks, Cambridge (Cambridge University Press) 1907, S. 63. Gödel hat nachweislich beide Übersetzungen benutzt.

4 **Coelenteraten:** Coelenterata leben im Wasser. Sie sind Hohltiere, die in die Untergruppen ›Nesseltiere‹ und ›Rippenquallen‹ eingeteilt werden. Sie weisen eine radialsymmetrische Körperform auf, ein diffuses Nervennetz und sind aus lediglich zwei Zellschichten aufgebaut.

4 **Mollusken:** Mollusken sind Weichtiere und wie die Coelenterata Gewebetiere.

5 **Insekten:** In Kurt Gödel, ›Maximen VI‹, S. 84, Z. 2f. werden Insekten als Repräsentation des Bösen bezeichnet.

6 **Gold und tonisch:** Im 19. Jahrhundert wurde angenommen, dass Gold tonisch, also stärkend, wirkt. In ›Maximen VI‹, S. 116, Z. 11–15 wird Gold als gutes Metall bezeichnet.

11 **4 Temperamente:** Die vier Temperamente phlegmatisch, melancholisch, sanguinisch und cholerisch gehören zur Vier-Elemente-Lehre, welche wiederum

11 **Bemerkung:** Fett unterstrichen

(= Handlung) und innerer (= *passio*, Gefühl) Reaktion. Demnach wären *Phlegmatiker* und *Melancholiker* verwandt und ebenso *Sanguiniker* und *Choleriker*. Die ersteren sind gut, die beiden anderen schlecht.

Bemerkung (*Psychologie*): Der Sadismus ist eine Form des Machtstrebens. Das Leiden des anderen ist der Beweis, dass man selbst mächtiger ist. Das Leiden des anderen als Selbstzweck entsteht erst sekundär durch »Gewöhnung«.

[472] {Einteilung der Menschen in 4 Kategorien}

Bemerkung (*Theologie*): Folgende 3 Probleme sind im Wesentlichen dasselbe:

1. Wie ist die Allmacht Gottes mit der Freiheit | des Menschen vereinbar?
2. Sind Schöpfer und Geschöpfe dem Wesen nach verschieden (und sogar entgegengesetzt*) oder sind sie dasselbe, nur in verschiedenen Graden?
3. Wieso kann ein Geschöpf moralisch »verantwortlich« sein?

* Sich verhaltend wie *actus* zu *passio*.

Bemerkung (*Philosophie*): Der Sinn des einzelnen, aufgeschriebenen Satzes ist der bezeichnete Sachverhalt und die Mitteilung. Das *theologische* Weltbild unterscheidet sich vom wissenschaftlichen dadurch, dass alles einen »Sinn« hat [die Ursacherelation ist ersetzt durch die Sinnrelation], das heißt, »beabsichtigt« ist. Oberste Begriffe sind Sinn und Form.

für die Gesundheitslehre eine Rolle spielt. Anders als die sex res non naturales (siehe Eva-Maria Engelen, Einleitung zu: Kurt Gödel, ›Zeiteinteilung (Maximen) I und II‹, S. 32f., 38, 54) lassen sich die sex res naturales, zu denen die Temperamente gehören, nicht unmittelbar durch eine Änderung der Lebensweise beeinflussen. Siehe auch unten ›Einteilung der Menschen in 4 Kategorien‹.

11 **Einteilung der Menschen:** Vgl. Manuskriptseite 485, Bemerkung Philosophie 1 in diesem Band; sowie Manuskriptseite 546, Bemerkung Philosophie 1.

24 **Das theologische Weltbild unterscheidet sich vom wissenschaftlichen dadurch, dass alles einen »Sinn« hat:** Vgl. Kurt Gödel, ›Max VIII‹, Manuskriptseite 565ff., Bemerkung Philosophie 1, wo es auf Manuskriptseite 566 heißt: »[...] des Religionsunterrichts, dessen Zweck es wäre, die Überzeugung zu wecken, dass alles in dieser Welt nach einem wohlerwogenen Plan und in höchster Regelmäßigkeit und Zweckmäßigkeit eingerichtet ist. Das heißt, dass es letzten Endes nichts Sinnloses, Zufälliges, Schlechtes gibt.«

1 **passio, Gefühl:** Andere Lesart: passives Gefühl
11 **Einteilung der Menschen in 4 Kategorien}:** Am oberen Rand der Seite über der Seitenzahl eingefügt
15 | und Verantwortlichkeit

Bemerkung (Grundlagen): Ist die Analogie:

Gesetze der euklidischen Geometrie **:** Raumvorstellung

=

logische Gesetze **:** logisches Denken

korrekt**?** Der logische Raum ist der Hintergrund, [473] **»**die Form**«** von allem Denkbaren, ebenso wie es der gewöhnliche Raum von allen physikalischen Erscheinungen ist**.**

Gleichheit, Verschiedenheit und Zahl sind irgendwie die einzigen Grundbegriffe (bloß untereinander gleiche Dinge ohne Eigenschaften). Für die Tiere ist die Raumvorstellung genau das**?** (Analogie mit Engeln)

|

Bemerkung (*Theologie*): Hat jedes Ding ein Entgegengesetztes (welches, mit ihm vereinigt, nichts ergibt und mit dem es zugleich **»**durch Trennung**«** aus dem Nichts erschaffen ist**,** in der *Genesis* werden alle Dinge in Paaren erschaffen)**?** –

Bemerkung (*Theologie*): Interpretation der *Genesis*:

1. *caelum et terra* heißt Zeit (Bewegung des Himmels) und Raum;

5 **logische Raum:** In Kurt Gödel, ›Max VIII‹, heißt es dazu auf Manuskriptseite 563f., Bemerkung Grundlagen 1: »Die wahre Bedeutung der Zeichenverbindungen der Form (ιx) (φx): [...] (Richtige Lösung) Es bedeutet ›einen Ort im logischen Raum‹, das heißt, etwas, was sich zur abstrakten Begriffswelt so verhält wie der Raum (und die Punkte) zur | Welt der sinnlichen Begriffe**.** Die Dinge überdecken jedes einen bestimmten Teil dieses logischen Raums**.** Diese Gegenstände (mathematischer und logischer Raum und ihre Punkte) bilden eine 3te Art von Entitäten zwischen Dingen und Begriffen**.** Der logische Raum sieht verschieden aus, je nachdem, was für einen **›**Möglichkeitsbegriff**‹** man zugrunde legt**.** Der Sinn verhält sich zur Bedeutung in diesem Sinne wie die *Definition* eines Punktes zum Punkt**.** Diese Bedeutung liegt also, was **›**Vielfältigkeit**‹** oder **›**Grad der Identifizierung**‹** oder Nähe zum Ding und Ferne von der Erscheinung betrifft, in der [565] Mitte zwischen Sinn und Bedeutung (andere, vielleicht richtige Lösung *vgl. p.* 592)**.**«

17 **Genesis:** Auf die »Genesis« (1. Buch Mose) in der Bibel rekurriert Gödel auch in Kurt Gödel, ›Zeiteinteilung (Maximen) I und II‹, S. 147, Z. 15; 183, Z. 13; ›Maximen III‹, S. 101, Z. 17; ›Maximen V‹, S. 92, Z. 12f.; ›Maximen VI‹, S. 53, Z. 14f.; 82, Z. 14; 84, Z. 18.

21 **caelum et terra:** »In principio creavit Deus caelum et terram« (Übersetzung Luther-Bibel von 1912: »Am Anfang schuf Gott Himmel und Erde«), »Genesis« bzw. 1. Buch Mose, 1,1.

9 **bloß untereinander:** Andere Lesart: bloße, untereinander

13 | *Genesis* alle in Paaren

13 |: Am oberen Rand der Seite eingefügt und durchgestrichen

15 ›welchem‹ von der Editorin verbessert in ›welches‹

20 **Bemerkung:** Im Manuskript fett unterstrichen

2. der Abgrund ist der unendliche leere Raum, von einem unendlich fernen Punkt (das ist der Ort des Geistes Gottes) gesehen;
3. *aqua* bedeutet bald **»Raum«**, bald Luft (überhaupt das Durchsichtige);
4. *firmamentum* ist eine feste Schale; [474]
5. *lumen et tenebrae* ist das Licht und die Materie.

1 **Abgrund:** »[T]erra autem erat inanis et vacua et tenebrae super faciem abyssi et spiritus Dei ferebatur super aquas« (Übersetzung Luther-Bibel von 1912: »Und die Erde war wüst und leer, und es war finster auf der Tiefe; und der Geist Gottes schwebte auf dem Wasser«), »Genesis« bzw. 1. Buch Mose, 1,2. Anmerkung: ›abyssus‹ ist in der Luther-Bibel mit ›Tiefe‹ übersetzt, nicht wie bei Gödel mit ›Abgrund‹.

3 **aqua bedeutet bald »Raum«:** »[D]ixit vero Deus congregentur aquae quae sub caelo sunt in locum unum et appareat arida factumque est ita et vocavit Deus aridam terram congregationesque aquarum appellavit maria« (Übersetzung Luther-Bibel von 1912: »Und Gott sprach: Es sammle sich das Wasser unter dem Himmel an besondere Örter, daß man das Trockene sehe. Und es geschah also. Und Gott nannte das Trockene Erde, und die Sammlung der Wasser nannte er Meer«), »Genesis« bzw. 1. Buch Mose, 1,9–10.

3 **bald Luft:** »[D]ixit quoque Deus fiat firmamentum in medio aquarum et dividat aquas ab aquis et fecit Deus firmamentum divisitque aquas quae erant sub firmamento ab his quae erant super firmamentum et factum est ita vocavitque Deus firmamentum caelum« (Übersetzung Luther-Bibel von 1912: »Und Gott sprach: Es werde eine Feste zwischen den Wassern, und die sei ein Unterschied zwischen den Wassern. Da machte Gott die Feste und schied das Wasser unter der Feste von dem Wasser über der Feste. Und es geschah also. Und Gott nannte die Feste Himmel«), »Genesis« bzw. 1. Buch Mose, 1,6–8.

5 **firmamentum ist eine feste Schale:** »[F]ecitque Deus duo magna luminaria luminare maius ut praeesset diei et luminare minus ut praeesset nocti et stellas et posuit eas in firmamento caeli ut lucerent super terram« (Übersetzung Luther-Bibel von 1912: »Und Gott machte zwei große Lichter: ein großes Licht, das den Tag regiere, und ein kleines Licht, das die Nacht regiere, dazu auch die Sterne. Und Gott setzte sie an die Feste des Himmels, dass sie schienen auf die Erde«), »Genesis« bzw. 1. Buch Mose, 1,16–17.

6 **lumen et tenebrae:** »[E]t posuit eas in firmamento caeli ut lucerent super terram et praeessent diei ac nocti et dividerent lucem ac tenebras« (Übersetzung Luther-Bibel von 1912: »Und Gott setzte sie an die Feste des Himmels, daß sie schienen auf die Erde und den Tag und die Nacht regierten und schieden Licht und Finsternis«), »Genesis« bzw. 1. Buch Mose, 1,17–18.

6. Die Pflanzen stehen der unbelebten Materie näher als den Tieren. Ihr Sinn ist das Wachsen,* ebenso wie bei den Kristallen, oder der »Stoffwechsel«. Das ist die passive Seite ihres Seins. Die aktive ist die Fortpflanzung (ebenso wie bei Tieren, Sinne und eigene Bewegung). Daher an einem Tag erschaffen, das Festland und die Pflanzen.
7. Die höheren Tiere stehen dem Menschen näher als den niederen Tieren (an einem Tag erschaffen).

* *grow* = gedeihen.

Bemerkung (*Theologie*): Ist die unterste Stufe der Engel vielleicht materiell (oder lichtförmig)? Da doch oberhalb dem Firmament etwas sein muss?

1 **Pflanzen:** »[E]t ait germinet terra herbam virentem et facientem semen et lignum pomiferum faciens fructum iuxta genus suum cuius semen in semet ipso sit super terram et factum est ita et protulit terra herbam virentem et adferentem semen iuxta genus suum lignumque faciens fructum et habens unumquodque sementem secundum speciem suam« (Übersetzung Luther-Bibel von 1912: »Und Gott sprach: Es lasse die Erde aufgehen Gras und Kraut, das sich besame, und fruchtbare Bäume, da ein jeglicher nach seiner Art Frucht trage und habe seinen eigenen Samen bei sich selbst auf Erden. Und es geschah also. Und die Erde ließ aufgehen Gras und Kraut, das sich besamte, ein jegliches nach seiner Art, und Bäume, die da Frucht trugen und ihren eigenen Samen bei sich selbst hatten, ein jeglicher nach seiner Art«), »Genesis« bzw. 1. Buch Mose, 1,11–12. »[D]ixitque Deus ecce dedi vobis omnem herbam adferentem semen super terram et universa ligna quae habent in semet ipsis sementem generis sui ut sint vobis in escam« (Übersetzung Luther-Bibel von 1912: »Und Gott sprach: Sehet da, ich habe euch gegeben allerlei Kraut, das sich besamt, auf der ganzen Erde und allerlei fruchtbare Bäume, die sich besamen, zu eurer Speise«), »Genesis« bzw. 1. Buch Mose, 1,29.

2 **Ihr Sinn ist das Wachsen:** Vgl. Manuskriptseite 470f., Bemerkung Philosophie 2 in diesem Band, sowie Kurt Gödel, ›Maximen VI‹, S. 82, Z. 7f. Es spricht viel dafür, dass mit dem »Sinn« der Pflanzen hier in lateinisch-aristotelischer Tradition das vegetative Seelenvermögen gemeint ist, das Fortpflanzung, Wachstum und Stoffwechsel ermöglicht. In Kurt Gödel, ›Maximen VI‹, S. 82, sowie auf Manuskriptseite 470f. in diesem Band könnte auch ihr Zweck gemeint sein.

2 **Kristallen:** Vgl. Kurt Gödel, ›Maximen VI‹, S. 82, Z. 8.

3 **der »Stoffwechsel«:** Siehe vorletzte Sacherläuterung.

4 **Fortpflanzung:** Siehe Sachanmerkung zu ›Pflanzen‹ oben.

7 **Die höheren Tiere:** Vgl. für ›höhere Tiere‹ Kurt Gödel, ›Maximen VI‹, S. 82, Z. 12–14; 84, Z. 3; 85, Z. 11–14.

10 **der Engel:** Vgl. Kurt Gödel, ›Philosophie I Maximen 0‹, S. 78, Z. 4f.; ›Zeiteinteilung (Maximen) I und II‹, S. 223, Z. 15; ›Maximen III‹, S. 90, Z. 7–11; 91, Z. 16–18; 122, Z. 4–7; ›Maximen IV‹, S. 73, Z. 7; 98, Z. 13–15; ›Maximen V‹, S. 80, Z. 27–33; 92, Z. 6–8; ›Maximen VI‹, S. 66, Z. 6–9; 101, Z. 28–34; 104, Z. 1f.; 104, Z. 8–12.

11 **oberhalb dem:** Andere Lesart: oben im

Bemerkung (*Theologie*): Die Pflanzen und Kristalle sind Beispiele eines Seins mit einem viel niedereren Sinn als unseres (es gibt kein **»**Bewusstsein**«**)**.** Verhält sich das Sein der Engel ebenso zu unserem**?** Verhalten sich die Ideen zu den Engeln wie die Materie zu uns**?** (Das heißt, sind sie ihrem Wirken unterworfen**?**) – Trotzdem, gibt [475] es auch beim niedersten Sein Lust und Leid**?**

Bemerkung (*Theologie*): Der Teil der Schöpfung, welcher nicht raumzeitlich ist, wird nur im Johannes-Evangelium erwähnt durch**:** *In principio erat verbum***.** Die *Aristotel*ische Identifizierung der obersten Ideen (= letzte Ursachen) mit *substantiae separatae* (= Engel) stimmt gut überein mit dem Johannes-Evangelium (*et Deus erat verbum*).

{Blue Hill House 1. August 1942, Beginn}

Bemerkung (*Grundlagen*): Beweis, dass **»**wenn**«** nicht die materiale *Implikation* bedeutet, sondern irgendeine Art von Notwendigkeit**:** **»**nicht: wenn p, so q**«** bedeutet bloß**:** Es ist möglich, dass p und $\sim q$.

Bemerkung (*Grundlagen*): Sind zum Beispiel alle Formeln der Gestalt $(\exists f)\ (x)[f(x) = \varphi(x, y)]$ (oder $x \cap \grave{\varepsilon}\, \varphi(\varepsilon_y) = \varphi(x_y)$)

2 **viel niedereren Sinn als unseres (es gibt kein »Bewusstsein«):** Vgl. Kurt Gödel, ›Maximen VI‹, S. 82, Z. 9.
9 **In principio erat verbum:** Johannes-Evangelium, 1,1. Übersetzung Luther-Bibel von 1912: »Im Anfang war das Wort.«
10 **Aristotelische:** Aristoteles (384 v. Chr. – 322 v. Chr.), griechischer Philosoph und Naturforscher.
11 **letzte Ursachen:** Vgl. zu ›letzte Gründe‹: Kurt Gödel, ›Maximen V‹, »Einleitung«, S. 30. In den Übersetzungen der Schriften des Aristoteles wird αἰτία sowohl mit ›Ursache‹ als auch mit ›Grund‹ ins Deutsche übertragen.
11 **substantiae separatae:** Vgl. etwa Thomas von Aquin, ›De ente et essentia‹, wo dieser in Kapitel 4 darlegt, dass die einfachen oder »getrennten« Substanzen immateriell sind (von der Materie getrennt). Die menschliche Seele bzw. der menschliche Geist, die Engel, Dämonen und Gott sind substantiae separatae.
12 **et Deus erat verbum:** Johannes-Evangelium, 1,1. Übersetzung Luther-Bibel von 1912: »und Gott war das Wort«.
15 **Blue Hill House 1. August 1942:** Vgl. zur Datierung des Aufenthaltes in Blue Hill House Kurt Gödel, ›Maximen V‹, »Einleitung«, S. 14–16.
17 **materiale Implikation:** Logische Verknüpfung zweier Aussagen, die dann und nur dann falsch ist, wenn die erste der beiden verknüpften Aussagen wahr und die zweite falsch ist. Vgl. Kurt Gödel, ›Maximen III‹, S. 86, Z. 17f.
22 **$x \cap \grave{\varepsilon}\, \varphi(\varepsilon_y) = \varphi(x_y)$:** Gottlob Frege, ›Grundgesetze der Arithmetik. Begriffsschriftlich abgeleitet‹, Bd. 1, Jena (Hermann Pohle) 1893, hier I, § 9, S. 14ff. Frege gibt einen Wertverlauf mit $\acute{\varepsilon}\, \varphi(\varepsilon)$ (Epsilon mit Spiritus lenis) an; mit $\grave{\varepsilon}\, \varphi(\varepsilon)$ (Epsilon mit Spiritus asper) ist hingegen die Notation für einen Begriff

1 **Bemerkung:** Im Manuskript dick unterstrichen
2 **als unseres:** Andere Lesart, unter der Voraussetzung, dass ›unseres‹ in ›unserem‹ verbessert wird: als unserem
3 **kein »Bewusstsein«:** Andere Lesart: kein »bewusstes Sein«
5 **ihrem:** Andere Lesart: in dem
21 **Bemerkung:** Zweimal fett unterstrichen

† → die hälft ++ ⊃ ist das Gefährliche!

oder
$\grave{\varepsilon}\,\varphi(\varepsilon) = \grave{\varepsilon}\,\psi(\varepsilon)$.=.[†] $(\alpha)\,[\varphi(\alpha) = \psi(\alpha)]$]), die im Fregeschen Buch *explizit* [476] verwendet werden, widerspruchsfrei**?** (Es ist interessant, dass *Frege* die ε-Relation oft als Grundbegriff hat und $x\,\varepsilon\,\hat{y}\,\varphi(y) \equiv \varphi(x)$ nicht als *Axiom*.)

einer Funktion, die ein Begriff zweiter Stufe ist, angegeben. Durch das Einsetzen einer Funktion erster Stufe φ in ›ἐ φ(ε)‹ erhält man einen gesättigten Ausdruck. Frege erläutert den Gebrauch des Epsilon mit Spiritus asper in einem Brief an Russell vom 13. 11. 1904, den Gödel jedoch nicht gekannt haben kann, da er erst 1976 in Frege, ›Wissenschaftlicher Briefwechsel‹ ediert wurde. Da Frege aber sonst Epsilon mit Spiritus asper nicht verwendet, und insbesondere nicht in ›Grundgesetze der Arithmetik‹, muss Gödel sich hier verschrieben haben. Angegeben wäre hier mithin ein Wertverlauf. So gibt es Gödel auch in seinen frühen Exzerpten von Freges ›Grundgesetze der Arithmetik‹ von 1931 an; vgl. ›Logisches Notizheft. Altes Excerpten Heft I (1931 – ...)‹, op. cit.; dort heißt es in Gödels Frege-Exzerpten auf Manuskriptseite 28, Pkt. 7: »ἐ *f*(ε) der Wertverlauf der Funktion *f*(ε).« Im Kapitel »Logizismus« in Gödels Manuskript ›Eigenes Buch (Grundlagen)‹ im Gödel-Nachlass, CO282, Behältnis 7a, Reihe IV, Mappe 10, ursprüngliche Dokumentennummer 040019, wird für den Wertverlauf auf 4 3/4v jedoch ein ›*x*‹ mit Spiritus lenis verwendet. Vgl. Manuskriptseite 509, Bemerkung Grundlagen 2; dort Epsilon mit Spiritus lenis, aber mit kleinem griechischen Phi, nicht großem wie bei Frege. Siehe zudem die folgende Sacherläuterung. Der Zusatz ›CO282‹ zu ›Gödel-Nachlass‹ wird im Folgenden nicht wiederholt.

2 **im Fregeschen Buch:** Gottlob Frege, ›Grundgesetze der Arithmetik. Begriffsschriftlich abgeleitet‹, Bd. 1, Jena (Hermann Pohle) 1893. Freges ›Grundgesetze der Arithmetik‹ hat Gödel nachweisbar am 11. August 1930 und 4. Juli 1932 und Band 2 (Erscheinungsjahr 1903) am 14. August 1930 und 4. Juli 1932 ausgeliehen. In ›Logisches Notizheft. Altes Excerpten Heft I (1931 – ...)‹, op. cit., auf den Manuskriptseiten 27–30 sowie auf Seite 32 finden sich Exzerpte Gödels dazu. Auf Manuskriptseite 32 hält Gödel in Gabelsberger fest: »Zweck der **›**Grundgesetze**‹** ist zu beweisen, dass die Arithmetik ein Teil der Logik ist – daher genaue Analyse der Schlussbeweise.«

4 **Frege:** Gottlob Frege (1848–1925) war ein deutscher Mathematiker, Logiker und Philosoph. Siehe Kurt Gödel, ›Maximen III‹, S. 72, Z. 5; ›Maximen IV‹, S. 117, Z. 18; 127, Z. 18f.; 135, Z. 3 für Nennungen Freges in den bisher edierten Philosophischen Notizbüchern Gödels.

4 **ε-Relation:** Die Relation »ist ein Element der Menge von« wird bei Gödel durch das Elementzeichen ε angegeben, das auch in der Wertverlaufs-Notation vorkommt.

5 **$x\,\varepsilon\,\hat{y}\,\varphi(y) \equiv \varphi(x)$:** Die Notation ε für die sogenannte Elementrelation geht auf Giuseppe Peano zurück. ε ist ein mathematisches Zeichen, mit dem angegeben wird, dass ein Objekt ein Element einer Menge ist. Das Zeichen ε (Abkürzung für ›ἐστί‹, ›esti‹ im Griechischen) bedeutet ›ist ein‹ oder ›ist ein Element von‹.

Die nicht mengentheoretische (d. h. *intensionale*) Auflösung der Antinomien würde darin bestehen, das Aussonderungs*Axiom* zu verwerfen und dafür Kriterien über die Struktur der Aussagefunktionen anzunehmen (z. B. *Stratifikation* oder Zirkelfreiheit). Es kommt für die *Existenz* der Menge (des Begriffs) nicht auf den Umfang, sondern auf den Inhalt an (nicht auf die Quantität, sondern auf die Qualität des Inhalts). Vielleicht gibt es für jede Aussage-

1 **mengentheoretische:** Vgl. zu ›mengentheoretische Antinomien‹ Kurt Gödel, ›Zeiteinteilung (Maximen) I und II‹, S. 146, Z. 2f.; S. 238, Z. 6–8; ›Maximen III‹, S. 94, Z. 33ff.; sowie ›Maximen IV‹, S. 68f., Z. 31ff.; 100, Z. 5ff.; und 108, Z. 7ff.; ›Maximen V‹, S. 67–71, Z. 24ff.

1 **intensionale:** Siehe zu ›intensionale Antinomien‹ und Gödels speziellem Verständnis dieser Antinomien als logisch-begriffliche die entsprechenden Ausführungen in der Einleitung zu diesem Band.

2 **Antinomien:** Das Thema ›Antinomien‹ taucht in beinahe allen Philosophischen Notizbüchern Gödels auf, da es für ihn nicht auf Logik und Mathematik beschränkt ist, sondern dem menschlichen Denken inhärent ist. Bereits in seinem 1931 veröffentlichten Unvollständigkeitsbeweis kommt es zum Tragen. Vgl. Einleitung zu Kurt Gödel, ›Maximen V‹, S. 17f. Unter anderem enthält auch ›Logisches Notizheft. Altes Excerpten Heft I (1931 – ...)‹, op. cit., auf Manuskriptseite 47 einen Passus zu »Frege Antinomien«; siehe dazu Anhang zur Einleitung dieses Bandes.

2 **AussonderungsAxiom:** »Durch jede Satzfunktion $f(x)$ wird aus jeder Menge m eine Untermenge m_f ausgesondert, welche alle Elemente x umfasst, für die $f(x)$ wahr ist. Oder: Jedem Teil einer Menge entspricht selbst eine Menge, welche alle Elemente dieses Teils enthält.« Aus: Ernst Zermelo, »Über Grenzzahlen und Mengenbereiche. Neue Untersuchungen über die Grundlagen der Mengenlehre«, in: ›Fundamenta Mathematicae‹ 16 (1930), S. 29–47, hier S. 30. Für das Aussonderungsaxiom hat Abraham Fraenkel das Ersetzungsaxiom in die Zermelo–Fraenkel-Mengenlehre eingeführt, weil sich mit Hilfe des Aussonderungsaxioms die Mengenlehre Georg Cantors nicht ableiten lässt; Gödel führt neben dem Ersetzungsaxiom das Aussonderungsaxiom an; vgl. Kurt Gödel, ›Maximen V‹, S. 97, Z. 13; ›Maximen VI‹, S. 53, Z. 3; 55, Z. 3; 66, Z. 17; 92, Z. 20.

2 **zu verwerfen:** Gemeint ist, dass das Aussonderungsaxiom sich aus dem Ersetzungsaxiom ableiten lässt.

4 **Stratifikation:** Willard Van Orman Quine ersetzte Bertrand Russells Typentheorie 1937 in seinem Aufsatz »New Foundations for Mathematical Logic« durch ein Verfahren der Stratifikation; dort wird das Aussonderungsaxiom auf stratifizierte Formeln eingeschränkt. Vgl. Willard Van Orman Quine, »New Foundations for Mathematical Logic«, in: ›The American Mathematical Monthly‹ 44 (1937), S. 70–80.

5 **Existenz der Menge (des Begriffs) nicht auf den Umfang:** In der Mengenlehre wird ein Begriff (Menge) mit seinem Umfang gleichgesetzt. »Jede Menge ist durch ihre Elemente bestimmt.« Ernst Zermelo, »Untersuchungen über die Grundlagen der Mengenlehre. I«, in: ›Mathematische Annalen‹ 65 (1908), S. 261–281, hier S. 263. Die Mengenlehre ist extensional bestimmt.

6 **sondern auf den Inhalt:** Das wäre die intensionale Auflösung der Antinomien.

funktion eine *Approximation* »bis auf endlich viele Singularitäten«, das heißt: $x \varepsilon m \equiv \varphi(x)$ gilt für alle x bis auf endlich viele.

Bemerkung (*Grundlagen*): Das mathematisch Beweisbare ist das *prädikativ* (mit beliebiger [477] transfiniter Iteration) Erreichbare. Auch die scheinbaren *Imprädikativitäten* lassen sich in transfinit viele *prädikative* Konstruktionen auflösen. In der Philosophie der Mathematik sind vielleicht wesentlich: *imprädikative Axiome*. *Spiritus Dei ferebatur super aquas*. *vgl.* auch *Substantiae separatae* des *Aristoteles*.

Bemerkung (*Grundlagen*): Vielleicht ist die richtige Idee zur Auflösung der *intensionalen Antinomien* zugleich die richtige Idee zur Auflösung jedes Problems*? Allerdings nur in dem Sinn, dass »gesetzmäßige« Mengen existieren (das *Chaos* und daher die Brouwerschen Wahlfolgen sind unfruchtbar?).

* Die Antinomien sind ein Rätsel, daher der richtige Anfang der Philosophie, außerdem wird nur durch ihre Auflösung das Problem der Formalisierung gelöst; außerdem: Betrachtung singulärer Stellen.

1 **Singularitäten:** Mit ›Singularität‹ werden zumeist Punkte, Ereignisse oder Vorkommnisse innerhalb von Strukturen oder Vorgängen bezeichnet, an denen letztere ein ungewöhnliches oder undefiniertes Verhalten zeigen.

5 **prädikativ:** »Ich nenne nun eine Zuordnung prädikativ, wenn die zugehörige Klassifikation prädikativ ist. Eine Klassifikation aber nenne ich prädikativ, wenn sie durch Einführung neuer Elemente nicht verändert wird. [...] Was hier mit dem Wort ›prädikativ‹ gemeint ist, läßt sich am besten an einem Beispiel illustrieren: wenn ich eine Menge von Gegenständen in eine Anzahl von Schachteln einordnen soll, so kann zweierlei eintreten: entweder sind die bereits eingeordneten Gegenstände endgültig an ihrem Platze, oder ich muß jedesmal, wenn ich einen neuen Gegenstand einordne, die anderen oder wenigstens einen Teil von ihnen wieder herausnehmen. Im ersten Falle nenne ich die Klassifikation prädikativ, im zweiten nicht.« Aus: Henri Poincaré, »Über transfinite Zahlen«, in: ders., ›Sechs Vorträge über Ausgewählte Gegenstände aus der reinen Mathematik und der mathematischen Physik‹, Leipzig/Berlin (Teubner) 1910, S. 36–40, hier S. 38f.

6 **Imprädikativitäten:** Gewöhnlich spricht man von imprädikativ oder nichtprädikativ verwendeten Begriffen oder Termen. Nur imprädikativ definiert bzw. definierbar heißt ein Begriff, wenn er nur mittels einer Gesamtheit, zu der er selbst gehört, definierbar ist. Vgl. Kurt Gödel, ›Maximen III‹, S. 161, Z. 13–16; ›Maximen IV‹, S. 50, Z. 24; 51, Z. 6; 80, Z. 8f.; 84, Z. 7f.; 128, Z. 28; ›Maximen V‹, S. 105, Z. 9; ›Maximen VI‹, S. 72, Z. 2–5; 81, Z. 17.

8 **Spiritus Dei ferebatur super aquas:** »Genesis« bzw. 1. Buch Mose, 1,2. Übersetzung Luther-Bibel von 1912: »und der Geist Gottes schwebte auf dem Wasser«.

9 **Substantiae separatae:** Vgl. vorvorletzte Bemerkung Gödels.

15 **die Brouwerschen Wahlfolgen:** Die Brouwerschen Wahlfolgen lassen sich nicht vollständig angeben, weil sie ein Moment der Willkür enthalten. L. E. J. Brouwer schreibt in »Intuitionistische Mengenlehre«: »Eine Menge ist ein Gesetz, auf Grund dessen, wenn immer wieder ein willkürlicher Ziffernkomplex der Folge 1, 2, 3, 4, 5, ... gewählt wird, jede dieser Wahlen entweder ein bestimmtes Zeichen oder nichts erzeugt, oder aber die Hemmung des Prozesses und die de-

8 **vielleicht wesentlich: imprädikative Axiome:** Andere Lesart: vielleicht wesentliche imprädikative Axiome
12 **Bemerkung:** Im Manuskript zweimal dick unterstrichen

Allerdings ist zu erwarten, dass diese Axiome nicht evident sein werden, sondern es ist nur evident, dass es so sein soll. Daher sind auch nur Folgerungen der Form: »Es soll so sein« daraus zu erhalten. Aber alle verifizierbaren Folgerungen [478] dieser Art bestätigen sich? Insbesondere Folgerungen der Art: Das und das muss evident sein, und Folgerungen darüber, wie ein Beweis zu finden ist (falls er existiert). Das muss letzten Endes zur abstrakten (blinden) Konstruktion eines Beweises führen, von dem sich dann zeigt, dass er wirklich »überzeugend« ist.

Überhaupt ist die richtige Methode zur Lösung jedes Problems (und überhaupt zur Erreichung jedes Ziels , d. h. die »Vernunft«) wahrscheinlich so beschaffen, dass zunächst blind (d. h., ohne dass man den »Mechanismus« sieht*) sich ergibt, was zu tun ist, und nachher sich der Erfolg zeigt** (es ist so, aber nicht notwendig, dass das vernünftige Verhalten zum Erfolg führt). *vgl. vidit quod erat valde bonum*.

* Der Mechanismus ist letzten Endes ein Betrug?
** Das ist das Gegenteil einer mechanischen Methode.

Man erstaunt dann darüber, dass sogar in mathematischen Dingen (welche doch scheinbar notwendig und unabänderlich sind) die Welt sich nach ethischen Gesetzen richtet (unbegreiflicher Urgrund).

[479]
Bemerkung (*Grundlagen*): Eine Methode zur Lösung jeder gewöhnlichen *Differential*gleichung könnte darin bestehen, dass man eine gewisse Klasse von Funktionen mit gewissen Arten von Singularitäten auszeichnet und für jede solche eine allgemeine Entwicklung

finitive Vernichtung seines Resultates herbeiführt, wobei für jedes $n > 1$ nach jeder ungehemmten Folge von $n - 1$ Wahlen wenigstens ein Ziffernkomplex angegeben werden kann, der, wenn er als n-ter Ziffernkomplex gewählt wird, nicht die Hemmung des Prozesses herbeiführt.« Brouwer, »Intuitionistische Mengenlehre«, in: ›Jahresbericht der Deutschen Mathematiker-Vereinigung‹ 28 (1919), S. 203–208, hier S. 204f.

15 **vidit quod erat valde bonum:** »[E]t vidit Deus quod esset bonum« (Übersetzung Luther-Bibel von 1912: »Und Gott sah, daß es gut war«), »Genesis« bzw. 1. Buch Mose, 1,10; 1,12; 1,18; 1,21; 1,25. Oder: »viditque Deus cuncta quae fecit et erant valde bona« (Übersetzung Luther-Bibel von 1912: »Und Gott sah an alles, was er gemacht hatte; und siehe da, es war sehr gut«), »Genesis« bzw. 1. Buch Mose, 1,31.

19 **nach ethischen Gesetzen:** Vgl. zu ›Ethik und Mathematik‹, »Einleitung« zu Kurt Gödel, ›Maximen III‹, S. 27–29, sowie ebd. S. 75, Z. 7–11 i. Verb. mit S. 69, Z. 1–14.

11 **jedes Ziels:** Andere Lesart: jeder Zahl

23 **Bemerkung:** Im Manuskript zweimal dick unterstrichen

angibt [ähnlich wie *Partial*bruchdarstellung *meromorpher* Funktionen] und dann angibt, wie die Koeffizienten der Lösung [als Funktion der Anfangsbedingungen] sich aus den Koeffizienten der in die *Differential*gleichung eingehenden Funktion sich bestimmen lassen. Das ist aber eine »mechanische« Methode (ganz im Gegensatz zur vorigen *Bemerkung*, daher ist sie wahrscheinlich nicht wirklich durchführbar, wenn auch vielleicht theoretisch).

Bemerkung (*Philosophie*): Gegenüber der in unserer Zeit jedem theoretisch eingestellten Menschen (vor der Entdeckung des »Übernatürlichen«) durch Literatur *etc.* aufgedrängten Weltanschauung: Gegenüber Physik mit einem Naturgesetz und Seelenwanderung

1 **Partialbruchdarstellung:** Die Partialbruchzerlegung ist die Darstellung einer rationalen Funktion als Summe einer ganzrationalen Funktion und Brüchen, welche als Nenner die Linearfaktoren des Polynoms im Nenner der rationalen Funktion besitzen.

1 **meromorpher Funktionen:** Meromorphe Funktionen sind Funktionen auf einer offenen Menge $U \subseteq \mathbb{C}$, die außerhalb einer abgeschlossenen, diskreten Teilmenge $D \subseteq U$ von U holomorph sind und in den Punkten von D nur Polstellen oder hebbare Singularitäten haben. Eine hebbare Singularität ist eine isolierte Singularität, d.h. ein isolierter Punkt in der Menge der Singularitäten einer holomorphen Funktion.

12 **Gegenüber Physik mit einem Naturgesetz und Seelenwanderung ist Metaphysik und christliche Theologie in jeder Hinsicht im Vorteil:** Der Satz ist im Manuskript unvollständig und grammatikalisch uneindeutig. Er lässt sich in (mindestens) zwei Weisen ergänzen, die zu sehr unterschiedlichen Interpretationen führen. Es lässt sich zum einen am Beginn des Satzes ›Gegenüber‹ ergänzen, dann liest er sich wie folgt: »Gegenüber Physik mit einem Naturgesetz und Seelenwanderung ist Metaphysik und christliche Theologie in jeder Hinsicht im Vorteil.« Oder aber man ergänzt ›ist‹ nach ›Theologie‹, dann steht dort Folgendes: »Physik mit einem Naturgesetz und Seelenwanderung ist Metaphysik, und christliche Theologie ist in jeder Hinsicht im Vorteil.« Zur Unvollständigkeit des Satzes und dem grammatikalisch nicht eindeutig zuordenbaren ›ist‹ vor ›Metaphysik‹ kommt die Uneindeutigkeit der Gabelsberger-Siglen für ›einem‹ beziehungsweise ›eigenen‹ als Schwierigkeit hinzu. Liest man ›einem‹, könnte es sich um eine Anspielung auf Rudolf Carnaps Aufsatz »Die physikalische Sprache als Universalsprache« handeln. Dort heißt es: »Über die soeben genannte Beschaffenheit der physikalischen Sprache hinausgehend, wird dann unsere These behaupten, daß die physikalische Sprache eine universale Sprache ist, d.h. daß sich jeder Satz in sie übersetzen läßt / daß sich jeder Sachverhalt in ihr ausdrücken lässt. Zu der beschriebenen einfachsten Form, nämlich der der singulären Sätze, treten nun die verschiedenen zusammengesetzten Satzformen. Die wichtigste ist die generelle Implikation, der allgemeine Bedingungssatz: ›Gilt an irgendeiner Raum-Zeit-Stelle P die Bestimmung a, so gilt stets an derjenigen Stelle P', die in der und der raum-zeitlichen Lage-Beziehung zu P steht, mit der und der Wahrscheinlichkeit einer Bestimmung $a' = f(a)$, die sich durch die Funktion f als gesetzmäßig abhängig von a ergibt.‹ Dies ist die allgemeine Form des *Naturgesetzes* im weitesten Sinn dieses Wortes.« Carnaps Aufsatz ist erschienen in ›Erkenntnis‹ 2 (1931), S. 432–465, hier S. 442f.

12 **einem:** Andere Lesart: eigenen

ist *Metaphysik* und christliche *Theologie* [480] in jeder Hinsicht im Vorteil (d. h. übertreffen alle Erwartungen von Physik und Seelenwanderung).

Denn

I.

1. | Erkenntnis auch der historischen, *psychischen*, mathematischen Dinge ist möglich.
2. Tatsächliche Erkenntnis ist auch für den Einzelnen jetzt erreichbar (im anderen Weltbild nur *utopisch* oder in ferner Zukunft oder für die Gesamtheit).
3. Es ist nicht nur Voraussage, sondern auch »Verständnis« möglich.

II.

1. Das nächste Leben findet bestimmt unter viel günstigeren Bedingungen statt (1000jähriges Reich).
2. Das hier Erworbene geht nicht verloren und wir sehen unsere Freunde wieder.
3. Das Endziel ist nicht das *Nirwana*, sondern das ewige Leben.

Bemerkung (*Grundlagen*): *Frege* verwirklicht beide Bestrebungen: nämlich, ›es gibt‹ und ›alle‹ als verschiedene Grundzeichen einzuführen und auseinander zu definieren, indem er das Grundzeichen für ∃ zusammensetzt aus denen für ›nicht‹ und ›alle‹:

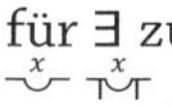.

Ferner führt er eine 2-dimensionale Sprache ein.

16 **Das nächste Leben:** Vgl. »Meine philosophischen Ansichten«, in: Gödel-Nachlass, Behältnis 11b, Reihe VI, Mappe 15, ursprüngliche Dokumentennummer 060168, wo es unter Punkt 5 heißt: »Die Welt, in der wir jetzt leben, ist nicht die einzige, in der wir leben oder gelebt haben.«

17 **1000jähriges Reich:** Mit ›1000jähriges Reich‹ ist auf den sogenannten Millenarismus angespielt, die Annahme, dass das Reich Christi nach dessen Wiederkehr 1000 Jahre währen wird. In der Bibel wird das 1000jährige Reich insbesondere in Offenbarung 20,1–10 erwähnt.

26 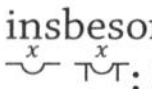**:** Das erste Zeichen, die Höhlung, ist bei Frege das Grundzeichen für Allgemeinheit, also in moderner Notation der Allquantor ∀. Das zweite ist das Zeichen für »es gibt« (vgl. Gottlob Frege, ›Grundgesetze der Arithmetik‹, op. cit., § 8, S. 12), das aus dem Zeichen für Allgemeinheit (Höhlung) und zwei Verneinungszeichen (Verneinungsstriche) zusammengesetzt ist; in moderner Notation wäre das $\neg\exists x\neg$. Siehe für das Grundzeichen für Verneinung bei Frege unten Manuskriptseite 509.

27 **2-dimensionale Sprache:** Unter anderem in der ›Begriffsschrift‹ sowie in ›Grundgesetze der Arithmetik‹ verwendet Frege zum Aufbau seines logizis-

2 **übertreffen:** Andere Lesart: übertrifft
5 **Denn:** Andere Lesart: Dann
7 **mathematischen Dinge ist möglich:** Andere Lesart: mit Dingen möglich
7 | Tatsächliche
20 ›spiel‹ von der Editorin verbessert in ›ziel‹
24 ›es‹ von der Editorin verbessert in ›er‹

[481]

Bemerkung (*Grundlagen*): Der Glaube, den der gewöhnliche Mathematiker an die Richtigkeit seiner Beweise hat, beruht auf einer strengen Formalisierung. Dies ist aber abgekürzt durch:

1.) Verwendung komplizierter Schlussregeln, die man »mechanisch auswendig weiß«;
2.) durch Anwendung der *Logic of supposition*, welche bedeutet, dass man »in jedem Augenblick« eine neue, gerade passende Theorie und Sprache mit neuen *Axiomen*, nämlich den Annahmen und neuen Zeichen (durch Annahme von $\varphi(a)$, falls $(\exists x)\varphi(x)$ bewiesen ist), einführt. Also dadurch, dass auch für den Augenblick viel im Subjekt und nur ein kleiner Teil im »Objekt« ist.

Bemerkung (*Philosophie*): Die einzige Schlussregel, die nötig ist, ist der *Modus Barbara* (besser *dictum de omni et nullo*); [482] diese um-

tischen Programms (mit dem die Arithmetik lediglich aus logischen Grundbegriffen aufgebaut werden soll) eine zweidimensionale Formelschreibweise, also eine, die unter Ausnutzen der »zweifachen Ausdehnung der Schreibfläche« dargestellt wird und nicht nur auf einer Linie. Einige wenige Exzerpte Gödels zu Gottlob Freges ›Begriffsschrift, eine der arithmetischen nachgebildete Formelsprache des reinen Denkens‹, Halle (Louis Nebert) 1879, finden sich in dessen ›Logisches Notizheft. Altes Excerpten Heft I (1931 – …)‹, op. cit., auf den Manuskriptseiten 84 sowie 93 und 94; und in der ersten Fassung des Kapitels »Logizismus« in Gödels Manuskript ›Eigenes Buch (Grundlagen)‹, op. cit., im Gödel-Nachlass.

7 **Logic of supposition:** ›Supposition‹ lässt sich mit Vermutung übersetzen, kann aber auch eine Voraussetzung, Annahme oder Theorie bezeichnen. Gemeint ist daher wohl eine Annahmenlogik und damit eine Logik des natürlichen Schließens und nicht die mittelalterliche Suppositionslehre.

16 **Modus Barbara:** Bei dem Syllogismus, der mit dem Merkwort ›Barbara‹ bezeichnet wird (»alle *M* sind *P*«, »alle *S* sind *M*«, daraus folgt »alle *S* sind *P*«), handelt es sich um einen der vier vollkommenen Syllogismen der ersten syllogistischen Schlussfigur.

16 **dictum de omni et nullo:** Damit wird ein Prinzip der aristotelischen Logik bezeichnet, wonach das, was von einer Gattung gesagt oder verneint werden kann, auch von allen unter diese Gattung fallenden Arten gesagt oder verneint werden kann sowie von jedem einzelnen Ding dieser Gattung. Die Rolle dieses Prinzips für die Einordnung einer syllogistischen Schlussfigur als perfekt wird in der Forschung weiterhin diskutiert.

fasst die Einsetzungs- und *Implikations*regel. Es stellt die Anwendung eines allgemeinen Satzes auf einen Spezialfall dar. Jeder mathematische Satz besagt daher in gewissem Sinn weniger als die *Axiome*, aus denen er folgt, und der Anfang des Schließens kann nur dadurch zustande kommen, dass die allgemeinen Gesetze auf sich selbst als Spezialfall (»Objekt«) angewendet werden.

Maxime:

1.) Jeden Tag eine Stunde eigene Arbeit (Kontinuum-*Problem*) würde allen meinen anderen Arbeiten »Sinn« geben (das ist das Salz).

1 **Einsetzungs-:** Paul Bernays und David Hilbert, ›Grundlagen der Mathematik‹, Berlin (Springer) 1934, S. 90, formulieren die Einsetzungsregel wie folgt: »Der Prozeß der Einsetzung besteht allgemein in dem Übergang von einer Formel zu einer andern Formel, die sich von jener dadurch unterscheidet, daß für eine gewisse Variable, überall wo sie in jener Formel auftritt, ein und derselbe Ausdruck gesetzt wird.« Dadurch ist es möglich, aus einer allgemeingültigen Aussage weitere Aussagen abzuleiten und zu einer Aussage äquivalente Aussagen zu finden.

1 **und Implikationsregel:** Vgl. Rudolf Carnap, »Die logizistische Grundlegung der Mathematik«, in: ›Erkenntnis‹ 2 (1931), S. 91–105, hier S. 95: »Als Operationsregeln sind eine Einsetzungsregel und eine Implikationsregel (der modus ponens der alten Logik) zu nehmen. Die gleichen Grundsätze und Operationsregeln haben auch Hilbert und Ackermann ihrer Logik zugrunde gelegt.« Vgl. zur Implikationsregel: Kurt Gödel, ›Maximen V‹, S. 64, Z. 1. Etwa bei Carnap ist ›Implikationsregel‹ auch der gebräuchliche Ausdruck für die Abtrennungsregel:

$$\begin{array}{l} A \\ \underline{A \longrightarrow B} \\ B \end{array}$$

Siehe etwa: Rudolf Carnap, »Zweiter Vortrag über Metalogik vom 18.6.1931«, abgedruckt in: Friedrich Stadler, ›Der Wiener Kreis. Ursprung, Entwicklung und Wirkung des Logischen Empirismus im Kontext‹, Cham (Springer) 2015, S. 117–122, hier S. 120.

9 **Kontinuum-Problem:** Die Kontinuumshypothese (CH) ist eine Vermutung, die Georg Cantor 1878 aufgestellt hat. Sie besagt, dass keine Menge eine Mächtigkeit zwischen der der natürlichen und der der reellen Zahlen haben kann. Gödel hat in mehreren Veröffentlichungen, erschienen zwischen 1938 und 1940, gezeigt, dass, wenn die Zermelo–Fraenkel-Mengenlehre (ZF) mit Auswahlaxiom (ZFC) widerspruchsfrei ist (was nach dem zweiten Gödelschen Unvollständigkeitssatz nicht in ZFC bewiesen werden kann, aber allgemein angenommen wird), auch ZFC + CH widerspruchsfrei ist. Vgl. die vier Aufsätze Gödels zur Kontinuumshypothese von 1938, 1939, 1939a und 1940 in: ›Collected Works‹, Bd. II, op. cit., S. 26–101. Vgl. Kurt Gödel, ›Zeiteinteilung (Maximen) I und II‹, S. 98, Z. 14; 102, Z. 13, 17, 18; 108, Z. 24; 114, Z. 7, 8; 115, Z. 3f.; 116, Z. 3f; 117, Z. 10, 15; 122, Z. 14; 123, Z. 14f.; 124, Z. 13, 126, Z. 27; 133, Z. 8; 138, Z. 2; 141, Z. 20; 142, Z. 4; 155, Z. 20; 160, Z. 12; 161, Z. 8; 181, Z. 12; 186, Z. 13f.; 188, Z. 14; 253, Z. 29; 267, Z. 26; ›Maximen III‹, S. 63, Z. 2; ›Maximen IV‹, S. 91, Z. 31.

2.) | Jede Sache (zum Beispiel auch Griechisch lernen) hat einen Sinn erst, wenn sie ganz genau gemacht wird.

3.) Die meisten Dinge, so wie sie öffentlich dargeboten werden, haben irgendeinen zwar sehr kleinen, aber doch wesentlichen Fehler (weil an der wesentlichen Stelle) (insbesondere bei Melodien, beim Griechischen die *Accente*).

[483]

Bemerkung (*Philosophie*): Eine Sprache unmittelbar verstehen (ohne Übersetzung) bedeutet, dass man imstande ist, die *Synthese* der Worte im Satz zu erfassen (nicht den Sinn der einzelnen Worte). Äußerlich entspricht dem das Erfassen des richtigen *Rythmus* (dieser ist die Einheit in der Vielheit der Worte |). Der Sinn ist die Einheit in der Vielheit der Begriffe. Beim Griechischen und Lateinischen verschmilzt das* Wort insofern *intensiver* in der Einheit des Sinns, als auch die Betonung des einzelnen Wortes sich ändert (beim Griechischen auch in der *Prosa*). Beispiel, wo erst bei richtiger Betonung der »Sinn« richtig erfasst werden kann: πᾶς πατὴρ μῶρος; erst, wenn πατηρ unbetont bleibt, geht einem der Sinn des μῶρος als Prädikat mit unterdrücktem ἐστίν auf.

* Einzelne.

[484]

Bemerkung (*Philosophie*): Die *Experimental*physik ist anscheinend die einzige Wissenschaft, zu deren systematischer Behandlung die »natürliche«** Vernunft (soweit diese überhaupt so genannt werden kann) ausreicht. Bei etwas schwierigeren Problemen der mathematischen Physik führt das zu einem unsystematischen Probieren verschiedener Näherungsmethoden (ähnlich wie *Runge* in »*Differential*gleichungen«), welche aber doch bei genügend Fleiß jedes Problem zu lösen gestatten (mit falscher Methode, die Schwierigkeiten treten erst bei qualitativen Fragen auf). Aber doch ist irgendeine Idee nötig (bei *Hydrodynamik* habe ich sie noch

** Besser die »öffentlich gelehrte«.

1 | Bei
13 | Form)

18 **πᾶς πατὴρ μῶρος:** »πᾶς πατὴρ μῶρός«; »Jeder Vater [ist] ein Dummkopf«. Fragment 81 (131) von Menander, in: ›Poetae Comici Graeci (PCG), Bd. VI, 2; Menander. Testimonia et Fragmenta apud scriptores servata‹, hrsg. v. Rudolf Kassel und Colin Austin, Berlin (De Gruyter) 1998, S. 84.

28 **Runge in »Differentialgleichungen«:** Siehe Carl Runge, »Über die numerische Auflösung von Differentialgleichungen«, in: ›Mathematische Annalen‹ 46 (1895), S. 167–178.

32 **Hydrodynamik:** Die Hydrodynamik ist ein Teilgebiet der Fluiddynamik und damit der Strömungslehre. Forschungsgegenstand des Teilgebiets sind bewegte

nicht). Die systematische Methode zur Lösung mathematischer Probleme verhält sich zur Mathematik wie die natürliche Vernunft zu den Experimenten (Verhältnis von Materie und Werkzeug).

[485]
Bemerkung (*Philosophie*): Die Menschen zerfallen in 4 Klassen, je nachdem, ob sie sich wählen oder das Gute, und je nachdem, ob sie *actus* oder *passio* wählen. Das heißt:

	actus	*passio*
das Gute	*filii Dei*	*filii viri*
sich	*filii Diaboli*	*filii mulieris*

Die der ersten Zeile sind die »sachlich« Eingestellten, das heißt, schon in der Schule die, welche sich für etwas interessieren (die

Flüssigkeiten. Beschrieben werden die Bewegungsgleichungen durch Differentialgleichungen zweiter Ordnung.

6 **Die Menschen zerfallen in 4 Klassen:** Vgl. Manuskriptseite 471, Bemerkung Philosophie 1; Einfügung am oberen Rand von Manuskriptseite 472; sowie Manuskriptseite 546, Bemerkung Philosophie 1.

8 **actus:** In scholastischer Tradition ist der Actus die Verwirklichung (einer Möglichkeit), das Wirklichsein; sonst auch Tätigkeit oder Wirksamkeit. Vgl. Kurt Gödel, ›Philosophie I Maximen 0‹, S. 77f., Z. 31ff.; ›Zeiteinteilung (Maximen) I und II‹, S. 223, Z. 21–26; ›Maximen III‹, S. 113, Z. 5; ›Maximen IV‹, S. 72, Z. 1f.; ›Maximen V‹, S. 95f., Z. 23ff.; ›Maximen VI‹, S. 98, Z. 21; 99, Z. 6.

8 **passio:** Vgl. zu ›passio‹ als Erleiden und Wahrnehmen: Kurt Gödel, ›Zeiteinteilung (Maximen) I und II‹, S. 223, Z. 21–26; ›Maximen III‹, S. 113, Z. 5; ›Maximen VI‹, S. 98, Z. 21; 99, Z. 8; 113, Z. 10, 12; sowie zu ›passiones‹ ›Philosophie I Maximen 0‹, S. 78, Z. 2; 83, Z. 20; ›Maximen IV‹, S. 72, Z. 1f.; ›Maximen VI‹, S. 99, Z. 5f.

12 **Dei:** Genitiv Singular von ›Deus‹, des Gottes. Vgl. Sachanmerkung zu ›filii diaboli‹.

12 **viri:** Genitiv Singular von ›vir‹, des Mannes, oder Nominativ Plural, die Männer.

12 **Diaboli:** Genitiv Singular von ›diabolus‹, des Teufels. In den Bemerkungen Theologie im Gödel-Nachlass, Behältnis 6a, Reihe III, Mappe 51, ursprüngliche Dokumentennummer 030074, heißt es dazu: »85. Die *filii diaboli* sind nachträglich (um die ursprüngliche Schöpfung zu zerstören) vom Teufel erschaffen worden [= Unkraut, das dazu gesät wurde], daraufhin die *filii Dei* nachträglich durch den Heiligen Geist [*nemo ascendit in coelum nisi qui descendit*]. 86. Auch der Teufel und **?**seine *filii***?** bauen eine *civitas*, welche nach dem Ende dieser Welt in Kraft treten soll. Soll es darin nach dem Willen des Teufel den *filii* gut oder schlecht gehen**?** Stimmen die Pläne der verschiedenen *Incarnationen* des Teufels miteinander überein oder glaubt jeder, dass er allein Gott sein wird? [Diese *civitas* wäre dann nur ein schönes Gebilde.] // Die Priester der wahren Religion bauen auch eine *Civitas Dei*, die aber oft nicht realisiert wird (*lapis quem reprobaverunt aedificantes hic factus est angularis*).«

12 **mulieris:** Genitiv Singular von ›mulier‹, der Frau.

Ernsten), während die anderen »blödeln«; sie entsprechen den *cyclothymen*, die der 2ten Zeile den *schyzothymen*.

Die *Proportion* lautet: *Dei* : *viri* = *Diaboli* : *mulieris*, das heißt, *Dei* ist bloß eine Verstärkung von *viri*, aber im Wesen dasselbe. *Filii Dei* wählen das richtige Handeln,* der Teufel die eigene Macht (das führt dann zu Sadismus). Die *Filii mulieris* wählen die eigene Vorzüglichkeit (das Bewundertwerden). *Dei* und *mulieris* können leicht verwechselt werden, denn man kann das Richtige auch aus Eitelkeit tun. [486] *viri* wählen den Kunst- und Sinnengenuss.

* Das heißt, sie lieben das Sittengesetz.

Bemerkung (*Philosophie*): Das Motiv einer Handlung ist manchmal bloß, »dass es so richtig ist«, das heißt, dem Zweck und der *Intention* dessen, der die *Situation* hervorgebracht hat, entspricht (z. B. *screen's* drucken lassen, bei Mittag- und Nachtmahl nicht dasselbe *Menue* wählen,** Genuss beim Bauen mit Ankersteinen nach Vorlage oder Lernen nach *Langenscheidt*, Widerwillen, ein Buch von rückwärts zu lesen).

** Hier ist besonders deutlich, dass es sich um eine Struktur (*Rythmus*) handelt. Vergleiche Einteilung bei Thomas; vgl. auch μεν .. δε. Anmerkung E.-M. E.: Mit »Einteilung bei Thomas« könnte zum einen die Einteilung seiner Schriften (in lectio, disputatio, praedicatio) gemeint sein, aber auch der jeweils vorgegebene klare Aufbau der Schriften, die etwa in Teile, Kapitel oder auch Fragen und Artikel, Argumente und Gegenargumente etc. eingeteilt sind. Wenn μέν und δέ im Griechischen gemeinsam verwendet werden, geschieht das, um Satzteile oder Sätze zu reihen oder zu kontrastieren. Die Übersetzung ist dabei nicht festgelegt, sondern ergibt sich aus dem Zusammenhang.

1 **cyclothymen:** Der Begriff ›zyklothym‹ stammt von Ernst Kretschmer. Zyklothyme Charaktere oder Biotypen weisen nach ihm periodische Gemütsschwankungen auf. Dementsprechend werden derart kategorisierte Personen als geschwätzig, heiter oder ruhig, tatkräftig oder bequem beschrieben. Vgl. Ernst Kretschmer, ›Körperbau und Charakter. Untersuchungen zum Konstitutionsproblem und zur Lehre von den Temperamenten‹, Berlin (Springer) 1921, S. 233–235.

2 **schyzothymen:** Der Begriff ›schizothym‹ wurde von Ernst Kretschmer geprägt. Schizothyme Persönlichkeiten werden als überempfindlich und kühl, schüchtern und mürrisch, distanziert und wenig empathisch, aber auch als weltfremd beschrieben. Vgl. Ernst Kretschmer, ›Körperbau und Charakter‹, op. cit., S. 193–200.

5 **der Teufel:** Vgl. ›Philosophie I Maximen 0‹, S. 94, Z. 19; 118, Z. 29; ›Zeiteinteilung (Maximen) I und II‹, S. 176, Z. 11; ›Maximen III‹, S. 53, Z. 27; 56, Z. 5; 64, Z. 11; 87, Z. 17; 89, Z. 34; 100, Z. 15, 22; 103, Z. 6, 22; 110, Z. 8; 132, Z. 24; 145, Z. 18; 146, Z. 12; 168, Z. 10; ›Maximen V‹, S. 93, Z. 9; ›Maximen VI‹, S. 84, Z. 2f.; 102, Z. 5, 19; ›Max VII‹, Manuskriptseite 513.

5 **Filii Dei wählen:** Andere Lesart: Filius Dei wählt. Übersetzung von ›filius Dei‹: Kind (bzw. Sohn) Gottes

6 **Filii mulieris:** Übersetzung: Kinder (bzw. Söhne) der Frau.

14 **screen's drucken:** Es ist unklar, was hier gemeint ist; ›screen printing‹ kann ein Siebdruck sein, ein Schablonendruck oder einfach ein Durchdruck.

15 **Bauen mit Ankersteinen:** Der Anker-Steinbaukasten wurde ursprünglich von Gustav und Otto Lilienthal erfunden. Er wird heute noch als Systemspielzeug von der Ankerstein GmbH hergestellt.

16 **Langenscheidt:** Gödel besaß zu dieser Zeit mehrere Wörterbücher und Sprachführer des Langenscheidt-Verlages: Karl Blattner, Metoula-Sprachführer. English, Berlin-Schöneberg (Langenscheidt) 1912, 8. Aufl. (›Metoula‹ steht für ›Methode Toussaint–Langenscheidt‹); ›Langenscheidt's Fremdsprachliche Lektüre. Something to Read‹, Berlin-Schöneberg (Langenscheidt) 1928, 3. Aufl.; ›Langenscheidt's Fremdsprachliche Lektüre. Uncle Sam and his English‹, Berlin-Schöneberg (Langenscheidt) 1932; Felix Leviticus, ›Taschenwörterbuch der niederländischen und deutschen Sprache, Teil I‹, Berlin-Schö-

Bemerkung (*Philosophie*): Die Lage der 4 Teile jedes Dings kann so skizziert werden:

•———•——|——•———• *negativ* = böse.

Zum Beispiel Verhältnis des 2ten zum ersten Reich: Das Licht wird unterdrückt, der Staat ist eine *Institution* des Unrechts, [die Finsternis begünstigt], es wird jeder in Versuchung geführt, und zwar so, dass er fällt.

Bemerkung (*Philosophie*): Wesen des Ungenauen (Undeutlichen, Unklaren, Verschwommenen, Ungenauen, {Dunklen, Unscharfen}): [487]

Der Ausdruck wird gebraucht nur von Wahrnehmung, Erkenntnis, Bezeichnung, Aussage *u. ä.*; das heißt, dort, wo es sich um eine Abbildung handelt [Urbild ist ein nicht scharf eingestellter *Photoapparat*]. Das Bild ist verschwommen, wenn Gleiches Verschiedenem und Verschiedenes Gleichem entspricht [falls die Verschiedenheit eine gewisse Grenze, das Maß der Ungenauigkeit, nicht übersteigt]. Das hat zur Folge, dass das ungenaue Bild weniger Teile enthält, das heißt, es ist unvollständig.*

* Also, von einfachen Dingen gibt es keine ungenaue, sondern nur eine »schwache« Erkenntnis.

neberg (Langenscheidt) 1914; Hermann Lindemann, ›A Pocket Dictionary of the English and German Languages, Teil I‹, Berlin-Schöneberg (Langenscheidt) 1912, 6. Aufl.; Hermann Lindemann, ›Taschenwörterbuch der englischen und deutschen Sprache, Teil II‹, Berlin-Schöneberg (Langenscheidt) 1912, 6. Aufl.; Jacob Schellens, ›Dictionnaire de poche des langues française et allemande, Teil I‹, Berlin-Schöneberg (Langenscheidt) 1911, 5. Aufl.; ›Taschenwörterbuch der französischen und deutschen Sprache, Teil II‹, Berlin-Schöneberg (Langenscheidt) 1911, 5. Aufl.; Charles Toussaint, Gustav Langenscheidt, ›Französisch. Original Methode Toussaint–Langenscheidt, Kursus I & II‹, Berlin (Langenscheidt) n. d., 19. Aufl.; Carl Willing, ›Lateinisch. Original Methode Toussaint–Langenscheidt‹, Berlin-Schöneberg (Langenscheidt), n. d., 13. Aufl.; vgl. Kurt Gödel, ›Zeiteinteilung (Maximen) I und II‹, S. 150, Z. 3f; 202, Z. 6.

1 **4:** Vgl. zur Zahl 4: Kurt Gödel, ›Maximen III‹, S. 101, Z. 1–21; 103, Z. 27; sowie Kurt Gödel, ›Maximen VI‹, S. 66, Sachanmerkung.

4 **Verhältnis des 2ten zum ersten Reich:** In der Bibel wird im Buch Daniel insbesondere in Kapitel 2 und 7 von vier Reichen gesprochen. Auf diese geht auch die Lehre von den vier Weltreichen zurück: »Du [Nebukadnezar] bist das goldene Haupt. Nach dir wird ein anderes Königreich aufkommen, geringer denn deines. Darnach das dritte Königreich, das ehern ist, welches wird über alle Lande herrschen. Und das vierte wird hart sein wie Eisen; denn gleichwie Eisen alles zermalmt und zerschlägt, ja, wie Eisen alles zerbricht, also wird es auch diese alle zermalmen und zerbrechen.« Buch Daniel 2,38–40; Übersetzung Luther-Bibel von 1912. »Diese vier großen Tiere sind vier Reiche, die auf Erden kommen werden. Aber die Heiligen des Höchsten werden das Reich einnehmen und werden's immer und ewiglich besitzen.« Buch Daniel 7,17–18; Übersetzung Luther-Bibel von 1912.

3 **negativ:** Andere Lesart: Negation

Eine ungenaue Erkenntnis verleitet zu einer falschen Erkenntnis, aber ist nicht falsch. Der seelische Zustand ist nicht mit der Eigenschaft des Objekts identisch und nicht einmal strukturgleich.

Wenn Subjekt oder *Prädikat* des Urteils ungenau wahrgenommen werden, so tritt im Augenblick der Urteilsfällung ein Schwanken ein, das heißt, man sieht bald den Sachverhalt, bald nicht, bald sein Gegenteil. Es handelt sich hier um den Fall, dass das Urteil so beschaffen ist, dass die Erkenntnis (Wahrnehmung) von Subjekt und *Prädikat* [488] zu seiner Fällung genügt (d. h. eine *psychologisch* beobachtbare Funktion). Die »Anstrengung« bezieht sich darauf, eine deutlichere Wahrnehmung von *Subjekt* und *Prädikat* hervorzurufen. Der Anschein, dass nicht einmal klar ist, ob ich den Sachverhalt sehe oder nicht, bezieht sich darauf, dass die Selbstwahrnehmung ebenfalls undeutlich ist.

Bemerkung (*Philosophie*): Die Begriffe sind die »Materie« des Urteils – das Objekt, auf welches sich die Handlung des Urteilens bezieht.

Bemerkung (*Philosophie*): Der Wert der Erkenntnis nimmt nicht stetig mit der Genauigkeit zu, sondern ist bis zu einem gewissen Grad 0 und dann plötzlich sehr hoch (z. B. Abhängigkeit der Bequemlichkeit einer Wohnung von Lage *etc.*). Das liegt an der »unstetigen« Struktur des Raumes der Sachverhalte.

Bemerkung (*Philosophie*): Was ist der Unterschied in der Bedeutung von $\vdash (\sim P)$ und $\vdash \sim(P)$**?** Im 2ten Fall ist das Nicht im »Subjekt«, im ersten im Objekt.| Unter der Voraussetzung, dass $\vdash P$ nicht einfach ein Bild eines Teils der Wirklichkeit ist (diesen bezeichnet),

16 **Bemerkung:** Die Bemerkung ist an der linken Seite mit einer großen eckigen Klammer versehen
17 **des Urteilens:** Andere Lesart: des Urteilenden
17 **–:** Im Manuskript das Gabelsberger-Satzzeichen für ›Punkt‹, das von einem Gedankenstrich nicht zu unterscheiden ist
27 **$\vdash \sim(P)$:** Andere Lesart: $|\sim(P)$
28 ›(‹ von der Editorin gelöscht

23 **Wohnung:** Die Wohnung ist ein Aspekt der Hygiene und damit der gesunden Lebensführung, also der Individualethik. Siehe dazu: Kurt Gödel, ›Zeiteinteilung (Maximen) I und II‹, S. 58, Z. 29; 61, Z. 25f.; 62, Z. 26; 63, Z. 8; 67, Z. 29; 68, Z. 5; 84, Z. 12; 89, Z. 30; 91, Z. 9; 92, Z. 1, 4; 93, Z. 24; 94, Z. 3; 96, Z. 5; 99, Z. 25; 100, Z. 13, 16; 102, Z. 1; 118, Z. 5; 120, Z. 24; 125, Z. 16; 156, Z. 18f.; 189, Z. 28; 196, Z. 2; 197, Z. 26; 219, Z. 3, 14, 17; 258, Z. 32; 270, Z. 21. Die Länge der Liste zeigt, welche Bedeutung Gödel einer Wohnung für sein Wohlbefinden und seine Arbeitsfähigkeit zugemessen hat.
27 **$\vdash (\sim P)$:** Der performative Akt der Behauptung wird in Freges formaler Notation durch den Urteilsstrich samt Inhaltsstrich bzw. Performator wiedergegeben: $\vdash$. Der kurze senkrechte Strich ist bei Frege der Urteilsstrich (vgl. Gottlob Frege, ›Grundgesetze der Arithmetik‹, op. cit., § 5, S. 9), der allerdings immer in Verbindung mit dem Waagerechten (langer waagerechter Strich) vorkommt. Vgl. unten Manuskriptseite 509, Bemerkung Grundlagen 2.

sondern [489] einen psychischen Akt (besser die Form eines {→ Urteiles} idealisierten *psychischen* Aktes) bezeichnet. Im ersten Fall gehört ›~‹ zur Materie, im 2ten zur Form des Urteils. Ähnlich ist auch $P \supset Q$ aufzufassen. Besonders häufig ist die Urteilsform: $\supset_x$.

Bemerkung (*Philosophie*): Im Allgemeinen sieht man bei einem Urteil nicht die Begriffe, aus denen es zusammengesetzt ist (daher auch kein Grund, dass man seine Wahrheit beurteilen kann). Sondern die Begriffe sind durch Beschreibungen gegeben, in denen (einzelne) Sinneswahrnehmungen vorkommen (das, was ich dann und dann gesehen habe, oder als Spezialfall »dieses«). Wenn man dagegen die wahre (*substantielle*) *Definition* (d. h. Kennzeichnung) der sämtlichen vorkommenden Begriffe (*Sokrates* z. B. ist auch [490] ein Begriff) hätte, so würde man die Wahrheit sehen. Nämlich man kann die Wahrheit eines Satzes beurteilen aus der substantiellen Definition der vorkommenden Begriffe und »dem Sinn« (das kann man aus dem letzten Sinn von allen und seiner Anwendung auf den Spezialfall).

Bemerkung (*Philosophie*): Wenn b zusammengesetzt ist aus $a_1 \ldots a_k$, so folgt noch nicht, dass die *substantielle Definition* von b lautet: $b = a_1 + \ldots + a_k$. Zum Beispiel: Sokrates besteht aus Körper, Seele, Geist, aber die *substantielle Definition* hat seine Charaktereigenschaften anzugeben. Die Teile sind gewissermaßen etwas außerhalb, mit dem bloß ein enger Wirkungszusammenhang besteht. Andererseits aber besteht eine Isomorphie der Teile des Wesens und der äußeren Teile (*Physiognomik*).

12 **(substantielle) Definition:** Vgl. Kurt Gödel, ›Maximen IV‹, S. 87, Z. 3; ›Maximen V‹, S. 66, Z. 2; ›Maximen VI‹, S. 57, Z. 26; 70, Z. 12, 18f.; 88, Z. 22f., sowie die nächste und übernächste Bemerkung in diesem Band.

13 **Sokrates z. B. ist auch ein Begriff:** Vgl. auch Manuskriptseite 506, Fußnote, wo es heißt: »Und der Eigenname ist das in der Sprache Entsprechende und die ›Konstante‹ in meiner *Syntax*.«

27 **Physiognomik:** Mit der Verbindung von Physiognomie und Charakter greift Gödel erneut Ausführungen aus Ernst Kretschmers einflussreichem Werk ›Körperbau und Charakter. Untersuchungen zum Konstitutionsproblem und zur Lehre von den Temperamenten‹ von 1921 auf, die in vorausgegangenen Bemerkungen in diesem Band bereits eine Rolle spielten.

1 →: Pfeil zeigt von ›eines‹ auf ›Urteil‹, ›Urteil‹ ist über der Zeile eingefügt

6 **Bemerkung (Philosophie):** Im Manuskript zweimal fett unterstrichen

Meistens gibt die *Definition* mittels der Teile nicht die *essentielle Definition*. Zum Beispiel: Der *Stephans*turm ist die von dem und dem Herrscher zu dem und dem Zweck errichtete Kirche. Die Eigenschaft, dass er jetzt [491] noch steht, ist *accidentiell*. Aber die Teile können meistens erschlossen werden aus seiner *substantiellen Definition*.

Bemerkung (*Philosophie*): Unterschied zwischen begrifflichem Erfassen und idealisiertem. Das Erste verfälscht, das 2te ist genau richtig [*Plato* und *Aristoteles*]. Das Erste operiert mit dem »Typus«, das 2te mit dem Begriff. Beide haben eine Vereinfachung und Übersicht zur Folge. *Approximationen* sind Idealisierungen.

Bemerkung (*Philosophie*): Ist es möglich, einen Begriff wahrzunehmen, ohne seine *substantielle Definition* wahrzunehmen? – Es ist sicher möglich, dass man mit diesem Begriff operieren kann (z. B. »Rot«). Ebenso natürlich nimmt man viele Dinge wahr, ohne ihre *substantielle Definition* wahrzunehmen* (durch Sinne und durch »Evidenz«).

* Eigentlich nicht die Dinge, sondern gewisse psychische Bilder. Diese haben allerdings wahrscheinlich (im [492] Normalfall) nicht nur die Struktur, sondern viel mehr mit den Dingen gemeinsam und nicht das »Wesen«.

1 **essentielle Definition:** Bei Gottfried Wilhelm Leibniz heißt es im ›Discours de Métaphysique‹ in Abschnitt XXIV wie folgt: »Et quand elle pousse l'analyse à bout jusqu'aux notions primitives, sans rien supposer, qui ait besoin de preuve a priori de sa possibilité, la definition est parfaite ou *essentielle*.« Hervorhebung von Leibniz. In: »Philosophische Abhandlungen«, in: ›Die philosophischen Schriften von Gottfried Wilhelm Leibniz‹, 4. Band, hrsg. v. Carl Immanuel Gerhardt, Berlin (Weidmann) 1880, S. 450. In der Übersetzung von Herbert Herring in ›Philosophische Bibliothek, Band 260‹, S. 63, lautet das: »Und wenn die Definition die Analyse bis zu Ende führt, bis zu den ursprünglichen Begriffen, ohne etwas vorauszusetzen, was eines apriorischen Beweises seiner Möglichkeit bedarf, so ist die Definition eine vollkommene oder *wesentliche*.«

2 **Stephansturm:** Gödel bezieht sich bereits in ›Philosophie I Maximen 0‹, S. 102, Z. 3, auf den Stephansturm, nicht auf den gesamten Stephansdom. Zumindest hier meint er allerdings den gesamten Dom. Der Südturm des Stephansdoms in Wien ist ein Wahrzeichen.

9 **Das Erste:** Das Erste ist hier das zuletzt genannte, also das idealisierte Erfassen, weil es das Erste ist, wenn man von hinten liest. Das Zweite ist dementsprechend das begriffliche Erfassen.

10 **Plato:** Platon (428/27 v. Chr. – 348/47 v. Chr.), griechischer Philosoph.

10 **Aristoteles:** Aristoteles (384 v. Chr. – 322 v. Chr.), griechischer Philosoph und Naturforscher.

19 **Evidenz:** Siehe zu den zahlreichen Vorkommnissen von ›Evidenz‹ in den Philosophischen Notizbüchern: Kurt Gödel, ›Maximen V‹, S. 42, Z. 20 Fußnote; des Weiteren ›Maximen VI‹, S. 92, Z. 18; 95, Z. 7; 96, Z. 8; und in diesem Band Manuskriptseite 511ff., Bemerkung Psychologie 1; Manuskriptseite 532, Bemerkung Psychologie 1; Manuskriptseite 533, Bemerkung Psychologie 2.

Die Sinne und die Evidenz sind mithin das, was ein verständnisloses Sich-Zurechtfinden und Handeln in der Welt ermöglicht. Diese beiden haben das Charakteristikum, [492] dass wir durch sie genötigt sind, etwas für wahr zu halten, wofür wir andererseits *in abstracto* einsehen, dass es auch falsch sein könnte. Dagegen beim Erkennen durch die Vernunft sehen wir, dass es nicht anders sein kann. Die Vernunft ist also das einzige Organ, mit dem man die Dinge selber und nicht bloß ihre Bilder wahrnimmt?

Bemerkung (*Psychologie*): Der Schmerz ist das Böse des Tastsinns, auch der innere Schmerz und die inneren Druckempfindungen sind eine Form des Tastsinns.* Der Körpersinn dagegen besteht aus Hunger und Durst, Lufthunger, Stuhl- und Harndrang, Sexualdrang. In jedem gibt es ein Gefühl des Hungers, der Sättigung und auch? des Gesättigtseins? (Welches von beiden ist besser?) – Ferner noch der Brechreiz. Sind Brennen und Stechen und Schneiden qualitativ verschiedene Schmerzempfindungen? – Von allen diesen ist der *sexuelle* Drang (der Orgasmus) am meisten abhängig von rein [493] *psychischen* Faktoren.

* Ebenso Muskelempfindungen.

Bemerkung (*Philosophie*): Bei jedem *Problem* gibt es die richtige 1. *Approximation* [z. B. bei *Elektrostatischer* Abhängigkeit der Dichte vom Krümmungsradius, beim Luftwiderstand *Newton*sche Annahme, unelastischer Stoß und Entstehung, eine unendlich dünne Schicht endlichen Gewichts**].

** Vielleicht ist die widerstandslose Lösung nicht Grenzfall einer Lösung einer *kompression* der Flüssigkeit?

22 **Elektrostatischer Abhängigkeit der Dichte vom Krümmungsradius:** Vgl. etwa Gustav Benischke, »Abhängigkeit der elektrischen Dichte vom Krümmungsradius. Spitzenwirkung«, in: ›Die wissenschaftlichen Grundlagen der Elektrotechnik‹, Berlin/Heidelberg (Springer) 1914, 3. Aufl., S. 32f.
23 **Luftwiderstand Newtonsche Annahme:** Vgl. etwa Adolf Lippmann, »Luftwiderstand und dynamische Tragkraft. Die Theorie von Newton und die ideale Flüssigkeit«, in: ›Einführung in die Aeronautik, Teil 1. Grundlagen‹, Leipzig (von Veit) 1911, S. 172.
24 **unelastischer Stoß und Entstehung:** Beim unelastischen Stoß wird die kinetische Energie in innere Energie umgewandelt, also etwa in Wärme oder Deformation.
24 **unendlich dünne Schicht endlichen Gewichts:** Siehe etwa K. N. Kornilow, »Eine dynamometrische Methode der Reaktionsuntersuchung«, in: ›Zeitschrift für angewandte Psychologie‹ 15 (1919), S. 117f., hier S. 118: »Dieselbe Berechnung kann viel einfacher mittels der Infinitesimalrechnung durchgeführt werden: angenommen, das Gewicht einer unendlich-dünnen Quecksilberschicht mit dem Durchmesser des Manometers und mit der Höhe *dh* ist $Q = \pi r^2 s$; dann hebt die beim Reagieren verwendete Arbeit die erste unendlich-dünne Schicht auf die Höhe *dh*, die zweite Schicht auf 2*dh* usw. Die letzte Schicht endlich wird auf *h* gehoben.«

7 ›der‹ von der Editorin verbessert in ›dem‹
15 –: Im Manuskript das Gabelsberger-Satzzeichen für ›Punkt‹
17 –: Im Manuskript das Gabelsberger-Satzzeichen für ›Punkt‹

Dann gibt es die richtige Idee des Weitergehens (oft Korrektur der Bewegung durch die aus der ersten Bewegung berechnete Kraft). In beiden Fällen ist es sehr wichtig, wirklich die richtige Idee zu haben (der Fehler liegt nahe: Da es nur eine *Approximation* ist und daher eigentlich falsch ist, kommt es nicht darauf an, wie man es macht). Die richtige Idee muss denjenigen *Extrem*fall herausgreifen, in dem die Charakteristik (Seite) der Erscheinung, welche die eigentliche (neue) Schwierigkeit ausmacht, auf ⌀ reduziert ist. Dabei kann sich eventuell herausstellen, dass gewisse einfache Erscheinungen zunächst zu behandeln sind (damit wirklich [494] die Schwierigkeit nur in einer Sache besteht). Bei richtiger Wahl der *Approximation* stellt sich wahrscheinlich Folgendes heraus:

1. Schon die erste *Approximation* gibt überraschend gute Resultate.
2. Die folgende *Approximation* führt zu exakten Lösungen und exakten Gesetzen der vorkommenden Funktionen (z. B. *Additions-Theoreme*).
3. Die sich ergebenden mathematischen Probleme sind lösbar.

Die obigen Regeln (insbesondere dafür, was in der ersten *Approximation* auf was reduziert werden muss und welche *Probleme* vorher gelöst werden müssen) können wahrscheinlich auf Grund allgemeiner *philosophischer* Erwägungen (über das Wesen der *Approximation*) noch exakter gemacht werden und auf Grund eines allgemeinen Schemas über die Struktur der *Newton*schen Mechanik.

Bemerkung (*Philosophie*): Das »Mittel« (welches zu finden die ursprüngliche Fähigkeit der Vernunft ist) [495] ist etwas geringer als das Ziel, aber von derselben Art* (das Ziel mit geringerer *Intensität*), denn es soll das Ziel verursachen, und die Wirkung ist mit der Ursache gleichartig. Es ist daher vielleicht immer eine *Approximation* (nicht bloß in der mathematischen Physik, sondern zum Beispiel auch in der Zahlentheorie,** in der mathematischen Physik drückt sich also besonders deutlich das Wesen der Vernunft aus). Die *Approximation* ist falsch (d. h. das Mittel vom Ziel verschieden), aber ähnlich dem Ziel und eine Vereinfachung des Ziels. Auch der Mittelbegriff des Schlusses ist in diesem Sinn ein »Mittel«.

* Insbesondere etwas zwischen dem, was ich kann (d. h. schon früher gemacht habe), und dem Ziel.

** Was ist die erste Approximation der Zahlentheorie (d. h. womit muss man anfangen)?

16 **Additions-Theoreme:** Additionstheoreme sind Formeln, in denen gezeigt wird, wie sich bei Addition von Argumenten der Funktionswert aus den Funktionswerten für die Summanden ergibt.

Man nennt 2 *Probleme* benachbart, wenn man leicht von der Lösung des einen Problems zum anderen übergehen kann. Dann übersieht man im topologischen Raum der Probleme sämtliche *Probleme*, aber man sieht nicht den Zusammenhang des Raums. Die Aufgabe ist, für ein gegebenes *Problem* den »Weg« zu finden (vom 0-Punkt aus). [496]

Nachdem man einen Überblick und eine Klassifikation über sämtliche Probleme gefunden hat, wäre die nächste Aufgabe, die Struktur (den Zusammenhang) des Raumes zu beschreiben (beide zunächst in großen Zügen und dann im Einzelnen). Das ist dasselbe Problem für die Mathematik, welches die Metaphysik für die ganze Welt zu lösen sucht (einen »Überblick« und eine »Orientierung« zu finden und vom Allgemeinsten immer mehr ins Einzelne überzugehen (*intensionaler* Weg)). Wenn es hell wird, sieht man zuerst die Umrisse der Dinge.

Bemerkung (*Philosophie*): Unterschied zwischen *intensionaler* und *extensionaler* Methode:

Die erste geht aus vom *speziellsten* (*extensionales* Element*), die andere vom Allgemeinsten (*intensionales* Element**). Die eine geht durch Erfahrung vonstatten, die andere *apriorisch*.*** Die erste fragt: Was ist ein Tier (eine {richtige} *Approximation*, ein Mittel)? Die andere fragt: Was sind [497] (z. B.) Tiere, richtige *Approximationen etc.*?

* Das heißt von einzelnen Erscheinungen (Empirie).
** Das heißt von der Idee der Sache.
*** Die moderne Wissenschaft interessiert sich nur für extensionale Fragestellungen, und ihre Theorien beanspruchen nur, extensional richtig zu sein. Es ist ihr gleich, ob ihre Definitionen (z. B. der Elektrizität) die richtigen sind. Extrem: Eine Theorie ist richtig, wenn sie → richtige Voraussagen zu machen gestattet.

Bemerkung (*Psychologie*): Für das Lernen scheint es vorteilhaft zu sein, wenn man nicht nur das Richtige, sondern auch das Falsche

2 **zum anderen:** Gemeint ist: zur Lösung des anderen.

3 **topologischen Raum:** Gödel verwendet den Begriff ›Topologie‹ des Öfteren nicht im strikt mathematischen Sinne, sondern im übertragenen. Gemeint ist dann, wie er selbst in Kurt Gödel, ›Maximen V‹ (allerdings im Zusammenhang mit der topologischen Interpretation des intuitionistischen Aussagenkalküls) schreibt: »Alle möglichen Aussagen bilden einen topologischen Raum nach Verwandtschaftsgrad des Inhalts.*** ***Aussagenraum«. Ebd., S. 99, Z. 22ff. Siehe aber auch Kurt Gödel, ›Maximen III‹, S. 83, Z. 32.

14 **intensionaler Weg:** Siehe für eine Erläuterung die folgende Bemerkung samt den dazugehörigen Fußnoten Gödels.

19 **Die erste:** Hier ist die erste Methode die zuletzt genannte, also die extensionale; sie ist die erste, wenn man den Satz von hinten liest.

als falsch sieht (nicht γράφοντες, sondern γράφοντας). Falsche Betonung in Versen. Ein gebräuchliches und ein ungebräuchliches Wort für dieselbe Sache. (*P* und $\sim\sim P$ sollen beide zugleich erfasst werden.)

Bemerkung (*Psychologie*): Zimperlichkeit* (Gegensatz Großzügigkeit) ist das Bestreben, auch das kleinste Übel (oder Schlechte) in jeder Sache zu vermeiden. Zum Beispiel: nur eine Wohnung ganz ohne Nachteil nehmen, nur die beste Übersetzung und beste Ausgabe eines Buches lesen, beim Lernen einer Sprache unter allen Umständen jeden Fehler vermeiden, auch die Länge und Betonung der Sätze schon im Anfang ganz vollkommen, nur vollkommen exakte Beweise, [498] allzu große Sparsamkeit im Geldausgeben, versuchen, dass auch nicht ein einziger deiner Einfälle verlorengeht (sondern alle eintragen), *Hypochondrie* (= auch die kleinste Schädigung der Gesundheit unbedingt vermeiden).

* Oder Kleinlichkeit (anspruchsvoll = Zimperlichkeit hinsichtlich dessen, was von anderen zu fordern ist).

Bemerkung (*Philosophie*): Selbst in den Naturwissenschaften haben die *Axiome* einer Theorie oft die Form von *Definitionen*. Zum Beispiel: Licht ist elektrische Schwingung einer gewissen Frequenz. Elektrizität ist eine Flüssigkeit, deren Teilchen sich mit einer quadratisch mit der Distanz abnehmenden Kraft abstoßen. Aber es kommt der Wissenschaft nicht darauf an, dass diese *Definitionen intensional* richtig sind. Die zusätzlichen *Axiome* der wahren Theorie der Mathematik bestehen wahrscheinlich nur aus *Definitionen*.

1 γράφοντες wird mit ›die, die schreiben‹ übersetzt. Es handelt sich um den Nominativ Plural Maskulinum Partizip Präsens Aktiv von γράφω.

1 γράφοντας wird mit ›die, die schreiben‹ übersetzt. Es handelt sich um den Akkusativ Plural Maskulinum Partizip Präsens Aktiv von γράφω.

20 **Licht ist elektrische Schwingung einer gewissen Frequenz:** In der Physik gibt es verschiedene Modelle, um Licht zu beschreiben. Hier greift Gödel das der Elektrodynamik auf, wonach Licht eine hochfrequente elektromagnetische Welle ist.

21 **Elektrizität ist eine Flüssigkeit:** Vgl. etwa: Peter Mark Roget, ›Darstellung der Elektrizität‹, hrsg. v. Franz Kottenkamp, Stuttgart (Expedition der Wochenbände) 1847, S. 25: »Wir beginnen mit der Annahme, dass eine feine Flüssigkeit in allen Körpern vorhanden ist, welche wir die elektrische Flüssigkeit nennen, daß ihre Theilchen einander mit einer Kraft abstoßen, die im umgekehrten Verhältnis zum Quadrat der Entfernung wechselt, daß sie die Theilchen aller anderen Stoffe oder eines besonderen Bestandtheils in dieser Weise mit einer Kraft anziehen, welche dasselbe Gesetz des umgekehrten Quadrates der Entfernung befolgt; ferner, daß diese Flüssigkeit sich durch die Poren der Körper verbreitet […].«

24 **intensional:** Vgl. vorvorletzte Bemerkung samt Fußnoten Gödels.

14 **versuchen:** Andere Lesart: Versuch

16 **vermeiden:** Danach wurde Platz gelassen. Vermutlich, um die Liste gegebenenfalls fortsetzen zu können

Wenn man die richtige *Definition* von »*Beweis*« hätte, könnte man dann von jedem Satz feststellen, ob er beweisbar ist, und gegebenenfalls seinen Beweis finden? Oder braucht man dazu auch [499] die richtige *Definition* von Zahl, und genügt vielleicht diese allein für die Zahlentheorie? Vielleicht genügt in beiden Fällen schon *Approximation* (aber die richtige!).

{Ich sehe nichts *psychisches* und nichts Ideales.}

Bemerkung (*Philosophie*): Die {äußeren} sozialen Verhältnisse (insbesondere Verträge, Anstellungen, Bezahlung, Ansprüche, Demokratie) ermöglichen nicht, wenn ins Einzelne durchgedacht, eine Erklärung der sozialen Erscheinungen (ebenso wenig, wie die Darwinsche Theorie der Zoologie dies ermöglicht). Aber sie sind doch ein »Bild« der wirklichen Zustände. Die Mehrheit der Menschen sind »Ausgestoßene«,* zumindest in Mitteleuropa (ausgestoßene Völker).

* Das sind die, welche keinem *contract social* angehören ({= die Armen} = die, welche nichts von der »2ten Stufe« wissen). Anmerkung E.-M. E.: Der contrat social ist nach Jean-Jacques Rousseau der Gesellschaftsvertrag, mit dem sich der Einzelne dem Gemeinwillen unterwirft, dafür aber als Staatsbürger an Macht und Souveränität beteiligt ist.

Bemerkung (*Philosophie*): Die Tatsache, dass wir die *psychischen* Zustände nicht bloß »haben«, sondern »als Objekt haben« (dass sogar die richtige Beschreibung von ihnen in der Beschreibung des *intentionalen* Objekts liegt), bedeutet, dass jeder unserer Zustände (soweit er [500] bewusst oder menschlich ist) zusammengesetzt ist aus einem Zustand (welcher das *intentionale* Objekt bildet) und etwas, was sich darauf bezieht. Dieses Etwas kann sich auch auf mehrere gleichzeitig vorhandene Zustände beziehen und stellt dann ihre »*Synthesis*« dar.

Beim Urteilen ist dieses »Etwas« das [Wahrnehmen des Bestehens] oder das Urteilen selbst (gleichzeitig ist die Materie des Urteils in uns). Das Urteilen selbst ist in uns, aber nicht als *inten-*

11 **Anstellungen:** Vgl. Kurt Gödel, ›Zeiteinteilung (Maximen) I und II‹, S. 175, Z. 17.

13 **Darwinsche Theorie der Zoologie:** Die Zoologie ist nur eine der Teildisziplinen der Biologie, die alle von der Evolutionslehre Darwins erfasst werden.

20 **als Objekt haben:** Nach Franz Brentano bezieht sich der psychische Akt auf etwas und daneben auch auf sich selbst. Vgl. Kurt Gödel, ›Philosophie I Maximen 0‹, S. 83, Z. 2; ›Zeiteinteilung (Maximen) I und II‹, S. 210, Z. 26.

22 **intentionalen Objekts:** Nach Franz Brentano ist ein intentionales Objekt das, wovon ein geistiger Zustand handelt oder worauf er gerichtet ist. Vgl. Kurt Gödel, ›Maximen IV‹, S. 131–132, Z. 24–10; 132, Z. 19f., 32; 133, Z. 3f.; ›Maximen V‹, S. 51, Z. 19; 54, Z. 17f.; 55, Z. 30; 56, Z. 7f; 82, Z. 8f., 27f.; 83, Z. 7; 101, Z. 12; ›Maximen VI‹, S. 56, Z. 31f.; 62, Z. 13; 69, Z. 11f., 20f.; 88, Z. 9, Marginalie; 108, Z. 20; 109, Z. 21; 111, Z. 24.

8 **Ich sehe nichts psychisches und nichts Ideales:** Am oberen Rand von Manuskriptseite 499 eingefügt

11 **Demokratie:** Hier wurde Platz frei gelassen, um die Liste gegebenenfalls fortsetzen zu können

tionales Objekt. Es[*] ist aber nicht neben den Empfindungen, sondern in Bezug auf die Empfindungen (vielleicht gibt es aber auch ein »reines Bewusstsein«, wo dieses {Etwas} sein eigenes Objekt ist oder kein Objekt hat). Dieses Etwas (das Licht, Bewusstsein) besteht[**] in dem Beziehen der Empfindungen auf gewisse sehr allgemeine Begriffe (Denkformen[***]), zum Beispiel *Substanz*, *Accidens*, Ursache, Sein *etc.*. Es kann die Materie dieselbe sein und das »Licht«, in dem [501] wir sie sehen, ein anderes (z. B. beim Verändern der Aufmerksamkeit, einfachster Fall).

Wenn die Empfindungen auf gewisse allgemeine Begriffe (deren Schema *a priori* in uns ist) in bestimmter Weise bezogen sind, so nennt man die Empfindungen »geformt« und den Zustand der Seele Bewusstsein oder Wahrnehmung. Zum Beispiel kann die einfache Empfindung ›rot‹ in 3facher Weise »geformt« oder »aufgefasst« werden: als einfach Etwas, als Eigenschaft eines äußeren Dings, als Zustand meiner Seele. Dieses Erfassen ist auch schon bei Tieren vorhanden, aber sie haben nur die *Kategorien* der Sinnlichkeit (Raum, Zeit, Materie, Kraft). Die anderen (abstrakten) *Kategorien* [Möglichkeit, Ursache, Sein, Vielheit, Wesen, Zweck] bilden Grundbegriffe im »logischen Raum«.

Was gewinnt man eigentlich dadurch, dass man die Empfindungen auf diese Kategorien bezieht [und ebenso diese Kategorien auf sich], [502] und worin besteht eigentlich dieses Beziehen**?** Und wie gelangt man in den Besitz dieser Begriffe und der Fähigkeit, die Dinge darauf zu beziehen**?**

Der Gewinn ist das »Beherrschen« der Dinge (d. h. seinem Willen gefügig machen[†]). Es besteht in dem Identifizieren[‡] des vorliegenden Materials (bzw. seiner Teile) mit den Teilen des Fachwerks der *Kategorien* (welches eine Theorie darstellt). Das Schema der *Kategorien*[§] stellt also eine sozusagen universelle Theorie aller

[*] Das heißt, dieses »Etwas«.

[**] Zunächst darin, dass die Empfindungen »erfasst«, »*apperzipiert*« werden (genauer: als irgendetwas erfasst), und das heißt: Anmerkung E.-M. E.: Der Satz verbleibt im Manuskript unvollständig.

[***] Diese sind die Organe des Erfassens (ähnlich wie die Hände).

[†] Indem man instand gesetzt wird, viele Aussagen über sie zu machen.

[‡] Man kann auch sagen: »Projizieren«.

[§] Die Kategorien des Verstandes zerfallen in logische und andere.

12 **nennt:** Andere Lesart: kennt

15 **einfach:** Andere Lesart: einfaches

10 **allgemeine Begriffe:** Vgl. Kurt Gödel, ›Zeiteinteilung (Maximen) I und II‹, S. 80f., Z. 29f.; aber auch S. 177, Z. 24; ›Maximen III‹, S. 70, Z. 14; ›Maximen VI‹, S. 85, Z. 10.

18 **(abstrakten) Kategorien:** Vgl. zu abstrakte Begriffe (nicht Kategorien) Kurt Gödel, ›Philosophie I Maximen 0‹, S. 106, Z. 15–35; 107, Z. 27–31; ›Maximen III‹, S. 70, Z. 13–16; 92, Z. 22; 161, Z. 9–11; ›Maximen IV‹, S. 52, Z. 5–7; ›Maximen VI‹, S. 85, Z. 2–11, 25–28; vgl. zu ›Kategorie abstrakt‹ ›Zeiteinteilung (Maximen) I und II‹, S. 229, Z. 9–12; vgl. zu ›logische Kategorie‹ eine der Marginalien zu Manuskriptseite 503.

20 **logischen Raum:** Gödel bestimmt den ›logischen Raum‹ als den »Hintergrund, ›die Form‹ von allem Denkbaren«; siehe Manuskriptseite 472f., Bemerkung Grundlagen 1 in diesem Band.

Dinge (insbesondere auch ihrer selbst) dar, und zwar eine ziemlich einfache.

Rohe Beispiele: Angenommen, man weiß, dass jede Gattung aus 4 Arten besteht, welche die bekannte *Proportion* erfüllen mit den beiden Relationen des *quantitativ* Schwächeren und des Gegenteils (gut : böse). Dann wird man jede Gattung auf dieses Schema »*projizieren*«. Oder: Für jedes [503] *Problem* gibt es die Lösung erster *Approximation*, die Fortschreitung durch Idee und die exakte (richtige) Lösung, und diese wird gefunden, indem man die 2te oder 3te *Approximation* aufsucht.

{Wie gelangt man in den Besitz der *Kategorien* (bewusst und unbewusst: in uns)?}

Es gibt verschiedene Arten der Anwendung der Kategorien, je nach dem Grad der Bewusstheit, mit der sie angewendet werden:

1. vollkommen unbewusste Anwendung, das heißt, das Resultat tritt ohne Nachdenken fertig ins Bewusste (in den Tiefen des Gemüts), zum Beispiel bei der sinnlichen Wahrnehmung;
2. Suche nach einer Ursache;
3. bewusste Anwendung, nachdem man sich die *Kategorien* und ihr Wesen zum Bewusstsein gebracht hat.

Es muss Kriterien dafür geben, welches die »richtige« Anwendung (*Projektion*) auf eine gegebene Sache ist.

{|}

Bemerkung (*Philosophie*): Die Wörter jeder Sprache zerfallen in materiale (*Substantive*, *Adjektive*, *Verben*) und in formale Bestandteile (*Präpositionen*, *Conjunktionen*, *Partikel*, *Pronomen*, *Adverbien* (eigentliche), *Hilfsverben*, Zahlwörter [504] und »Endungen«). Die formalen Bestandteile sind etwa 150 Worte? (Ohne Zahlwörter) Das Wort »groß« zum Beispiel steht an der Grenze. »Früher« ist formal?

Bemerkung (*Philosophie*): Im Psychischen gibt es überhaupt keine *Substanz* außer der Seele, alles andere sind ihre *Accidenzen*. Es

34 **keine Substanz außer der Seele:** ›Substanz‹ ist hier als klassischer Begriff der Metaphysik gebraucht und bedeutet das, wodurch etwas ist. Vgl. Aristoteles, ›De anima‹, II 1, 412b 9f. Klaus Corcilius übersetzt die Stelle in Aristoteles, ›Über die Seele / De anima‹, Hamburg (Meiner) 2017, S. 69, wie folgt: »Im Allgemeinen ist nun gesagt, was die Seele ist, nämlich Substanz im Sinne des Begriffs.«

8 **durch:** Andere mögliche Ergänzung: der
11 **Wie gelangt man in den Besitz der Kategorien (bewusst und unbewusst: in uns)?:** Am oberen Rand von Manuskriptseite 503 eingefügt
24 | Formale Bestandteile der Sprache
24 **|:** Am oberen Rand von Manuskriptseite 504 eingefügt und durchgestrichen
34 **Bemerkung (Philosophie):** Zweimal dick unterstrichen

kommen fast gar keine einfachen *Accidenzen* vor, wenn auch oft die Bestandteile nicht tatsächlich, sondern nur begrifflich trennbar sind.

Nicht | alles, was außerhalb der *Apperzeption* in einem gegebenen Augenblick vorhanden ist, muss von der *Apperzeption* »erfasst« werden (manches ist »unbewusst« vorhanden, nicht in dem Sinn, dass wir nachher nicht feststellen können, dass es vorhanden war, sondern im Gegenteil). Die *Apperzeption* zum Beispiel (obwohl ein begrifflich trennbarer Bestandteil) kann nicht ohne ein *apperzipiertes* Objekt sein (obwohl dieselbe sich auf verschiedene Objekte richten kann). Die Wahrnehmung, dass der Tisch vor mir 4 Beine hat, besteht aus: 4 einzelnen Beinen, ihrer Gesamtheit, [505] Begriff 4, Wort 4 (samt ihren Teilen), *Synthesis* zwischen den Beinen und 4 (also sehr kompliziert).

Das Vorhandensein der *Apperzeption* impliziert nicht die Wahrnehmung, dass ich das Ding wahrnehme (das ist schon eine bestimmte Form der *Apperzeption*), aber es impliziert, dass die Wahrnehmungen »bewusst« sind.

Nach *Wundt* ist die *Apperzeption* das In-Beziehung-Setzen der Empfindungen mit Erinnerungen, in Wahrheit ist es ein In-Bezie-

4 **Apperzeption:** In der Schulphilosophie gehört ›Apperzeption‹ in das Gebiet der Psychologie. Bei Leibniz sind Apperzeptionen bewusste, klare Vorstellungen, welche er von unbewussten, unbestimmten Vorstellungen unterscheidet. Vgl. Kurt Gödel, ›Maximen III‹, S. 116, Z. 24 und den dazugehörigen erläuternden Sachkommentar. Für Wilhelm Wundt, auf dessen Begriff der Apperzeption Gödel im Folgenden eingeht, ist dieser Begriff ein zentraler theoretischer Begriff seines Werkes: »[…] den einzelnen Vorgang, durch den irgendein psychischer Inhalt zu klarer Auffassung gebracht wird, [nennen wir] die Apperception. Dieser stellen wir die sonstige, ohne den begleitenden Zustand der Aufmerksamkeit vorhandene Auffassung von Inhalten als die Perception gegenüber.« Wilhelm Wundt, ›Grundriss der Psychologie‹, Leipzig (Wilhelm Engelmann) 1896, S. 245. Er unterscheidet die Apperzeption als aktive, willkürliche Hinwendung zu Vorstellungsinhalten von der Apperzeption als passivem, unwillkürlichem In-Beziehung-Setzen. Vgl. auch die Manuskriptseiten 504, Bemerkung Philosophie 1; 508, Bemerkung Psychologie 1; 509f., Bemerkung Grundlagen 2; 511, Bemerkung Philosophie 1; 533f., Bemerkung Psychologie 2; 534, Bemerkung Psychologie 1.

19 **Wundt:** Wilhelm Max Wundt (1832–1920) war ein deutscher Psychologe und Philosoph. Er gilt als einer der Begründer der experimentellen Psychologie. Wie Leibniz nimmt er einen psychisch-physischen Parallelismus hinsichtlich des Leib–Seele-Problems an, lehnt es aber ab, die Seele als Substanz aufzufassen. Daher gilt er als einer der ersten Vertreter einer »Psychologie ohne Seele«. Vgl. auch Einleitung zu Kurt Gödel, ›Maximen VI‹, S. 17, Fn. 19, 36.

19 **Apperzeption das In-Beziehung-Setzen der Empfindungen mit Erinnerungen:** »[…] wenn wir uns bei einer Erinnerung einer bestimmten Beziehung des erinnerten Erlebnisses zu einem gegenwärtigen Eindruck bewusst werden, so verbindet sich hier mit den Associationen zugleich eine Function der Apper-

4 ›auf‹ von der Editorin gelöscht

20 **in Wahrheit ist es ein In-Beziehung-Setzen mit angeborenen:** Andere Lesart: in Wahrheit eines mit angeborenen

hung-Setzen mit angeborenen obersten Kategorien. Diese Kategorien gehören dabei zum {*intensionalen*} Objekt (Inhalt).

Bemerkung (*Philosophie*): Wie ist es möglich, dass ein Ding Teile hat, für welche das Getrennt-Existieren logisch unmöglich ist (weil das eine die anderen voraussetzt). »Teil« bedeutet dann nur die getrennte Wahrnehmbarkeit; das heißt, man kann das Ding von 2 Seiten betrachten.

Bemerkung (*Philosophie*): Das »Dies« ist die Form des Gegebenseins durch die Sinne (*inclusive* [506] dem inneren Sinn*). Begriffe sind auf eine andere Art gegeben. Sie werden »verstanden«, und je 2 unterscheiden sich durch ihre Eigenschaften. Aber wir können oft Begriffe nur dadurch charakterisieren, dass wir uns auf ein Dies (oder ein Damals) beziehen. Dann sehen wir sie aber nicht, sondern wissen bloß *in abstracto* von ihrer Existenz.

* Und der Eigenname ist das in der Sprache Entsprechende und die »Konstante« in meiner *Syntax*.

Bemerkung (*Philosophie*): Die Sachverhalte verhalten sich zu den Dingen wie die Dinge zur Materie. Daher kann man definieren: Dinge sind die Materie der Sachverhalte. Dagegen dürfte die umgekehrte *Definition* schwierig sein.

Bemerkung (*Grundlagen*): Die *Definition* der {*intuitionistischen*} logischen Grundbegriffe kann aufgefasst werden als die der klassischen** analoge, welche bei Ersetzung des klassischen Wahrheitsbegriffs ›wahr‹ durch den *intuitionistischen* Begriff (B) ersetzt (d. h. $P \longrightarrow Q = B(P) \supset B(Q)$).

** Durch Wahrheitstabelle.

ception in Gestalt beziehender Thätigkeit.« Wilhelm Wundt, ›Grundriss der Psychologie‹, op. cit., S. 294.

23 **logischen Grundbegriffe:** Einige logische Grundbegriffe führt Gödel etwa in Kurt Gödel, ›Philosophie I Maximen 0‹, S. 79, Z. 5f., als »primitive Ideen« an: $\sim$, $\vee$, $\exists$, ε, Menge. Im vorliegenden Fall spezifiziert er in der Marginalie durch den Zusatz »durch Wahrheitstabelle« allerdings, dass er die logischen Konstanten, also $\sim$, $\wedge$, $\vee$, $\longrightarrow$, $\equiv$, meint. In der überarbeiteten Fassung des Kapitels »Logizismus« in Gödels Manuskript ›Eigenes Buch (Grundlagen)‹, op. cit., heißt es auf Manuskriptseite 1 dazu: »Danach ist das Charakteristische der logischen Begriffe (auch oft logische Konstanten genannt), dass sie nicht Zeichen für etwas in der Welt Vorhandenes sind, sondern nur dazu dienen, die Form der Sätze auszudrücken. Sie ergeben sich bloß durch die Art und Weise, in der in der Sprache die Symbole der Wirklichkeit zugeordnet werden.«

26 **den intuitionistischen Begriff (*B*):** Im Intuitionismus wird ›wahr‹ durch ›beweisbar‹ ersetzt bzw. damit gleichgesetzt.

2 **intensionalen:** Andere Lesart: intentionalen

6 ›vorausgesetzt‹ von der Editorin verbessert in ›voraussetzt‹

7 ;: Im Manuskript das Gabelsberger-Satzzeichen für ›Punkt‹

26 **wahr:** Hier steht im Manuskript ein hochgestellter Punkt, der als ›war‹ zu transkribieren wäre. Entweder man streicht ›war‹ oder verbessert es in ›wahr‹, das Gödel sonst allerdings in Gabelsberger anders schreibt. Die Editorin hat sich dazu entschieden, Letzteres zu tun

[507]

Bemerkung (*Grundlagen*): Gibt es nicht etwas dem *B*-Zeichen Entsprechendes für Funktionen**?** $B\, f(x)$ wäre = der berechenbare Wert von f für x (d. h. Resultat der Rechnung). Es wäre also $B\, f(x) = f(x)$, wo immer $B\, f(x)$ definiert ist, aber es wäre nicht überall definiert**.** Dagegen $B\, \varphi(x)$ ist manchmal falsch, wo $\varphi(x)$ wahr ist (es ist eine Verkleinerung des Umfangs der Wahrheit in dem Sinn, dass dem Falschen ein großer Raum eingeräumt wird).*

* Hat einige Ähnlichkeit mit der *Definition***:** Wenn die Funktion nicht berechenbar ist, so ist ihr Berechnungswert an dieser Stelle 0**.** Bei Einführung des **»**Nichts**«** (wo die Funktion undefiniert ist) ist die Sachlage genau analog.

Bemerkung (*Grundlagen*): Kann man das Zeichen *B* auffassen als einen Teil des Behauptungszeichens (passt zur *Interpretation* als $Bp \supset Bq$) oder als Teil der Aussage**?** Im ersteren Fall wäre zwischen**:** Gelten im *intuitionistischen* Sinn und Gelten der *intuitionistisch* interpretierten Aussage zu unterscheiden (d. h. $B(Bp \supset Bq)$ und [508] $Bp \supset Bq$).

Bemerkung (*Psychologie*): Was den Wirkungsgrad des Verstandes erhöht, ist die *Intensität* der *Apperzeption* (der Teil des Seelenzustandes, welcher in dem Beziehen der Empfindungen auf *Kategorien* besteht)**.** Dagegen hat die Wahrnehmung von uns selbst (als denkend) gerade die gegenteilige Wirkung.

Bemerkung (*Grundlagen*): Aus der Auffassung der *Extensionen* als **»**reinen Vielheiten**«** (sprachlich ausgedrückt durch die Mehrzahl) folgt:

1. Die *Extension* eines leeren Begriffs ist **»**Nichts**«** (d. h. existiert nicht).
2. Die *Extension* eines Begriffs, unter den genau ein Gegenstand fällt, ist dieser Gegenstand**.****

** Der Umfang hat dann nicht immer die Eigenschaft $x \,\varepsilon\, U \equiv \varphi(x)$**,** mindestens dann nicht, wenn $\iota x\, \varphi(x)$ eine Klasse ist.

18 **Seelenzustandes:** Andere Lesart: seelischen Zustandes

2 ***B*-Zeichen:** Das *B*-Zeichen ist entsprechend der vorangegangenen Bemerkung das Zeichen für ›beweisbar‹. Siehe aber auch die folgende Bemerkung.

28 **Die Extension eines Begriffs, unter den genau ein Gegenstand fällt, ist dieser Gegenstand:** Bei Frege heißt es hingegen: »Wenn wir festhalten, dass in meiner Redeweise Ausdrücke wie ›der Begriff *F*‹ nicht Begriffe, sondern Gegenstände bezeichnen, [...]. Ich habe nur meine Meinung ausgesprochen, man könne in dem Ausdrucke ›die Anzahl, welche dem Begriff *F* zukommt, ist der Umfang des Begriffes gleichzahlig dem Begriffe *F*‹ die Worte ›Umfang des Begriffes‹ durch ›Begriff‹ ersetzen«, aus: Gottlob Frege, »Über Begriff und Gegenstand«, in: ›Vierteljahrsschrift für wissenschaftliche Philosophie‹ 16 (1892), S. 192–205, hier S. 198f. Den Band hat Gödel am 24. Oktober 1932 nachweislich ausgeliehen. In ›Logisches Notizheft. Altes Excerpten Heft I (1931 – ...)‹, op. cit., finden sich auf der Manuskriptseite 85 sehr kurze Exzerpte zu den Seiten 201 und 204 aus Freges Schrift »Über Begriff und Gegenstand«. Dort heißt

Frage: Sind Mehrheiten noch in einem anderen Sinn Einheiten als durch den zugehörigen Begriff. Mehrheiten sind niemals Einheiten, aber es gibt »entsprechende Einheiten«.

[509]

Bemerkung (*Grundlagen*): Richtige Auffassung der Beschreibungen: Wenn keine Gegenstände existieren, bedeuten sie »nichts«, wenn mehrere existieren, so bedeuten sie die betreffende Vielheit (= Klasse?). Oder nach *Peano*: es existiert immer? Kann aber nur im Sinne des »im Allgemeinen« gelten. Die *Peano*sche* Bezeichnung des Erfülltseins einer Kennzeichnung durch $(\iota x)\ \varphi(x)\ \varepsilon\ M$ entspricht der Einführung einer Funktion $E(x)$ [d. h. x ist ein Gegenstand oder $x \neq$ nichts]. Denn diese hat die Eigenschaft $M \subseteq E$ für jedes M.

* Bei *Peano* ist diese Frage vermischt mit der teilweisen *Definition* (welche auch auf Begriffe und überall definierbare Funktionen Anwendung hat). Es wird niemals so definiert, dass eine Kennzeichnung bestimmt keinen Sinn hat.

Bemerkung (*Grundlagen*): Der Unterschied zwischen dem Namen einer Funktion $f(x)$ als Gegenstand und als ungesättigtes Zeichen

es: »*p.* 201 Die Aussage, welche von einem Begriff gemacht werden kann, passt gar nicht auf einen Gegenstand. Die Beziehung eines Gegenstandes zu einem Begriff erster Stufe ist verschieden von der ähnlichen eines Begriffs erster Stufe zu einem zweiter Stufe. *p.* 204 Ich habe einen Unterschied von höchster Wichtigkeit gefasst.« Anmerkung E.-M. E.: Gemeint ist die Unterscheidung in ›Begriff‹ und ›Gegenstand‹.

10 **Peano:** Giuseppe Peano (1858–1932) war ein italienischer Mathematiker und Logiker. Vgl. für Gödels Beschäftigung mit Peano in den vorangegangenen philosophischen Notizbüchern insbesondere Kurt Gödel, ›Maximen III‹, S. 164, Z. 17; ›Maximen IV‹, S. 78f., Z. 8ff.; 80, Z. 8; 82, Z. 2; 85, Z. 12; 90, Z. 14ff.; 91, Z. 5ff. Exzerpte Gödels zu Giuseppe Peanos ›Formulaire de mathématiques‹ (1895–1901) finden sich zudem im Gödel-Nachlass in einem unbetitelten Notizbuch in Behältnis 6a, Reihe III, Mappe 62 auf den Manuskriptseiten 26, 27f., 31–34 und 38. Ausführlich befasst sich Gödel mit Peanos Wirken zudem in dem Manuskript ›Eigenes Buch (Grundlagen)‹, op. cit.

12 **$(\iota x)\ \varphi(x)\ \varepsilon\ M$:** Das inverse Iota steht für den Kennzeichnungsoperator, der für definite Kennzeichnungen verwendet wird. Er ist zu lesen als »dasjenige«. Die Notation ε für die sogenannte Elementrelation geht auf Giuseppe Peano zurück. ε ist ein mathematisches Zeichen, mit dem angegeben wird, dass ein Objekt ein Element einer Menge ist. Das Zeichen ε (Abkürzung für ›ἐστί‹, ›esti‹ im Griechischen) bedeutet ›ist ein‹ oder ›ist ein Element von‹.

17 **dem Namen einer Funktion $f(x)$ als Gegenstand und als ungesättigtes Zeichen:** Bei Frege heißt es zu ›Argumentstelle‹, zu ›Namen einer Funktion‹ sowie zu ›ungesättigten Zeichen‹: »Im Folgenden soll statt des ›*x*‹ der Buchstabe ›ξ‹ zu diesem Zwecke gebraucht werden. Dieses Offenhalten ist so zu verstehen, dass alle Stellen, an denen ›ξ‹ steht, immer nur durch dasselbe, nie durch verschiedene Zeichen ausgefüllt werden dürfen. Ich nenne diese Stellen Argumentstellen, und dasjenige, dessen Zeichen (Name) in einem gegebenen Falle diese Stellen einnimmt, nenne ich Argument der Function für diesen Fall. Durch

(»Form«) liegt nicht darin, ob *f* ein einfaches oder zusammengesetztes Zeichen ist, sondern darin, ob *f* an Argumentstelle auftreten kann. Die Fregeschen Grundzeichen ⊤, |, =, \ sind sämtlich ungesättigt (so wie auch der Natur nach jedes variable-bindende Zeichen: **ἐ** $\varphi(x)$**,** $\overset{a}{\smile}$ $\phi(a)$). [510]

das Argument wird die Function ergänzt; das, wozu sie ergänzt wird, nenne ich Werth der Function für das Argument. Wir erhalten also einen Namen des Werthes einer Function für ein Argument, wenn wir die Argumentstellen des Namens der Function mit dem Namen des Arguments ausfüllen. So ist z. B. ›$(2 + 3 \cdot 1) \cdot 1$‹ ein Name der Zahl 5, zusammengesetzt aus dem Functionsnamen ›$(2 + 3 \cdot \xi) \cdot \xi$‹. So ist denn das Argument nicht mit zur Function zu rechnen, sondern dient zur Ergänzung der an sich ungesättigten Function. Wenn im Folgenden ein Ausdruck wie ›die Function $\Phi(\xi)$‹ gebraucht wird, so ist immer zu beachten, dass ›ξ‹ nur insofern zur Bezeichnung der Function dient, als es die Argumentstellen kenntlich macht, nicht aber so, dass das Wesen der Function geändert wird, wenn irgendein Zeichen für ›ξ‹ eintritt.« Gottlob Frege, ›Grundgesetze der Arithmetik‹, op. cit., S. 6.

2 **Argumentstelle:** Siehe den vorangegangenen Sachkommentar.

3 ⊤: Der Verneinungsstrich bei Frege ist ein kleiner senkrechter Strich unter dem Inhaltsstrich (langer waagrechter Strich); vgl. Frege ›Grundgesetze der Arithmetik‹, op. cit., § 6. Vgl. Exzerpte von Freges ›Grundgesetze der Arithmetik‹ durch Gödel, in: ›Logisches Notizheft. Altes Excerpten Heft I (1931 – ...)‹, op. cit., Manuskriptseite 27: »⊤*x x* ist nicht das Wahre«.

3 |: Der kurze senkrechte Strich ist bei Frege der Urteilsstrich (vgl. Gottlob Frege, ›Grundgesetze der Arithmetik‹, op. cit., § 5, S. 9), der allerdings in Verbindung mit dem Waagerechten (langer waagerechter Strich) vorkommt und links davor gesetzt wird: ⊢. Wie Frege nennt Gödel letzteres Zeichen »Behauptungszeichen«; vgl. Exzerpte von Freges ›Grundgesetze der Arithmetik‹ durch Gödel, in: ›Logisches Notizheft. Altes Excerpten Heft I (1931 – ...)‹, op. cit., Manuskriptseite 27: »⊢ Behauptungszeichen«. Vgl. Manuskriptseite 488, Bemerkung Philosophie 3. Der Verneinungsstrich ist allerdings auch ein kleiner senkrechter Strich; siehe die vorangegangene Erläuterung.

3 \: In Gödels Exzerpten zu Freges ›Grundgesetze der Arithmetik‹, op. cit., ist die Wiedergabe auf Manuskriptseite 27, anders als im Manuskript hier, richtig. ›\‹ ist bei Frege ein Grundzeichen für eine Funktion, die heute auch als ›Kennzeichnungsfunktion‹ bezeichnet wird; er nennt es »Ersatz des bestimmten Artikels«; vgl. Frege, ›Grundgesetze der Arithmetik‹, op. cit., § 11, S. 19.

5 **ἐ** $\boldsymbol{\varphi(x)}$**:** So wird bei Frege der Wertverlauf wiedergegeben, bei Frege allerdings mit großem griechischen Phi. Die Großschreibung hat auch eine Funktion bei Frege, sie zeigt Namen an (vgl. Gottlob Frege, ›Grundgesetze der Arithmetik‹, op. cit., § 5, S. 9, Fn. 3). Das ignoriert Gödel hier. Vgl. auch Manuskriptseite 475, Bemerkung Grundlagen 2; dort Epsilon mit Spiritus asper, nicht Spiritus lenis. Im Kapitel »Logizismus« in Gödels Manuskript ›Eigenes Buch (Grundlagen)‹ im Gödel-Nachlass, op. cit., wird für den Wertverlauf auf Manuskriptseite 4 3/4v jedoch ein ›*x*‹ mit Spiritus lenis verwendet.

3 ›/‹ von der Editorin verbessert in ›\‹

In jedem formalen System muss es ungesättigte Zeichen (Formen) geben, zum Beispiel im System der Typentheorie das ε oder ( ) oder die »Anwendung«. Dagegen die Hilbertschen Funktionszeichen $\mathfrak{A}(x\ y\ ..\ z)$, obwohl einfach und definiert, so doch ungesättigt. Das Ungesättigte entspricht dem, was im Subjekt ist (der *Apperzeption*).

Bemerkung (*Grundlagen*): Die Wahrheitswerte sind die einfachsten *Extensionen*. Sie sind das den Gegenständen (Gesättigtem) entsprechende *Extensionale* (nämlich, es werden alle Gegenstände identifiziert miteinander*). Das den Begriffen entsprechende *extensionale* ist nicht gleich für alle Begriffe.

* Oder zumindest alle Sachverhalte. Demnach verhalten sich Gegenstände und Sachverhalte wie Begriffe verschiedenen Umfangs. Dagegen je 2 Gegenstände (bzw. Sachverhalte) wie 2 Begriffe desselben Umfangs.

Bemerkung (*Grundlagen*): Freie Variablen bedeuten, dass das Alle-Zeichen mit ins Behauptungszeichen genommen wird (auch für diese Art der Behauptung gilt die übliche Schlussregel).

[511]
Bemerkung (*Philosophie*): Die Sachverhalte sind das eigentliche (und einzige, indem Begriffe unvollständige Sachverhalte, Sachverhaltsformen sind) Objekt des Verstandes. Dinge sind das Objekt der Sinne. Lernen besteht in dem In-sich-Aufnehmen (und

1 **ungesättigte Zeichen:** Variablen sind beispielsweise ungesättigte Zeichen. Ein Ausdruck oder eine Funktion, in denen Variablen vorkommen, bezeichnen erst dann etwas, wenn ein konkreter Wert für sie eingesetzt wurde. Siehe auch Manuskriptseite 516 in diesem Band sowie die Sachanmerkung zu Beginn dieser Bemerkung.

2 Alfred North Whitehead und Bertrand Russell führen in Band 1 ihres Werkes ›Principia Mathematica‹, mit dem sie die Typentheorie begründet haben, in Kapitel 20.01 und 20.02 in Anlehnung an Giuseppe Peanos ›ε‹ die Elementrelation ein: »Thus ›$x \in \alpha$‹ will mean ›x is a member of the class α,‹ and may be used wherever no special defining function of the class α is in question.« Der entscheidende Punkt der Typentheorie ist allerdings, dass ›∈‹ für eine Klasse nicht auf diese selbst angewendet werden kann. Von einer Klasse lässt sich also weder sinnvoll sagen, dass sie zu sich selbst gehört, noch, dass sie nicht zu sich selbst gehört.

3 »( )« steht für den Allquantor.

3 **die Hilbertschen Funktionszeichen:** David Hilbert verwendet lateinische Kleinbuchstaben für Grundvariablen und deutsche Großbuchstaben (Kurrentschrift) für Formeln. Vgl. David Hilbert, »Neubegründung der Mathematik. Erste Mitteilung«, in: ›Abhandlungen aus dem Mathematischen Seminar der Universität Hamburg‹ 1 (1922), S. 157–177, hier S. 166.

8 **Wahrheitswerte sind die einfachsten Extensionen:** Grob gesprochen sind Wahrheitswerte für Frege Gegenstände. Gödel drückt es sehr präzise aus, wenn er schreibt: »Sie sind das den Gegenständen [...] entsprechende *Extensionale*.«

* Umfangs.): ›)‹ von der Editorin gelöscht

4 **und definiert:** Andere Lesart: undefiniert

8 **Bemerkung:** Im Manuskript dick unterstrichen

19 **Bemerkung (Philosophie):** Zweimal dick unterstrichen

20 **einzige, indem Begriffe unvollständige Sachverhalte:** Andere Lesarten: einzige, in dem Begriffe, unvollständige Sachverhalte; einzige, in dem Begriff und vollständige Sachverhalte

Behalten) von Sätzen; »Kennenlernen« (durch Sinne) besteht im In-sich-Aufnehmen von Dingen. Beim bloßen Haben einer Empfindung (ohne *Apperzeption*) nehmen wir ein reines Ding wahr.

{Sinn = das Ideelle, alle Sachverhalte liegen im Ideellen, Sinn ist das Bezeichnete (Abgebildete), nicht Bedeutung, »mögliche« Welten erfassen und festhalten und »Erscheinen« (Gegensatz). ⟶ Auch die Wahrnehmung bezieht sich auf dieses Reich der Möglichkeiten und ist etwas Aktives.}

Bemerkung (*Psychologie*): Der Zustand des Menschen, bevor er zum vollkommenen Gebrauch der Vernunft kommt, besteht in Folgendem: Es werden ihm Objekte zur Wahl geboten (welche aber die wahren Sachverhalte nur unvollkommen wiedergeben, insbesondere der Grad, in dem die Dinge selbst und nicht bloß ihre Symbole gesehen werden, ist verschieden und sogar bei derselben Frage von Tag zu Tag verschieden, daher ein »Schwanken« im Entschluss).

Außerdem aber unmittelbare Evidenz* sowohl über das Tatsächliche als auch über Wertbegriffe (Wichtigkeit, Sinn), und 3^{tens} wirken [512] Kräfte auf ihn, welche die Wahl begünstigen oder hemmen (Trieb und Hemmung). Auch diese sowie die Evidenzen können sich bei derselben Frage (hinsichtlich des richtigen Verhaltens) von Tag zu Tag ändern.** Die Evidenzen sind*** ein Ersatz für die Vernunft (sie sind ein im Unbewussten, automatisch, mühelos, aber oft falsch vollzogener Schluss).

Dass wir *sub potestate diaboli* sind, bedeutet:

1.) Sehr oft wir werden gar nicht vor die eigentliche Wahl gestellt (es erscheint nichts, d. h. es fällt uns nicht das Richtige ein), insbesondere, was den Überblick über die Situation oder den höheren Standpunkt, auf den wir uns stellen können, betrifft. Wir sehen wie ein »Netzhautblinder« oder wie durch ein Rohr.

* Die Evidenz hat oft die Form von »Einflüsterungen«.

** Lust, etwas zu tun, ist die Evidenz, dass etwas an sich ein Genuss sein wird + (normalerweise) Trieb.

*** Das, was mir »scheint«.

1 ;: Im Manuskript das Gabelsberger-Satzzeichen für ›Punkt‹
5 {: Der zwischen den Akkoladen stehende Satz ist am oberen Rand von Manuskriptseite 512 eingefügt
6 **Bedeutung:** Andere Lesart: bedeuten
7 **Erscheinen:** Andere Lesart: erscheinen

18 **Evidenz:** Siehe zu den zahlreichen Vorkommnissen von ›Evidenz‹ in den Philosophischen Notizbüchern ›Maximen V‹, S. 42, Z. 20; sowie in ›Maximen VI‹, S. 92, Z. 18; 95, Z. 7ff., 15, 21ff.; 96, Z. 2ff.; 103, Z. 4ff.; und in diesem Band siehe Belegstellen zu Manuskriptseiten 491, Bemerkung Philosophie 2.
21 **Trieb:** Vgl. ›Maximen V‹, S. 49, Z. 29; ›Maximen VI‹, S. 60, Z. 11; und in diesem Band Manuskriptseiten 532, Bemerkung Psychologie 1, 552, Bemerkung Psychologie 1.
21 **Hemmung:** Vgl. ›Maximen V‹, S. 49, Z. 27; 72, Z. 17.
26 **sub potestate diaboli:** Übersetzung: unter der Macht des Teufels.

2.) Evidenz und Trieb sind oft falsch und unserem Wesen entgegengesetzt, außerdem wechselnd.
3.) Die Richtung der Hemmung widerspricht der Richtung der Evidenz und der Richtung unserer eigenen Wahl.
4.) Es herrscht keine Übereinstimmung von Evidenz (Hemmung) bei Zweck und Mittel. [513]

Abgeleitete und direkte Evidenz widersprechen einander. (Besonders interessant ist, wenn man das zu Wählende zeigt, was auch nach Evidenz und eigenem Wesen gewählt werden würde, aber gleichzeitig eine Hemmung gesetzt wird).

Die Ursache für die zahlreichen Widersprüche liegt darin, dass wir selbst Widersprüche wählen (weil wir teilweise gut und teilweise schlecht sind). Wir wählen zwar niemals in derselben Situation entgegengesetzt, aber doch in solchen, die im Wesen gleich sind.*

Überhaupt: Jedes Böse will mit sich in Widerspruch sein, denn es gibt keine Mittel, durch die es erreichbar ist. Der Teufel hat seine *potestas* teilweise auf andere übertragen (oder wurde sie ihm entrissen? Sowie auch jeder Mensch seine potestas ihm mit Gottes Hilfe hinsichtlich seiner selbst entreißen kann**?**). Daher das Gefühl, dass mir etwas »gesandt« wird.

Die Ursache für das »Nicht-Einfallen«, insbesondere für das »Sich-nicht-über-die-Situation-Stellen«,** liegt darin, dass wir mit unserer Aufmerksamkeit [514] dem »Auffallendsten« folgen und nicht dem Schönsten {dem Sinn}, dass wir überhaupt zu wenig »selbständig« in der Richtung unserer Aufmerksamkeit sind. Wir lassen uns zumindest »ablenken«. Das ganze Leben ist so etwas wie ein ungeheures Jahrmarktgeschrei, wodurch etwas sehr Schönes verdeckt wird, nämlich der eigentliche Sinn.

Entschlusslosigkeit ist ein Widerspruch zwischen Schein und Schein (zu verschiedenen Zeiten) oder zwischen Schein und Hemmung.

* Insbesondere gibt es eine *Asymmetrie* zwischen uns und unserem Nächsten; aber wir sind in derselben Lage mit und ohne Überlegung.

** [514] Das heißt steckenbleiben im Einzelnen.

17 **potestas:** Übersetzung: Macht, Kraft.

1 **2.):** Die Punkte 2, 3 und 4 sind durch eine Akkolade auf der linken Seite miteinander verbunden
15 **Asymmetrie:** * In ›Ass‹ ein ›s‹ von der Editorin gelöscht

Bemerkung (*Grundlagen*): Die beiden *Definitionen* – von Begriff aus Funktion und Funktion aus Begriff – können nicht beide richtig sein [sonst wäre eine einstellige Funktion eine 2-stellige Funktion]. Es scheint aber »Begriff« das Primitivere (oder zumindest das Vorzüglichere) zu sein, denn:

1.) Sprachlich ist eine Funktion ein Spezialfall von Begriff (Begriff der *Addition*), aber nicht umgekehrt.
2.) Begriff ist dasjenige, was »Leben« in sich hat [Zusammenhang mit Behauptung und *verbum* [515] *finitum*]. Während die Funktion etwas Totes, etwas Ähnliches wie ein Ding ist, sogar noch weniger als ein Ding, indem es nur ein unvollständiger Teil davon ist. Die | *altaischen* Sprachen haben keine Begriffe, sondern nur Funktionen.
3.) Wenn man zuerst die mathematischen Funktionen präzise versteht, so geschieht es durch Begriffe, und bei Funktionen tritt immer die Schwierigkeit des *Definitions*bereichs ein.

1 **Begriff aus Funktion:** Siehe Gottlob Frege, ›Function und Begriff. Vortrag gehalten in der Sitzung vom 9. Januar 1891 der Jenaischen Gesellschaft für Medicin und Naturwissenschaft‹, Jena (Hermann Pohle) 1891, S. 15: »[E]in Begriff ist eine Function, deren Werth immer ein Wahrheitswerth ist.« Oder: Ders., ›Grundgesetze der Arithmetik‹, op. cit., § 3, S. 8: »Bei solchen Functionen, deren Werth immer ein Wahrheitswerth ist, kann man demnach statt ›Werthverlauf der Function‹ sagen ›Umfang des Begriffes‹, und es scheint zweckmässig, Begriff geradezu eine Function zu nennen, deren Werth immer ein Wahrheitswerth ist.« Gödel verweist in einer Fußnote zu seinen Exzerpten von Freges Begriffsschrift in ›Logisches Notizheft. Altes Excerpten Heft I (1931 – ...)‹, op. cit., auf Manuskriptseite 94 darauf hin, dass in ›Function und Begriff‹ 1891 der Unterschied zwischen dem Zeichen für eine Funktion und einer Funktion verwässert wurde.

2 **Funktion aus Begriff:** Frege erklärt Begriffe durch Funktionen, während später Funktionen durch Begriffe erklärt werden: »Diese Gefahr des bestimmten Artikels ist hier nun ganz vermieden, da ›\έΦ(ε)‹ immer eine Bedeutung hat, mag nun die Function Φ(ξ) kein Begriff sein, oder ein Begriff, unter den mehr als ein oder kein Gegenstand fällt, oder mag sie ein Begriff sein, unter den ein und nur ein Gegenstand fällt.« Gottlob Frege, ›Grundgesetze der Arithmetik‹, op. cit., § 11, S. 20.

9 **verbum finitum:** Mit ›finiter Verbform‹ werden im Deutschen konjugierte Wortformen bezeichnet, die grammatische Informationen zu Person, Numerus, Tempus, Genus und Modus enthalten.

12 **altaischen:** Gödel meint hier wohl nicht »maltaische« oder maltesische Sprachen, sondern ›altaische Sprachen‹, die er auch in ›Maximen VI‹, S. 99, Z. 22, als Beispiel anführt. Dem altaischen Sprachenbund werden rund 60 Sprachen zugeschrieben, die in Eurasien gesprochen werden. Er besteht im wesentlichen aus den Turksprachen, den mongolischen Sprachen und den tungusischen Sprachen.

12 ›*m*‹ von der Editorin gelöscht

Bei *Frege* kommt nur ein Begriff vor, nämlich »wahr«.

Bemerkung (*Grundlagen*): Die Typentheorie verhält sich zu einer nicht typentheoretischen Logik so, wie *phänomenale Physik* zu Atomphysik. Sie behandelt die Begriffe nur insofern und in der Art, wie sie gegeben sind (eigentlich nicht die Begriffe, sondern bloß ihre Erscheinung im Verstand). Daher ist sie im Wesen *nominalistisch*. *Nominalismus* ist auch die einzige Begründung der reinen Typentheorie, nämlich: Ein Begriff ist etwas [516] »Ungesättigtes« (d. h. unvollständig, ergänzungsbedürftig). Um daher einen Satz zu erzeugen, muss in einer bestimmten Weise ergänzt werden. Ein Sachverhalt dagegen ist etwas Vollständiges.

Bemerkung (*Grundlagen*):
Kennzeichnung : Ding = Begriff : *Extension* |
= Sachverhalt : Wahrheitswert
Funktion : Wertverlauf = Begriff : Klasse = Relation : Paarmenge
Anwendung einer Funktion (eines Begriffs) gibt eine *Definition* (einen Sachverhalt).

1 **nämlich »wahr«:** Vgl. etwa Gottlob Frege, »Der Gedanke. Eine logische Untersuchung«, in: ›Beiträge zur Philosophie des deutschen Idealismus‹ 2 (1918–1919), S. 58–77, hier S. 58: »Wie das Wort ›schön‹ der Ästhetik und ›gut‹ der Ethik, so weist ›wahr‹ der Logik die Richtung. Zwar haben alle Wissenschaften Wahrheit als Ziel; aber die Logik beschäftigt sich noch in ganz anderer Weise mit ihr. Sie verhält sich zur Wahrheit etwa so wie die Physik zur Schwere oder zur Wärme. Wahrheiten zu entdecken, ist Aufgabe aller Wissenschaften: der Logik kommt es zu, die Gesetze des Wahrseins zu erkennen. […] Aus den Gesetzen des Wahrseins ergeben sich nun Vorschriften für das Fürwahrhalten, das Denken, Urteilen, Schließen.« Gödel notiert zu »Der Gedanke« auf Manuskriptseite 69 von ›Logisches Notizheft. Altes Excerpten Heft I (1931 – …)‹, op. cit.: »›Der Gedanke‹ – Beiträge zur Philosophie des deutschen Idealismus. ›Gedanke‹ = nicht wirklich und nicht psychisch. *p.* 69 Gedanken sind weder Vorstellungen noch Dinge der Außenwelt. Ein drittes Reich muss anerkannt werden [in Bezug auf die Dinge der Außenwelt ist er krasser Realist].«

3 **Typentheorie:** Eine Typentheorie ist ein formales System, das die Objekte, die es behandelt (z. B. Mengen), als in eine Hierarchie von Typen von Objekten eingeteilt auffasst. Eine solche Hierarchie hat eine unterste Stufe und ist eventuell nach oben beschränkt. Siehe Kurt Gödel, ›Zeiteinteilung (Maximen) I und II‹, S. 146, Z. 3; 238, Z. 7; ›Maximen III‹, S. 126, Z. 15; ›Maximen IV‹, S. 135, Z. 3 und 21; ›Maximen VI‹, S. 72, Z. 4.

15 **Begriff : Extension:** Vgl. Manuskriptseite 475, Bemerkung Grundlagen 2 in diesem Band.

17 **Begriff : Klasse:** Vgl. insbesondere Kurt Gödel, ›Maximen VI‹, S. 55, Z. 19f.: »Das Wort ›Mensch‹ bezeichnet viele Dinge und steht zu einem Begriff in einer gewissen anderen {*Relation*} [nicht Bezeichnungsrelation], nämlich zum Begriff, ›vermöge dessen‹ es bezeichnet. [Dieser Begriff bestimmt die Klasse der bezeichneten Dinge eindeutig, aber nicht umgekehrt.]«

14 **Bemerkung:** Zweimal dick unterstrichen
15 ›=‹ von der Editorin gelöscht

Anwendung eines Wertverlaufs (einer Klasse) gibt einen Gegenstand (einen Wahrheitswert).
Begriff = *Definition* des Begriffs? Ebenso für Funktionen.

Bemerkung (*Grundlagen*): Vielleicht gibt es zu jedem mathematischen Satz einen* sehr einfachen (und eleganten, und das, was man naiverweise erwarten sollte, leicht zu merkenden, schönen) Satz, und dieser Satz bildet ein so in sich abgeschlossenes System, dass man niemals einen anderen zum [517] Beweis heranziehen muss. Das sind dann die »richtigen« Beweise. Ein anderer Gesichtspunkt ist die »Anschaulichkeit«.

* In richtiger Bezeichnungsweise.

Maxime: Das Mittel, um sich auf eine Sache zu konzentrieren (und auch, um zum Entschluss zu kommen, sie zu machen), ist, sich nur einen ganz kleinen Ausschnitt (einen Satz) für den betreffenden Tag vorzunehmen. Am besten: zur Probe.

Bemerkung (*Psychologie*): Das Komische hat eine zweite *subjektive* Grundlage, nämlich »sich erheben« und überheben** über etwas. Das Etwas, was ein Nichts ist, ist ein Spezialfall davon (das durch Kontrast verstärkte Nicht-Sein von etwas). Das scheinbare Nichts, welches aber doch etwas ist, wäre das Gegenteil. Daher ist vielleicht ein Witz (Scherz) eine gleichzeitige Befriedigung für unsere böse und gute Natur. Manche Witze wirken nur durch das Wort und nicht, wenn bildlich dargestellt, zum Beispiel: [518] »sich auf ein Krokodil setzen«. Der Gegensatz ist immer wesentlich.

** Nicht notwendig durch den Verstand, sondern eventuell nur durch den sinnlichen Eindruck (bei gegenteiliger Überzeugung).

Bemerkung (*Philosophie*): *Russell*scher Begriff der 2 : 2 = Begriff des Raums : wirklicher Raum = Begriff : Form (Fleisch gewordener Begriff). Ist das etwas *psychisches* ?

1 **einen Gegenstand (einen Wahrheitswert):** Vgl. Manuskriptseite 510, Bemerkung Grundlagen 1.
6 **sehr einfachen (und eleganten:** Vgl. Kurt Gödel, ›Zeiteinteilung (Maximen) I und II‹, S. 240, Z. 1f.; 245, Z. 10ff.; ›Maximen III‹, S. 72, Z. 14f.; ›Maximen IV‹, S. 90, Z. 9ff.; 95, Z. 17ff.; 97, Z. 5ff., 23ff.
18 **Das Komische:** Vgl. Kurt Gödel, ›Maximen IV‹, S. 82, Z. 19ff.; 83, Z. 12f.
25 **sich auf ein Krokodil setzen:** Hierbei muss es sich um einen auf einem Wortspiel beruhenden Witz handeln, der zu Gödels Zeit bekannt war, sich aber nicht ermitteln ließ.
28 **Russellscher Begriff der 2:** Bertrand Russell, ›Introduction to Mathematical Philosophy‹, New York (Macmillan) / London (G. Allen & Unwin) 1919, S. 18: »We naturally think that the class of couples (for example) is something different from the number 2. But there is no doubt about the class of couples: it is indubi-

Bemerkung (*Psychologie*): Jedes Wahrnehmen ist ein Wahrnehmen von Sachverhalten. Das Sonstige ist ein »Haben«.* Die Pflanzen haben nur ein Haben.

* Das sind die 2 Arten der Leiden.

Bemerkung (*Philosophie*): Die oberste Einteilung der Gegenstände (*onta*) ist die in Einheiten und Vielheiten; die oberste Einteilung der Einheiten ist die in Dinge, Begriffe und Sachverhalte.

Bemerkung (*Philosophie*): Etwas Unpräzises (z. B. unpräzise Begriffe) kann man entweder auffassen als eine bestimmte Gattung von (ganz bestimmten) Gegenständen der betreffenden Art [519] (z. B. der Begriff, welcher innerhalb einer *Kategorie* von Dingen doch für gewisse Argumente nicht definiert ist) oder als etwas »Unbestimmtes«, das heißt, eine Vielheit von Dingen der betreffenden Art, genauer eine Vielheit von Vielheiten *u.s.w. ad absurdum* (dafür spricht,** dass die unpräzise Wahrnehmung eines Sachverhaltes »unbestimmt« ist, das heißt, unsicher, das heißt aber vielleicht, bald so und bald so).

** Rein *philologisch*.

Dasselbe gilt für unpräzise Erkenntnisse. Die Quantentheorie ist eine solche Theorie, welche mit »unbestimmten« Gegenständen arbeitet. Das widerspricht aber eigentlich dem Wesen der Theorie. Das »Gegebene« hat den obigen Charakter der »Unbestimmtheit«, weil es eben bloß die trügerische Erscheinung einer ganz anderen Wirklichkeit ist. Die Aufgabe des Verstandes besteht gerade darin, diese unbestimmten Grenzziehungen und *Präzisierungen* zu »beherrschen«. Ähnlich, wie die Welt aus dem *Chaos* erschaffen wurde.

table and not difficult to define, whereas the number 2, in any other sense, is a metaphysical entity about which we can never feel sure that it exists or that we have tracked it down. It is therefore more prudent to content ourselves with the class of couples, which we are sure of, than to hunt for a problematical number 2 which must always remain elusive. Accordingly we set up the following definition: The number of a class is the class of all those classes that are similar to it. Thus the number of a couple will be the class of all couples. In fact, the class of all couples will be the number 2, according to our definition […].«

2 **Die Pflanzen haben nur ein Haben:** Vgl. Aristoteles, ›De anima‹, II 3, 414a 29ff. Demnach kommt den Pflanzen nur das Nährvermögen zu, während Tiere (und Menschen) auch Wahrnehmungsvermögen haben.

6 ***onta*:** ὄντα, die Seienden, Partizip Präsens Plural Nominativ Neutrum von εἰμί (sein); τὸ ὄν, das Seiende, Partizip Präsens Singular Nominativ Neutrum von εἰμί.

15 **ad absurdum:** Andere Lesart: ad absconditum

Also: Das Unbestimmte = Vielheit von Vielheiten (Vielheit, die nicht aus Einheiten besteht?) = das Absolute.

[520]
Bemerkung (*Grundlagen*): Das »Eines« als Begriff ist 1. die Zahl 1 |, 2. »Ding«, als Relation die *Identität* und als Funktion die identische.

Bemerkung (*Philosophie*): Das Erfassen der Welt durch Sprache (oder eine Theorie) ist nicht einfach ein Abbild, sondern ein *projizieren* auf die größere Mannigfaltigkeit der Möglichkeiten. Es wird nicht nur gesagt, was ist, sondern auch, »was wäre, wenn«, und gerade das ist das Interessante. Die Sprache ist so gebaut, dass dieselbe Wortverwendung* im Falle der Realisierung verschiedener Möglichkeiten (d. h. verschiedener Welten) Verschiedenes bedeutet.

* *Definition.*

{|; Einteilungsprinzip → = Begriff 3ter Stufe}
{|}

Bemerkung (*Philosophie*): Es gibt 2 Stadien des Erwachens der Vernunft. Das erste Stadium besteht in dem Besitzen des »*Organon*« [Wissen des richtigen Verhaltens oder der Mittel zum Zweck]. Das 2te Stadium besteht in der Erkenntnis des Wesentlichen der Welt [der richtigen Weltanschauung]. Das Erste entspricht Logik und Ethik, das 2te *Metaphysik*. Das zweite *Stadium* [521] wird erreicht, indem man das *Organon* auf weltanschauliche Fragen anwendet.

Das I. Stadium unterscheidet sich von dem »natürlichen« nur durch eine Kleinigkeit.** (Wenn in einer kunstvollen Maschine ein einziges Rädchen verrückt wird, so steht die Maschine vollkommen still.) Das zweite Stadium unterscheidet sich von dem »natürlichen« ganz gewaltig.

** Und nur graduell.

5 ›.‹ von der Editorin gelöscht
9 **Bemerkung (Philosophie):** Im Manuskript zweimal dick unterstrichen
18 | *Prop.*
18 **|; Einteilungsprinzip → = Begriff 3ter Stufe:** Am oberen Seitenrand von Manuskriptseite 521 eingefügt
19 | ist eine bestimmte Verschiebung
19 |: Am oberen Seitenrand von Manuskriptseite 521 eingefügt und gelöscht
21 **Bemerkung:** Im Manuskript dick unterstrichen

2 **das Absolute:** Vgl. Anhang ›Resultate Grundlagen IV‹ in: Kurt Gödel, ›Maximen IV‹, S. 45: »Es ist also bewiesen, dass die definierbaren Mengen tatsächlich nicht abzählbar sind [und sogar die Mächtigkeit des Absoluten haben].«
6 **als Funktion die identische:** Die identische Abbildung (Identität) ist eine Abbildung oder Funktion, die jeden Wert auf sich selbst abbildet.
22 **Organon:** Organon (τὸ ὄργανον) ist das Werkzeug. So wird auch eine Sammlung logischer Texte des Aristoteles betitelt, die neben Schriften zur Logik im engeren Sinne auch solche zur Sprachphilosophie und Wissenschaftstheorie enthält.

Kommunisten und Goethe in Dichtung und Wahrheit | sind im ersten Stadium. Es ist möglich, im ersten Stadium ein Materialist zu sein, indem man das *Organon* niemals auf weltanschauliche Fragen anwendet. Daher ist es wahrscheinlich günstig, wenn diese beiden Seiten gleichzeitig entwickelt werden. Die erste Seite allein erzeugt auch leicht Größenwahnsinn, indem man glaubt, dass man durch sein eigenes Verdienst in diesen Zustand gekommen ist. Es hängt aber wahrscheinlich hauptsächlich von der Volksschulerziehung* ab.

Andererseits gibt es eine mehr oder weniger richtige Weltanschauung, ohne im ersten Stadium zu sein – gefühlte *Philosophie*. Die beiden *Stadien* entsprechen dem erkenntnistheoretischen und dem metaphysischen Weg.

* Und von der Gesundheit und Sorglosigkeit (Reichtum).

[522]

<u>Bemerkung</u> (*Philosophie*): Sind folgende Sätze wahr?:

1. Keine Zeichenkombination einer vernünftigen Sprache bezeichnet ein einzelnes Ding** (sondern nur Begriffe und mögliche Sachverhalte).
2. Mögliche Sachverhalte sind eine besondere Art von Ideen (Begriffen).
3. Jeder wirkliche Sachverhalt ist ein möglicher.
4. Das Bestehen eines Sachverhalts bedeutet immer das Realisiertsein (Erfülltsein) eines Begriffs.
5. Dinge sind die Ursachen des Bestehens von Sachverhalten, das heißt, sie sind das, was realisiert.

ad 3. Die Wirklichkeit ist ein *Prädikat*, das gewissen möglichen Sachverhalten zukommt. Die Ursache für das Zukommen dieses Prädikates ist ein Ding**?**

ad 4. Oder das Nicht-Erfülltsein bei *negation*.

6. Den realisierten möglichen Sachverhalten [wahren Sätzen] entspricht nichts in der Wirklichkeit außer den Dingen.
7. Die Bedeutungen der wahren Sätze sind nicht Teile [Züge] der Wirklichkeit.***

** Insbesondere auch in den lebenden, richtigen Verstandessprachen. Anm. E.-M. E.: Andere Lesart: richtig verstandenen Sprachen.

*** Die *Wittgensteinschen* Sachverhalte existieren nicht. Anmerkung E.-M. E.: Ludwig Wittgenstein schreibt in seinem ›Tractatus logico-philosophicus‹ in Punkt 2: »Was der Fall ist, die Tatsache, ist das Bestehen von Sachverhalten«, und in 2.01: »Der Sachverhalt ist eine Verbindung von Gegenständen (Sachen, Dingen).«

1 **Goethe:** Johann Wolfgang Goethe (1749–1832), deutscher Schriftsteller und Naturforscher.

1 **Dichtung und Wahrheit:** ›Aus meinem Leben. Dichtung und Wahrheit‹ ist die »erste Abteilung« dessen, was Goethe als die Gesamtdarstellung seines Lebens konzipiert hat. In den letztlich erschienenen Bänden werden insbesondere Erlebnisse und Ereignisse aus den Jahren 1749–1775 geschildert.

1 ›sind im ersten‹ von der Editorin gelöscht

11 **gefühlte:** Andere Lesarten: Gefühls; Gefühl für

16 **Bemerkung:** Im Manuskript zweimal dick unterstrichen

8. Jeder Satz ist unwiderlegbar [ebenso wie eine *moralische Maxime*, d. h. »Wahrheit« ist ein ethischer Begriff.] [523]

ad 7. Besonders deutlich ist das bei Sätzen der Form $a \vee b$. Für elementare Sachverhalte ist es vielleicht richtig, dass sie »Teile oder Züge der Wirklichkeit« sind.

Bemerkung (*Philosophie*): Das höchste Paar gegensätzlicher Begriffe ist ›Eines und Vieles‹, das heißt Einfaches und Zusammengesetztes oder einfaches Ding und Menge [auf Grund der späteren Einteilungen zerfallen dann die Mengen in *homogene* und *inhomogene* – oder existieren nur die *homogenen*?]. Nur Mengen haben Teile [Begriffe und physische Dinge sind solche homogenen Mengen im Bereich des Physischen und der Ideen – Merkmale die Teile der Begriffe].

Das Einfache zerfällt dann einerseits in wirklich und möglich, andererseits in Ding und Sachverhalt (d. h. *Substanz* und *Accidenz*). [Diese beiden Scheidungen können leicht verwechselt werden; die erste ist die zwischen Realität und Welt der Ideen, die sich verhält wie eine Form (etwa der Raum) zu ihrer »Ausfüllung«.]

Es gibt vielleicht mehrere Stufen der Möglichkeit: logisch, mathematisch, physisch [2 + 2 = | 5 [524] ist eine logische Möglichkeit]. *Substanz* & *Accidenz* stehen einander viel näher als Wirklichkeit und Möglichkeit. Zum Beispiel sind die Empfindungen offenbar *Accidenzen*, obwohl sie als nichts wesentlich anderes erscheinen als die Dinge, die sie verursachen und die *Substanz* sind. Daher widmet *Aristoteles* dieser Unterscheidung 3 Bücher, den beiden anderen nur je eines.

Überhaupt entpuppt sich viel von dem, was man als Ding anzusehen geneigt ist, als Sachverhalt oder System von Sachverhalten [z. B. ein Krieg oder mein Aufenthalt in *Aflenz*, überhaupt jedes

7 **Bemerkung (Philosophie):** Im Manuskript wurde die Schrift mehrmals nachgefahren

13 **Merkmale:** Andere Lesart: mehrmals

13 **–:** Im Manuskript das Gabelsberger-Satzzeichen für ›Punkt‹

21 ›[524]‹ von der Editorin gelöscht

28 **viel von dem, was man als Ding anzusehen geneigt ist:** Andere Lesart: viel, was man als Ding anzusehen hat. Anm. E.-M. E.: In diesem Fall ist ›ist‹ zu streichen

16 **Substanz:** Im Griechischen οὐσία (ousia), lateinisch ›substantia‹, aber auch ›essentia‹. Die Substanz steht für das, wodurch etwas ist, was es ist. Bei Aristoteles wird der Begriff οὐσία in zweierlei Hinsicht verwendet, einmal im Sinne von Substanz und zum anderen als wesentliche Eigenschaft von etwas.

16 **Accidenz:** Im Griechischen συμβεβηκός (symbebēkós), lateinisch ›accidens‹. Das, was einem Gegenstand zufällig, nicht notwendig, zukommt.

26 **dieser Unterscheidung 3 Bücher:** Die Unterscheidung in Substanz und Akzidenz behandelt Aristoteles in seiner ›Metaphysik‹ und in den ›Kategorien‹. Die Unterscheidung in das Notwendige und das Zufällige als ein Grundzug essentialistischer Metaphysik wird aber auch in den ›Analytica posteriora‹ (Zweite Analytiken) erörtert.

30 **Aflenz:** Gödel war vom 17. bis zum 29. August, vom 2. bis zum 24. Oktober und vom 31. Oktober bis zum 21. November 1936 in Aflenz, einem Kurort, den er

»Ereignis«]. Daher die *Wittgensteinsche* Idee, das Ding als ein System von Sachverhalten zu definieren.

Ferner ist nicht sicher, ob überhaupt *a* von dem Sachverhalt $(\exists x)\ \varphi(x)$ verschieden ist, wenn φ die das Wesen betreffende Kennzeichnung von *a* ist. Oder ist das Ding bloß die Ursache des Bestehens dieses Sachverhalts?

[525]

Bemerkung (*Philosophie*): Mein Aufenthalt in *Aflenz* ist etwas, was Teile hat, nämlich eine Vielheit von Sachverhalten, aber nicht alles, was mir in *Aflenz* in dieser Zeit zugestoßen ist, gehört dazu, sondern, da mein Aufenthalt in *Aflenz* = eine Reihe von Handlungen von mir ist, die einem und demselben Zweck untergeordnet sind, so gehören nur diejenigen Ereignisteile dazu, welche 1.) Handlungen von mir sind, 2.) dem Zweck der Erholung (oder ähnlichem) dienen: zum Beispiel Spazierengehen oder nicht Briefe beantworten, aber eventuell ein Buch lesen. Ebenso, wenn ich sage: »mein *Philosophie*studium«.

Die Abhängigkeit der Jurisdiktion von der Legislative ist ein Merkmal der gegenwärtigen Regierungsform in Deutschland.

Ähnliche Analyse, was Sachverhalt und was Ding ist.

Bemerkung (*Philosophie*): Sehr fruchtbar zur Bildung des Verstandes wäre die Analyse (mittels der obersten Begriffe *Substanz*, *Acci-*

früher bereits mit seinen Eltern besucht hatte. Vgl. Dawson, ›Kurt Gödel. Leben und Werk‹, Wien/New York (Springer) 1999, S. 97. In Aflenz hat er 1936 ein Notizbuch angelegt, das den Titel ›Aflenz 1936 (Analysis, Physik)‹ trägt, welches aber auch einige Bemerkungen zur Philosophie enthält. Es befindet sich im Gödel-Nachlass, Behältnis 6a, Reihe III, Mappe 59. Vgl. Kurt Gödel, ›Maximen III‹, S. 117, Z. 21. Siehe auch die folgende Bemerkung.

1 **die Wittgensteinsche Idee, das Ding als ein System von Sachverhalten zu definieren:** Vgl. oben: Ludwig Wittgenstein schreibt in seinem ›Tractatus logico-philosophicus‹, Punkt 2.01: »Der Sachverhalt ist eine Verbindung von Gegenständen (Sachen, Dingen).«

16 **Spazierengehen oder nicht Briefe beantworten:** Vgl. zu den beiden Themen insbesondere Kurt Gödel, ›Zeiteinteilung (Maximen) I und II‹.

17 **mein Philosophiestudium:** Gödel war an der Universität Wien nicht für das Fach Philosophie eingeschrieben, hat aber nachweislich zumindest folgende Vorlesungen und Kurse besucht: bei Heinrich Gomperz »Übersicht über die Hauptprobleme der Philosophie I«, »Übersicht über die Hauptprobleme der Philosophie II«, »Geschichte der europäischen Philosophie I«, »Geschichte der europäischen Philosophie II«, bei Moritz Schlick »Einführung in die Philosophie der Mathematik« und bei Rudolf Carnap »Philosophische Übungen«.

24 **Substanz, Accidenz, Einheit, Vielheit, Wirklichkeit, Möglichkeit:** Vgl. Manuskriptseite 501 in diesem Band, wo es heißt: »Dieses Erfassen ist auch schon bei

9 **Bemerkung:** Im Manuskript zweimal dick unterstrichen

denz, Einheit, Vielheit, Wirklichkeit, Möglichkeit) von abstrakten Sachverhalten, menschlichen und sozialen Verhältnissen. Wobei das Sprachgefühl der [526] Leitstern sein muss.

Guter Schriftsteller und Geschichtswerker sein, mit dem Ziel festzustellen, was die durch einzelne Worte bezeichneten Objekte eigentlich sind, insbesondere, in welche der *Kategorien* der vorigen Bemerkung sie fallen (und einer *Definition* derselben).

Bemerkung (*Philosophie*): Die Vielheiten zerfallen in zeitabhängige und zeitunabhängige. Die Ersteren sind solche, bei denen die Dinge, welche zur Vielheit gehören [nicht nur ihre Qualitäten], mit der Zeit sich verändern. Beispiel: ein Strom (= Menge bewegter | Wassertropfen) oder ein Verein (= Gruppe von Menschen, die sich zur gemeinsamen Verfolgung gewisser Ziele zusammengeschlossen haben*).

* Oder gehört zum Verein auch das Bestehen gewisser Beziehungen innerhalb dieser Menschengruppe?

Die Existenz zeitlich veränderlicher Vielheiten scheint insofern ein Widerspruch zu sein, als eine Vielheit etwas Abstraktes (durch logische Operationen) aus Einheiten Gebildetes ist (in Gedanken gebildet). Daher Vielheiten mit verschiedenen Elementen, die durch die verschiedenen Operationen gebildet sind, also verschieden sind. Ferner kann ein Verein nicht die Menge der Mitglieder sein, weil es 2 verschiedene [527] Vereine mit denselben Mitgliedern geben kann. Er ist die Menge der Mitglieder, »insofern« sie einem gemeinsamen Zwecke dienen (was heißt das?).

Auch eine Strömung ist nicht eine Menge von Wasserteilchen, sondern ihr »Strömen«, was besonders deutlich bei einer Meeresströmung ist. Ähnlich auch bei der Gruppen*Definition*.

Bemerkung (*Philosophie*): Untersuchungen wie die der 3 vorhergehenden Bemerkungen sind nicht Untersuchungen des Sprachgefühls, sondern das Sprachgefühl ist bloß ein (entbehrlicher) »Wegweiser«. Es ist vielmehr ein Schauen im Raum der Begriffe und hat ein objektiv kontrollierbares Resultat, nämlich gewisse** logische Beziehungen von gewissen Behauptungen über Begriffe wie: Be-

** Oft höchst unerwartete.

4 Geschichtswerker: Andere Lesart: Geschichtswerke
13 ›be‹ von der Editorin gelöscht

Tieren vorhanden, aber sie haben nur die Kategorien der Sinnlichkeit (Raum, Zeit, Materie, Kraft). Die anderen (abstrakten) Kategorien [Möglichkeit, Ursache, Sein, Vielheit, Wesen, Zweck] bilden Grundbegriffe im ›logischen Raum‹.«

4 **Geschichtswerker:** Das Wort ›Geschichtswerker‹ ist ein im Deutschen sehr selten verwendeter Ausdruck, der im Journalismus meist für Laienhistoriker verwendet wird.

deutung, Sinn; das Herz sind die *Kategorien* der Logik, Metaphysik und Erkenntnistheorie.

[528]
Bemerkung (Grundlagen): Mögliche Bedeutungen von $(\iota x)\ \varphi(x)$ unter der Annahme, dass

1.) Sätze Sachverhalte bedeuten,
2.) die Bedeutung eines durch Zusammensetzung bedeutungsvoller Ausdrücke entstandenen Ausdrucks aus den Bedeutungen der Teilausdrücke zusammengesetzt ist:

I. Die Sprache ist *intensional*, das heißt, *Sokrates* zum Beispiel bedeutet nicht dieses Ding, sondern eine *Definition* dieses Dings oder dieses Ding + einer *Definition* [d. h. dieses Ding, insofern es so und so definiert ist]; das heißt, einen bestimmten erkenntnismäßigen Zugang [eine bestimmte Gegebenheitsweise] zu diesem Ding. Erst die Aussage einer bestimmten Eigenschaft oder Relation bedeutet etwas rein Objektives. Das heißt, die Dingnamen bezeichnen nicht die Dinge, sondern ihre Erscheinungen. Erst durch Behauptungen wird der Übergang ins Reich des Objektiven vollzogen. [Unterschied zwischen Ding und Behauptung und zwischen Funktion und Begriff ist offenbar:

Ding : Behauptung = Funktion : Begriff = Erscheinung : Ding an sich.]

2 + 2 ist eine gewisse »Erscheinung« (*Manifestation*, *Aspect*) der Zahl 4. [529]

12 **Sokrates zum Beispiel bedeutet nicht dieses Ding, sondern eine Definition dieses Dings:** Vgl. dazu in diesem Band Manuskriptseite 489f., Bemerkung Philosophie 1, aber auch Manuskriptseite 506, Marginalie Gödel, wo er den Eigennamen als Konstante in der Syntax anführt.

16 **Gegebenheitsweise:** Bei Gottlob Frege heißt es in dessen Aufsatz »Über Sinn und Bedeutung«, in: ›Zeitschrift für Philosophie und philosophische Kritik‹, NF 100 (1892), S. 25–50, hier 26f.: »Es liegt nun nahe, mit einem Zeichen (Namen, Wortverbindung, Schriftzeichen) außer dem Bezeichneten, was die Bedeutung des Zeichens heißen möge, noch das verbunden zu denken, was ich den Sinn des Zeichens nennen möchte, worin die Art des Gegebenseins enthalten ist.« Siehe auch die Kommentierung der folgenden Bemerkung Gödels für das ausführlichere Frege-Zitat. Gödel hat in ›Logisches Notizheft. Altes Excerpten Heft I (1931 – …)‹, op. cit., auf Manuskriptseite 83 zwei sehr kurze Exzerpte aus »Über Sinn und Bedeutung« notiert, die aber nicht mit dieser Bemerkung in Verbindung stehen.

1 ;: Im Manuskript ein Komma

5 **Bemerkung (Grundlagen):** Im Manuskript zweimal dick unterstrichen

9 ›Entstehungen‹ von der Editorin verbessert in ›entstandenen‹

II. Andere Auffassung: ›Der Dichter des *Hamlet*‹ bedeutet nur einen Teil des *Shakespeare* [denn Shakespeare ist ja nicht nur der Dichter des *Hamlet*], aber etwas Objektives, nämlich einen Teil derjenigen Sachverhalte, die zusammen den Gegenstand *Shakespeare* ausmachen. Dieser Teil ist: *Shakespeare*, insofern er der Verfasser des *Hamlet* ist. Die vorherige Auffassung ist eine Spezialisierung dieser Auffassung, denn die Erscheinung einer Sache ist ja ein Teil von ihr.

Dies: »*a*, insofern es das und das ist« ist etwas nicht ganz Objektives? Teilweise im Subjekt Steckendes?*

* Bedeutet also »$(\iota x)\ \varphi(x)$« nicht $(\iota x)\ \varphi(x)$ oder ist die Leibnizsche Regel für die *Identität* falsch?

Bemerkung (Grundlagen): Die Bedeutung verhält sich zum Sinn so wie das Ding an sich zur Erscheinung. Nach Frege bedeuten also alle wahren Sätze »rein objektiv« dasselbe. Sie geben verschiedene *Aspekte* derselben Sache (nämlich der »Wahrheit«) an. Das heißt, die Wahrheit ist gewissermaßen eine *Substanz* und die einzelnen Sachverhalte ihre *Accidenzien*.** [530] (Während man geneigt wäre, die Wahrheit [die ganze Wahrheit] als Menge aller wahren Sachverhalte anzusehen).

** [530] Das ist etwas Ähnliches wie die indische Lehre, dass alle Wesen eins sind.

Man kann aber den Sinn in zweierlei Weise auffassen: als etwas *psychologisches* und etwas Ideelles. Das Ideelle ist also die Erscheinung des Wirklichen? Im ersten Sinn wäre der Sinn von »$\iota x\ \varphi(x)$« der der Formel, in welcher die Vorstellungen von ι und die in φ enthaltenen in einer gewissen Weise zu einer Einheit zusammengefasst sind. Im 2ten Sinn ist es der Begriff φ. Ebenso ist es

1 **Hamlet:** ›The Tragedy of Hamlet. Prince of Denmark‹ wurde von Shakespeare zwischen 1599 und 1601 geschrieben.

2 **Shakespeare:** William Shakespeare (1564–1616), englischer Dichter, Dramatiker und Schauspieler.

12 **Bedeutung verhält sich zum Sinn so wie das Ding an sich zur Erscheinung:** Bei Gottlob Frege heißt es u. a. in dessen Aufsatz »Über Sinn und Bedeutung«, op. cit., S. 26f.: »Es liegt nun nahe, mit einem Zeichen (Namen, Wortverbindung, Schriftzeichen) außer dem Bezeichneten, was die Bedeutung des Zeichens heißen möge, noch das verbunden zu denken, was ich den Sinn des Zeichens nennen möchte, worin die Art des Gegebenseins enthalten ist. Es würde danach in unserem Beispiele zwar die Bedeutung [...] von ›Abendstern‹ und ›Morgenstern‹ dieselbe sein, aber nicht der Sinn. [...] Zu einer allseitigen Erkenntnis der Bedeutung würde gehören, dass wir von jedem gegebenen Sinne sogleich angeben könnten, ob er zu ihr gehöre. Dahin gelangen wir nie.«

13 **Nach Frege bedeuten also alle wahren Sätze »rein objektiv« dasselbe:** »Wenn nun der Wahrheitswert eines Satzes dessen Bedeutung ist, so haben einerseits alle wahren Sätze dieselbe Bedeutung, andererseits alle falschen.« Gottlob Frege, »Über Sinn und Bedeutung«, op. cit., S. 35. Heute ist diese Beobachtung als sogenanntes Slingshot-Argument bekannt.

10 **Steckendes:** Andere Lesart: Stehendes

12 **Bemerkung (Grundlagen):** Im Manuskript zweimal dick unterstrichen

bei Sachverhalt; das Reich der Ideen und {das} der Vorstellungsformen entsprechen einander eineindeutig. Dagegen: Das Reich↓ der Wirklichkeit [Ding an sich] ist etwas ganz anderes.

Bemerkung (*Philosophie*): Das Leben ist eine höhere Form des »Seins« (ein *actus*). Die Vorstellungen sind das den Begriffen entsprechende *intensionale* Objekt. [Nach dem je führenden Sprachgebrauch sind es von uns hervorgerufene Empfindungen = *Phantasie*, zum Beispiel: Ich kann mir davon keine Vorstellung machen.] [531] (?Oder der Vorgang des Wahrnehmens (Erfassens) der Begriffe?) –

Die Vorstellungen kommen beim tatsächlichen Lauf unseres Denkens fast niemals (oder wirklich niemals*) allein vor, sondern immer mit anderen und mit Empfindungen zusammen zu einer Einheit zusammengefasst. Denn wir denken in Urteilen. Das ist sehr wichtig, wenn man empirische Erkenntnis-*Psychologie* betreiben will.

* Das würde heißen, sie sind die nur begrifflich trennbaren Elemente unseres Denkens.

Bemerkung (*Philosophie*): Die *Proportion* $a : b = c : d$ hat einen bestimmten Sinn nur hinsichtlich eines bestimmten »Charakters« [Merkmal, Einteilungsprinzip] der Dinge a, b, c, d [z.B. Farbe, Größe, Gestalt; Quadrat : Kreis = Rechteck : Ellipse] und setzt voraus, dass für diesen Charakter eine Gruppe [*Translation*] definiert ist; als *Proportion* nur hinsichtlich einer gewissen *Translation* (d.h. Identifizierung, Entsprechung).

Aber gibt es nicht »die Entsprechung« oder mehrere? Eine ist die in der Richtung der »Entfaltung« [532] vom Einfachen zum *komplexen*, das heißt, von der Einheit zur Vielheit; eine vielleicht

6 **actus:** Für Gödel ist ›actus‹ ein psychologischer Grundbegriff. Vgl. Kurt Gödel, ›Maximen III‹, S. 62, Z. 12–14; 113, Z. 4–6; siehe aber auch Kurt Gödel, ›Maximen V‹, S. 95f., Z. 23ff.; sowie ›Maximen VI‹, S. 98, Z. 21f.

7 **intensionale:** Andere Lesart: intentionale. Vgl. ›Philosophie I Maximen 0‹, S. 110, Z. 7–10: »Der Vorstellungsablauf (d.h. das Auftauchen neuer Vorstellungen [= intensionale Objekte] und das Verschwinden anderer) wird nicht durch Vorstellungen selbst, sondern durch Akte der Seele bedingt (durch das ›Interesse‹ im allgemeinsten Sinn).« Aber: ›Maximen V‹, S. 56: »Die Phantasie ist das Vermögen, *intentionale* Objekte ohne äußere Objekte hervorzurufen.«

8 **Phantasie:** Vgl. Kurt Gödel, ›Maximen IV‹, S. 88, Z. 12ff.; ›Maximen V‹, S. 55, Z. 31; 56, Z. 7; 57, Z. 16–23; 67, Z. 15f.; 77, Z. 16f.; 78, Z. 31; 85, Z. 17; 87, Z. 26; 100, Z. 22.

23 **Translation:** Eine Translation ist ganz allgemein die Verschiebung eines Objekts oder eines Punktes. Hier ist aber einfach die Übertragung eines Merkmales gemeint.

2 **↓:** Pfeil zeigt von ›das Reich‹ auf ›die Vorstellungen‹ in der folgenden Bemerkung

8 ›des‹ von der Editorin verbessert in ›es‹

8 **es:** Im Manuskript hochgeschrieben, was als ›des‹ zu lesen wäre; von der Editorin verbessert

16 **empirische:** Andere Lesart: empirisch

28 **;:** Im Manuskript das Gabelsberger-Satzzeichen für ›Punkt‹

in der Richtung von der Erscheinung zur Wirklichkeit [d. h. vom *Subjekt* zum Objekt].

Bemerkung (*Psychologie*): Das, was man gewöhnlich Gefühle nennt (Eifersucht, Zorn, Liebe, das heißt, die *Impulse*), ist ein Gemisch von Empfindung und Trieb, wobei die Empfindung der wahrgenommene Reaktionszustand und der Trieb die Wirkung des Reaktionszustandes der unteren *Sphären* ist.

Wieso aber können die unteren *Sphären* überhaupt auf eine nur mit dem Verstand wahrnehmbare Sache reagieren? – Sie reagieren sogar stärker als die oberen, denn diese sind bloß eine kraftlose »Wahl« (daher auch keine Qual, wenn das Gewählte nicht eintritt). Andererseits reagieren wir mit einer starken Wahl auf die zugehörige Empfindung, obwohl diese eigentlich kein Objekt des Verstandes ist. Wir haben sie bloß, ohne sie zu verstehen (das Angenehme der Sinnlichkeit).

Die 3 verschiedenen Handlungs*Motivationen* [533] sind:

1. Wahl der angenehmen Empfindung,*
2. Trieb,
3. Wahl eines Sachverhalts als gut |

(entweder auf Grund einer Evidenz oder eines abstrakten Schlusses).

* Das heißt, das gegenwärtig sinnlich Gute.

Bemerkung (*Psychologie*): Die Gefühle im höheren Sinn (z. B. Naturgefühl) haben ebenfalls eine Reaktionsseite (Empfindung und *Impuls*).

Bemerkung (*Psychologie*): Die 4 verschiedenen Wahrnehmungsarten der Seele sind:

4 **gewöhnlich Gefühle:** Andere Lesart: gewöhnliche Gefühle
10 **–:** Im Manuskript das Gabelsberger-Satzzeichen für ›Punkt‹, das nicht von einem Gedankenstrich zu unterscheiden ist
17 **Motivationen:** Andere Lesart: Motive
20 ›ist‹ von der Editorin gelöscht

5 **Eifersucht, Zorn:** Vgl. Manuskriptseite 562, Bemerkung Psychologie 1 in diesem Band.
21 **Evidenz:** Siehe für weitere Belegstellen in Kurt Gödels Philosophischen Notizbüchern die entsprechende Sachanmerkung auf Manuskriptseite 491, Bemerkung Philosophie 2.
27 **4 verschiedenen Wahrnehmungsarten der Seele:** In ›Maximen VI‹ ist von vier Wahrnehmungsorganen des Menschen die Rede. Vgl. Kurt Gödel, ›Maximen VI‹, S. 73, Z. 3–7: »4 Wahrnehmungsorgane des Menschen: 1. Sinn zur Wahrnehmung des Körperlichen, 2. innere Wahrnehmung (und Einfühlung), 3. Gefühl, 4. Verstand.«

Empfindung, Sinneswahrnehmung, innere Wahrnehmung, Verstand (Gefühl und Evidenz sind weniger deutliche Formen des Letzteren).

Unterscheidet sich die innere Wahrnehmung von der äußeren nur dadurch, dass sie dieselben Empfindungen auf andere *Kategorien* bezieht, oder gibt es | etwas den Empfindungen Entsprechendes?* Das eigentliche Objekt wäre die zu einer bestimmten Zeit stattfindende eigene »Vorstellung«. Die Frage ist, ob diese unmittelbar wahrgenommen oder »erschlossen«, das heißt »konstruiert«, wird ebenso wie die äußeren Dinge. Nehmen wir [534] zum Beispiel unsere *Apperzeption* wahr oder erschließen wir sie? – Diese *psychologische Apperzeption* wird bei den Menschen im »Natur«zustand am meisten vernachlässigt.

* *Frage*.

Wieso gibt es keine Tiergattung, welche die innere Wahrnehmung, aber nicht den abstrakten Verstand hat?

Bemerkung (*Psychologie*): Kann ein undeutliches Wahrnehmen (*apperzipieren*) eines Sachverhaltes (wie es in den höheren Gefühlen stattfindet) jemals verwechselt werden mit dem deutlichen »Haben« einer Sache wie zum Beispiel Rot?

Ist jedes Haben ein undeutliches Erkennen, oder sind umgekehrt die höheren Gefühle ein bloßes Haben einer Empfindung? Zumindest wahrscheinlich entsprechen den Sachverhalten Emp-

1 **innere Wahrnehmung:** Vgl. Kurt Gödel, ›Philosophie I Maximen 0‹, S. 105, Z. 1; ›Maximen III‹, S. 64, Z. 2; ›Maximen IV‹, S. 125, Z. 16; sowie ›Maximen VI‹, S. 61, Z. 7ff.; 73, Z. 5; 75, Z. 20f. Der Begriff des inneren Sinns geht auf Aristoteles zurück (κοινὴ αἴσθησις, koinê aisthêsis) und bezeichnet die innere Wahrnehmung, welche sich auf die Wahrnehmungen der Sinnesorgane bezieht. Er bezeichnet mithin die Wahrnehmung der eigenen Wahrnehmungen eines Organismus.

2 **Evidenz:** Für Franz Brentano ist Tatsachenwahrnehmung nicht nur Außenwahrnehmung, sondern auch eine sogenannte introspektive Evidenz, welche die innere Wahrnehmung als Vollzug der Urteile ist.

11 **Apperzeption:** Vgl. zu ›Apperzeption‹ Manuskriptseite 504, Bemerkung Philosophie in diesem Band sowie die dazugehörige Sacherläuterung.

17 **apperzipieren:** Anders als für Leibniz fällt für Gödel das bewusste Wahrnehmen hier nicht mit dem deutlichen Wahrnehmen zusammen – zumindest dann nicht, wenn es um das Apperzipieren von Sachverhalten geht. Gödel könnte hier auf Franz Brentanos Unterscheidung zwischen bewusstem explizitem, distinktem und bewusstem implizitem, indistinktem Wahrnehmen Bezug nehmen. Letzteres liegt vor, wenn man einen Mehrklang (bewusst) hört, aber die einzelnen Töne nicht zu unterscheiden und einzeln zu hören vermag. Vgl. Franz Brentano, ›Psychologie vom empirischen Standpunkt‹, Bd. 3, ›Vom sinnlichen und noetischen Bewusstsein. Äußere und innere Wahrnehmung, Begriffe‹, Viertes Kapitel, § 2.

6 ›es‹ von der Editorin gelöscht

11 –: Im Manuskript das Gabelsberger-Satzzeichen für ›Punkt‹

21 **ein undeutliches Erkennen, oder sind umgekehrt die höheren Gefühle ein bloßes Haben einer Empfindung:** Andere Lesart: ein undeutliches Erkennen oder umgekehrt, sind die höheren Gefühle ein bloßes Haben einer Empfindung

findungen [denn alle haben ja eine Entsprechung bis in den untersten Bereich, oder eine Kombination von Empfindungen, ebenso wie zum Beispiel der Eifersucht eine gewisse Körperempfindung entspricht und daher immer mit ihr gleichzeitig erscheint. Daher sind sie so schwer zu trennen].

Nach Leibniz | [535] sind Empfindungen etwas Undeutliches mit einem deutlichen Undeutlichkeitsgrad, von denen wir daher nicht wissen, dass sie etwas Undeutliches sind.

Bemerkung (Philosophie): Der schwächere Begriff ist der mit dem größeren Umfang und dem kleineren Inhalt (d. h. der, welcher wenig »verlangt« für sein Bestehen*); zum Beispiel: eine schwächere Gleichheitsrelation. Andererseits nennt man sie eine »leisere« Gleichheitsrelation auf Grund der Vorstellung, dass die** Relation eine Kraft ist, welche die Dinge, zwischen denen sie besteht, »aneinanderkoppelt«. Bei einer schwächeren Gleichheitsrelation ist das eine kleinere Kraft, denn das »Bestehen«, das heißt, das Wirken dieser Kraft, hat ein nicht so nahes Beisammensein der betreffenden Dinge zur Folge. Also erscheint die Gleichheitsrelation, welche zwischen den Dingen wirkt, [536] zwischen denen die Relation besteht und welche das Bestehen dieser Relation verursacht (bewirkt), als schwächer.

* Sein Bestehen bedeutet nicht viel, daher ist es leicht (erfordert keine große Kraft), die Dinge so zu beeinflussen.
** Gleichheitsrelation.

Andererseits liegt dem »weniger Verlangen« die Vorstellung zu Grunde, dass das Bestehen der Relation (oder besser die Realisierung der Sachlage, welche das Bestehen bedeutet) das Erscheinen (Gegenwärtig-Sein) dieser Kraft (dieses Wesens) zur Folge hat. Der Unterschied ist, dass es sich im 2ten Fall um den Erkenntnisgrund, im ersten um den Realgrund handelt.

6 ›:‹ von der Editorin gelöscht
7 ›dem‹ von der Editorin verbessert in ›denen‹
10 **(Philosophie):** Im Manuskript zweimal dick unterstrichen

6 **Empfindungen:** Aus (unscharfen) Empfindungen ergeben sich bei Leibniz unbewusste, unbestimmte Wahrnehmungen, die sogenannten petites perceptions. Sie können bei Leibniz allerdings zur bewussten Apperzeption werden, wenn sie eine bestimmte Bewusstseinsschwelle überschreiten. Vgl. Kurt Gödel, ›Maximen III‹, S. 116, Z. 24.

10 **mit dem größeren Umfang und dem kleineren Inhalt:** Vgl. Manuskriptseite 475, Bemerkung Grundlagen 2 in diesem Band.

27 **Erkenntnisgrund:** Ratio cognoscendi, vgl. Kurt Gödel, ›Maximen IV‹, S. 64, Z. 3ff.; 124, Z. 9ff.; 128, Z. 6ff.; 133, Z. 11ff.; sowie ›Maximen V‹, S. 59, Z. 6; 64, Z. 20f.; 70, Z. 18.

28 **Realgrund:** Vgl. Kurt Gödel, ›Maximen IV‹, S. 133, Z. 11ff.; und ›Maximen V‹, S. 70, Z. 18. Sowohl der Seinsgrund (Ratio essendi) als auch der Grund des Werdens (Ratio fiendi) werden Realgründe genannt.

?Die Kraftnatur wird am deutlichsten, wo das Bestehen unvorhersehbar ist [Liebe]**?**

Das Vorhandensein des Begriffs ist nicht der Sachverhalt, sondern dieser ist nur das äußere *Symptom* der Gegenwart des Begriffs. Der Begriff ›Rot‹ ist gewissermaßen ein Wesen, welches nur einen Rot-Pinsel hat (als einziges Organ der Einwirkung auf andere), ebenso wie Amor Pfeil und Bogen. Damit ist aber nicht gesagt, dass der Begriff nicht andere komplizierte Organe der Wahrnehmung und Überlegung hat; auch nicht, dass sein [537] einziges Ziel darin besteht, wahllos alles rot zu machen. Aus seinem Charakter sind die Gesetze des Erscheinens und Verschwindens der roten Farbe zu entnehmen. (Es kann z. B. einen boshaften, einen flatterhaften, einen beständigen *etc.* Begriff geben.)

Bemerkung (*Grundlagen*): Die Relationen R und $\check{R}$ sind dadurch objektiv verschieden, dass in der Aussage $R(xy)$ das Produkt Ry von x ausgesagt wird, in $\check{R}(yx)$ das Produkt Rx von y. Besonders deutlich ist das im Falle der Funktion. Durch $z = x + y$ wird etwas von dem *Prädikat* z ausgesagt (*z ist . . .*), oder ist das Subjekt das Tripel x, $+$, y und das Prädikat lautet: Anwendung (Kombination) ergibt z. 4 ist nicht ein Teil des Sinns von 2 + 2. Also: 2 + 2 bezeichnet nur eine *Definition*, nicht das Definierte.

[538]
Bemerkung (*Grundlagen*): *Definition* des *Homomorphismus* für Relationen:
Es gibt ein h {und $\sim$}, so dass:
1. $R(xy) \longrightarrow R(h(y) \,.\, h(x))$
2. $x \sim y \longrightarrow h(x) \sim h(y)$ (oder $\equiv h(x) = \underset{?}{h}(y))$
3. $R(uv) \longrightarrow$ *es gibt y, x* $\;R(yx)\; u \sim h(y)\;\; v \cong h(x)$

1 **Die Kraftnatur:** Der Ausdruck ›Kraftnatur‹ bezieht sich im Deutschen eigentlich auf Menschen, die über besondere körperliche, geistige oder psychische Kräfte verfügen.
15 $\check{R}$ steht für die Umkehrrelation von R. Die Umkehrung einer zweistelligen Relation R ist diejenige Relation, die zwischen den gleichen Gegenständen besteht wie R, aber in umgekehrter Reihenfolge. Als Beispiel wird in der Literatur häufig die Relation »Elternteil von« angegeben, deren Umkehrung die Relation »Kind von« ist. Vgl. Kurt Gödel, ›Maximen VI‹, S. 115, Z. 9.
25 **Homomorphismus:** Zu ›Homomorphismus‹ als Abbildung im weitesten Sinne vgl. Kurt Gödel, ›Maximen VI‹, S. 115, Z. 27. Ein Homomorphismus ist sonst eine Abbildung einer algebraischen Struktur auf eine andere.
27 Das ist hier nicht die Tilde für das Negationszeichen, sondern das Zeichen für Äquivalenzrelation.

1 **Die Kraftnatur:** Andere Lesarten: Kraft, Natur; Kraft-Natur.
21 ›Bezeichnung‹ von der Editorin verbessert in ›bezeichnet‹
25 **Bemerkung (Grundlagen):** Im Manuskript zweimal dick unterstrichen

4. <u>*R(uv): $v' \sim v \longrightarrow$ es gibt ein $u' \sim u$ R(u'v')*</u>.

Bemerkung (*Psychologie*): Ungeheuer : riesig = *great* : *big*.

Wieso kommt es, dass beim Übersetzen die Tendenz besteht, zu **»**phantasieren**«**? Das heißt, nicht das zu übersetzen, was dasteht, das heißt, dem vorliegenden Text zu wenig Aufmerksamkeit zu schenken und mehr der eigenen Denktätigkeit**.**

Das ist der Grund, warum die Bibel (unter der Annahme, dass alles richtig ist und jedes Wort eine Bedeutung hat) eine so wohltätige Lektüre ist**.** Weil sie gegen diese Tendenz (welche das Lernen verhindert) arbeitet – (*qui intelligendo faciunt non intelligant*)**.** Dieselbe Erscheinung gibt es insbesondere beim Verstehen von [539] *Philosophie***.**

Auch bei meinen Arbeiten: Das **»**blinde Arbeiten**«** und das *explicite* Lieber-selber-darauf-kommen-Wollen-als-ein-Buch-lesen ist dieselbe Erscheinung. Ist der Grund, dass man sich selbst mehr schätzt als das Objekt,* oder ein Nicht-Festhalten des Ziels**?**

* Oder dass häufig das Dargebotene wirklich sehr schlecht ist**?**

Das Letztere ist besonders deutlich bei Übersetzungen, wo der Zweck das Englischlernen und nicht das Deutschlernen ist (das Finden des richtigen deutschen Ausdrucks ist Mittel und nicht Zweck). Wegen einer anderen Erscheinungsform *vgl. p.* 557.

Bemerkung (*Grundlagen*): *Argument* **:** *Subject* = *Funktion* **:** Begriff.

Bemerkung (*Grundlagen*): Das *Frege*sche formale System ohne Einführung der Wertverläufe (d. h. System der Typentheorie der Funktionen) beruht auf der Idee, dass, wo immer** ein Buchstabe

** In einer sinnvollen Aussage.

11 **qui intelligendo faciunt non intelligant:** Wörtlich übersetzt steht hier: »die Verstehen herstellen, verstehen nicht«. Dabei handelt sich um ein abgewandeltes Zitat aus Brief 57, Kap. 5 des Kirchenvaters Sophronius Eusebius Hieronymus (348/49–420) an Pammachius, wo es heißt: »Faciunt nae intelligendo ut nihil intelligant« (»Tatsächlich stellen sie Verstehen her, um nichts zu verstehen«). In dem Brief wird von Hieronymus erörtert, was die beste Weise des Übersetzens ist. Das besagte Zitat stammt wiederum aus Terenz' (Publius Terentius Afer, zwischen 195 und 184 v. Chr.) Komödie ›Andria‹. Vgl. Manuskriptseite 557, Bemerkung Philosophie 1 in diesem Band.

23 **Argument:** Vgl. Manuskriptseite 509, Bemerkung Grundlagen 2 in diesem Band.

23 **Funktion : Begriff:** Vgl. Manuskriptseite 514, Bemerkung Grundlagen 1 in diesem Band.

26 **Wertverläufe:** Vgl. Gottlob Frege, ›Grundgesetze der Arithmetik‹, op. cit., § 3, S. 7: »Ich brauche die Worte ›die Function $\Phi(\xi)$ hat denselben Werthverlauf wie die Function $\Psi(\xi)$‹ allgemein als gleichbedeutend mit den Worten ›die Functionen $\Phi(\xi)$ und $\Psi(\xi)$ haben für dasselbe Argument immer denselben Werth.‹«

11 **–:** Im Manuskript steht hier das Gabelsberger-Satzzeichen für ›Punkt‹

25 **Bemerkung (Grundlagen):** Im Manuskript zweimal dick unterstrichen

vorkommt, der eine Funktion bedeutet (oder andeutet), er von der entsprechenden Anzahl von Buchstaben [in einer Argumentklammer] gefolgt sein muss, welche passende Argumente bedeuten oder andeuten.

Das hat zur Folge, dass man (ohne Einführung der λ- oder $\hat{x}$-Bezeichnungsweise) Aussagen der Form (φ) φ(*f*) über eine [540] bestimmte Funktion *f* machen kann. Die λ-Konversionsregel wird dadurch überflüssig, dass die »Einsetzung« für Funktionen höheren Typs schon entsprechend definiert ist. Es wird die Funktion als etwas Unvollständiges [halbes Ding] aufgefasst, was daher in einem sinnvollen Satz nur in entsprechender Weise ergänzt auftreten kann.

Die begriffliche Analyse der Welt besteht also in einem Zerreißen in für sich selbst nicht existenzfähige Bestandteile, und in den Aussagen wird eine Anzahl von solchen in passender Weise wieder zu einem existenzfähigen Ganzen zusammengefügt. Eine Funktion φ mit einem Argument, das selbst eine Funktion mit 2 Argumenten ist, ist gewissermaßen etwas, was 2 Zapfen hat, in welche das Argument »eingehängt« wird. Die Begriffe sind der »weibliche« Bestandteil der Welt. Sie sind gewissermaßen der »Mutterschoß« für die Welt. In diesem Sinn ist die Wirklichkeit = Schatten der Begriffe. Sie sind insofern »wichtiger« oder das eigentlich Existierende, als in ihnen schon alles Wesentliche enthalten ist* [541] (αρχῆ ῆμισυ πάντων). Insofern jeder Satz eine Beziehung des Wirklichen zu Begriffen herstellt, sagt er etwas über seinen »Ursprung«, daher über seinen »Sinn«.

* Grundwahrheit der Mathematik.

Bemerkung (*Grundlagen*): In der Aussage »die mittlere Jahrestemperatur {eines Ortes} hängt von seiner geographischen Breite ab« ist »eines Ortes« eine Variable und das Wort ›mittlere Jahrestemperatur‹ tritt in seiner 2ten Bedeutung auf. Es bezeichnet den Be-

2 **Argumentklammer**: Vgl. Gottlob Frege, ›Grundgesetze der Arithmetik‹, op. cit., § 25, S. 42: »Der Buchstabe ›β‹ füllt hier in der Klammer die Stelle des Arguments der als Argument auftretenden Function aus.«

9 **Funktion als etwas Unvollständiges**: Vgl. Gottlob Frege, ›Grundgesetze der Arithmetik‹, op. cit., § 1, S. 5: »Der Ausdruck einer Function ist ergänzungsbedürftig, ungesättigt.«

24 Oder auch: »η αρχή είναι το ήμισυ του παντός« bzw. »αρχή ήμισυ […] παντός«. Wörtlich übersetzt lautet der Spruch: »Der Anfang ist die Hälfte des Ganzen.« Vgl. Platon, ›Gesetze‹, VI, 753e; Aristoteles, ›Politik‹ V 4, 1303b 29.

2 **Buchstaben:** Im Manuskript hier eine andere Schreibweise für ›Buchstabe‹ als beim ersten Vorkommnis

* Oder einen Wertverlauf dieses Begriffs.

griff ›mittlere Jahrestemperatur‹* (nicht die einzelnen Exemplare in mehrdeutiger↓ Weise).

{*Beweis*:} Man kann nicht »Berlin« einsetzen und »eines Ortes« kann weggelassen werden.

Bemerkung (*Grundlagen*): Viele Relationen werden durch Hauptwörter bezeichnet, indem sie als Funktionen aufgefasst werden (eventuell als mehrdeutige).

Ist eigentlich im »Sprachbewusstsein« ein Unterschied zwischen »Hut des *A*« und »Sohn des *A*«?

→ Wenn Worte in dieser Bedeutung (als Begriff) verwendet werden, so hat man den Impuls, sie in einer [542] anderen Betonung auszusprechen. Hat man diesen *Impuls* gelernt?

Bemerkung (*Philosophie*): Bei einer gewissen *Interpretation* der Worte zerfällt der Satz in sinnvolle und sinnlose Worte, der Beweis in falsche und richtige.

Bei dem Wort »Argument« ist aber diese Auffassung die richtige: Argument für *A* = etwas, was von irgendjemandem als Beweis für *A* angeführt wird (eigentlich: Argument des *X*, *A*).

Bemerkung (*Philosophie*): Sind die Sprachen vielleicht so kunstvoll konstruiert, dass das, was für das Ohr »schlecht klingt« (z. B. in *Rythmus*, Vokalhäufung *etc.*), auch grammatisch unrichtig oder inhaltlich falsch ist?

Bemerkung (*Philosophie*): Viele Begriffe haben eine juristische und eine faktische Bedeutung. Zum Beispiel: [543]

A ist Lehrer von *B* im Fach *C*, wenn *A* dem *B* Anweisungen gibt, deren Befolgung bei einem normalen Menschen eine Vermehrung des Wissens im Fach *C* zur Folge hat. [Oder für ein theoretisches Fach: Wenn *A* dem *B* gegenüber richtige, zum Fach *C* gehörige Aussagen macht, deren Anhören und Sich-Aneignen (Merken) eine Vermehrung des Wissens (oder Könnens) im Fach *C* zur Folge hat.**

B ist Schüler von *A*, wenn er diese Anweisungen befolgt [beziehungsweise diese Aussagen anhört und sich anzueignen sucht]. Oder aber, wenn *A* dem *B* gegenüber (beziehungsweise *B* dem *A* gegenüber) verpflichtet ist, es zu tun |; die Verpflichtung des *A* stammt aus seiner Stellung (offizieller Lehrer) oder aus einem pri-

** Oder die Vorschriften können auch falsch sein (ebenso die Aussagen), aber sie müssen *approximativ* richtig sein und bei einem selbstständig denkenden Individuum die Erkenntnis der richtigen Aussagen zur Folge haben.

2 ↓: Pfeil zeigt nach unten auf ›wenn Worte in dieser Bedeutung‹ in der nächsten Bemerkung Grundlagen
11 →: Pfeil zeigt von der vorangegangenen Bemerkung von »in mehrdeutiger Weise« auf »wenn Worte«
17 **und richtige.**: Gödel hat danach zwei Zeilen frei gelassen
19 :: Im Manuskript das Gabelsberger-Satzzeichen für ›Punkt‹
39 ›)‹ von der Editorin gelöscht
40 **offizieller**: Andere Lesart: öffentlicher

vaten Vertrag mit *B* (oder dessen Vater *etc.*). Die Verpflichtung des *B* erwächst entweder einer anderen Person (Vater) gegenüber oder sich selbst gegenüber auf Grund eines [544] Vorsatzes.

Das Fassen eines Vorsatzes (oder eines Entschlusses) verpflichtet den Betreffenden sich selbst (oder Gott**?**) gegenüber. Es ist ein sich selbst (oder Gott**?**) gegebenes Versprechen. Daher ist das wirkliche Fassen eines Entschlusses (mit dem vollen Bewusstsein, was das bedeutet) etwas Großes.

Bemerkung (*Philosophie*): Gewisse Fächer wurden in der Mittelschule überhaupt nicht unterrichtet. Bei Logik und *Psychologie* wurde nicht einmal der Anschein eines Unterrichts erweckt.* Dann in der Reihenfolge der Schlechtigkeit: Religion, Biologie (*incl.* Geologie und *Anthropologie*), Deutsch, Geschichte und Geographie.** Relativ am besten wurden noch die Fremdsprachen (Französisch, Lateinisch, Englisch) und Mathematik, Physik, Chemie, darstellende Geometrie unterrichtet.

Das, was in Biologie und Geschichte fehlt, ist der Ausblick. Man muss mit den höchsten [545] | zu Grunde liegenden Ideen (Leben, Macht) anfangen und dann immer mehr ins Spezielle gehend ihre Realisierung in der Wirklichkeit studieren.***

In der Geographie fehlen die Soziologie und Wirtschaftsgeographie vollständig [diese würden aber erst das Mittel an die Hand geben, sich die Namen der einzelnen Städte *etc.* zu merken, ebenso wie in der Geschichte die Jahreszahlen].†

Was im Deutschunterricht fehlt, ist das genaue Lernen der Sprache, das heißt insbesondere die genaueren Bedeutungsunterschiede abstrakter Worte (das würde am besten durch Übersetzungen gelernt). Von diesem Fach ist nicht einmal der Name vorhanden.‡

Auch ist dafür kein Ersatz im Unterricht der Fremdsprachen gegeben, weil die Aufmerksamkeit hier nicht gerichtet wird auf die genaue Erfassung des Sinns (aus dem Zusammenhang) und dann auf den genau richtigen Ausdruck, sondern es wird zunächst wörtlich übersetzt und dann »in ein schönes Deutsch« verwan-

* Sondern nur der Name.

** Das sollte hauptsächlich Soziologie der Gegenwart sein.

*** Mit anderen Worten, es fehlt die »Bedeutung« der Sache, ebenso wie in der Geschichte und Geographie.

† Mathematik und Sprachen sind die besten Fächer, weil es beinahe unmöglich ist, sie ganz schlecht zu unterrichten.

‡ [546] Es kommt auf genaues Erfassen des Sinns (bei sehr guten Schriftstellern) an. Die Schwierigkeit besteht darin, dass man die unbewusste Überzeugung hat, dass man das »ohnehin« kann. Anmerkung E.-M. E.: Klammer schließt im Manuskript nach ›an‹, von der Ed. verbessert.

18 **Biologie und Geschichte:** Gödel führt hier für Biologie und Geschichte die jeweiligen Grundbegriffe ›Leben‹ und ›Macht‹ an. In Kurt Gödel, ›Maximen III‹, S. 62, Z. 12–14, gibt er den für Psychologie an. Dort heißt es: »Durch ein Wort ist es manchmal möglich, eine ganze Wissenschaft zu begründen. Für die Psychologie heißt dieses Wort ›finis‹.« Auf Seite 113, Z. 6, gibt er den Grundbegriff für die Geschichtswissenschaft wie folgt an: »die Macht geht über auf …«, und weitere für Psychologie.

19 ›höchsten‹ von der Editorin gelöscht

29 **Von diesem Fach ist nicht einmal der Name vorhanden:** Im Manuskript zweimal unterstrichen, einmal davon dick

33 ›richtiger‹ von der Editorin verbessert in ›richtigen‹

33 **genau richtigen Ausdruck:** Andere Lesart: genauen, richtigen Ausdruck

delt. Wobei ungewöhnliche Worte (die gar keinen genauen Sinn haben) [546] zum Beispiel alsbald die Falschheit verdecken. Vor allem aber wird nicht genügend Zeit auf einen Satz verwendet, so lange, bis die richtige Übersetzung gefunden ist.

Bemerkung (*Philosophie*): Die Menschen können eingeteilt werden nach:

1. Charakter [Eigenschaften des Willens],
2. Temperament [= Eigenschaften der Seele, insofern sie noch nicht durch den Charakter gegeben sind],
3. nach Geist [Verstand],
4. nach sozialer Stellung (Geldmittel sind darin enthalten).

Nach sozialer Stellung zerfallen sie in:

1. Herren [= Adelige und Kapitalisten, diejenigen, die ein »Reich« mit Untergebenen haben, zum Beispiel eine Fabrik],
2. Sklaven.

Diese Letzteren zerfallen in:

1. solche, die das Regierungssystem der Herren kennen und gegen größere oder geringere Entlohnung (Kaufpreis) und in größerem oder geringerem Maße daran mithelfen; das sind die Intellektuellen,
2. die Vorarbeiter,
3. die Arbeiter.

Da in jeder historischen Epoche (charakterisiert durch die Verteilung der Macht, die Art und die Zwecke ihrer Ausübung und Erhaltung) | Reste der vorhergehenden Epoche vorhanden sind, so sind manche dieser Schichten in doppelter Auflage vorhanden, und da [547] das ganze System in ständiger Bewegung ist, kommt es bei jedem Mensch auch darauf an, seit wann er in der jetzigen Klasse ist und in welcher er früher war. Manche gehen dabei in eine ande-

2 **Vor allem aber wird nicht genügend Zeit auf einen Satz verwendet, so lange:** Im Manuskript zweimal unterstrichen, einmal davon dick
4 **die:** Im Manuskript zweimal dick unterstrichen
27 ›**.**‹ von der Editorin gelöscht

6 **Die Menschen können eingeteilt werden:** Vgl. Manuskriptseite 471, Bemerkung Philosophie 1; Einfügung am oberen Rand von Manuskriptseite 472; Manuskriptseite 485, Bemerkung Philosophie 1.
14 **Nach sozialer Stellung zerfallen sie:** Vgl. Kurt Gödel, ›Philosophie I Maximen 0‹, S. 99, Z. 17f.; ›Zeiteinteilung (Maximen) I und II‹, S. 80, Z. 25; ›Maximen III‹, S. 167, Z. 1–4.
22 **Intellektuellen:** Vgl. Kurt Gödel, ›Zeiteinteilung (Maximen) I und II‹, S. 93, Z. 8f.

re soziale Schicht über (qualitative Veränderung), andere erfahren bloß quantitative Veränderungen.

Der wirkliche Aufstieg ist etwas fast Unmögliches?* Aber oft gibt es einen scheinbaren Aufstieg (d.h. die betreffende Person glaubt, dass sie aufgestiegen ist).**

Bemerkung (*Philosophie*): »Heiden« [solche, die zu fremden Göttern, den *di gentium*, beten] sind solche Personen, die die wahren *psychologischen* Wirkungsgesetze dieser Welt kennen [insbesondere, was den Erwerb und Verlust von »Gut« betrifft] und ihr Leben so einrichten, dass es ihnen auf Grund dieser Gesetze gut geht [nicht auf Grund des göttlichen Erbarmens, das heißt *non ex fide vivunt*]. Diese Gesetze erstrecken sich über das Grab hinaus: Jeder lebt so lange und so *intensiv*, als andere für ihn etwas tun, ihn verehren, daher Ahnenkult und [548] Streben nach Berühmtheit und Nicht-Aussterben der Rasse.

Grundprinzip: Man kann nur dadurch besitzen, dass ein anderer verliert (insbesondere aber auch durch eigene Mühe und Plage); ferner eine Art von Gerechtigkeit (aber nicht die wahre) und Notwendigkeit, seine Rechte zu »behaupten« (z.B. ihre Affären). Ausgangspunkt ist die »Anlage« und das väterliche Erbe*** (Anlage = Geist, Gefühl, Wille, Körper). Außerdem noch »göttliche Eingriffe« in späteren Jahren? (*spiritus ubi vult spirat*) – Dieses Kapital kann man entweder verschwenden (mit oder ohne Lustgewinn, im letzteren Fall durch bloße Dummheit, d.h. falsches Verhalten) oder vermehren durch Arbeit und vernünftiges Verhalten.

Diese Theorie ist die der *Newton*schen Physik entsprechende *Psychologie*. Es gibt 2 Prinzipien dieser Theorie:

* Die Ersparnisse werden immer wieder von Zeit zu Zeit aufgezehrt (durch *Inflation*, Krieg *etc.*).

** Der Zustand eines Menschen ist am besten charakterisiert durch die Anzahl der Pflichten, die er getan beziehungsweise vernachlässigt hat (Unschuld). Anmerkung E.-M. E.: Andere Lesart: und Schuld

*** (Erziehung ist eine Arbeit, weil wir keine Engel sind.) Dazu auch die Unterweisungen durch die Eltern, zu denen diese verpflichtet sind und auch einen natürlichen Trieb dazu haben. Ferner liegt es auch in ihrem materiellen Interesse.

1 **soziale Schicht:** Vgl. ›Philosophie I Maximen 0‹, S. 45, Z. 11; ›Zeiteinteilung (Maximen) I und II‹, S. 75, Z. 23, 34; 76, Z. 2.

8 **di gentium:** ›Di gentium‹ ist ein Ausdruck, der in der ›Vulgata‹ etwa in Psalm 95,5 vorkommt (»omnes di gentium daemonia«), aber auch insbesondere in Augustins ›De civitate Dei‹. Bezeichnet werden damit die Götter der Heiden.

12 **non ex fide vivunt:** Augustinus, ›De civitate Dei‹, liber 19, Kap. XVII, Abs. 1. Übersetzung: »Sie leben nicht aus dem Glauben.«

20 **Affären:** Hier wie im Französischen (affaire) gebraucht: Geschäft, Sache, Angelegenheit.

23 **spiritus ubi vult spirat:** Evangelium nach Johannes, 3,8. Die Übersetzung lautet gewöhnlich: »Der Wind bläst, wo er will.« ›Spiritus‹ kann aber auch ›Geist‹, ›Weltseele‹ heißen.

27 **der Newtonschen Physik entsprechende Psychologie:** Für Gödel hat die Newtonsche Physik einen Status höchsten Wissens erreicht. Zum Verhältnis von Physik und Psychologie hat er sich auch in späteren Jahren noch gegenüber Hao

7 **Bemerkung (Philosophie):** Im Manuskript zweimal dick unterstrichen

23 –: Im Manuskript das Gabelsberger-Satzzeichen für ›Punkt‹

1. Was mit einem Menschen äußerlich geschieht, hängt nur ab von seinem [549] äußeren Verhalten (insbesondere nicht von der Absicht, in der er etwas tut, = *Prinzip* des Materialismus). {*Meyer*}
2. Was mit einem Menschen innerlich geschieht (seine Erlebnisse, Genüsse, Leiden) hängt nur ab von seinen inneren Handlungen.* [Jedes Wesen ist eine Welt für sich, vollständig getrennt von allen anderen = *Monaden*lehre (Solipsismus).]

Oder hängt es auch ab von der Absicht, welche andere Wesen gegen diesen hegen? (Zum Beispiel, wenn jemand die ehrliche Absicht hat,** diesen in einer Sache zu unterrichten (und außerdem die Berechtigung als Lehrer), aber durch äußere Verhältnisse daran gehindert ist. Wird sich das später in guten Einfällen und der in die Hände gelangenden guten Bücher zeigen?). Auch gegen die Gesetze der Materie**?** (Das würde den »Geist« einer Sache, soweit er von der äußeren Form unabhängig ist, erklären.)

Die etwas Großes für die Menschheit leisten, haben dadurch den »Anspruch« erworben, viele hundert Jahre zu leben. Das ist ein Grund, warum die Reichen und Mächtigen auch in ihrer Seele und im Geist [550] gesünder sind:*** Sie haben in ihrer Jugend keine Pflichten gehabt, die sie hätten vernachlässigen können (Pflichten im Sinne dieser Welt verstanden). Außerdem sind sie vor Krankheiten bewahrt, welche neue Pflichten auferlegen (oder

* Wahrscheinlich bis auf »unwesentliche Transformationen«, welche insbesondere das Maß des Guten invariant lassen.

** So weit, dass er sogar genau überlegt, wie das zu machen wäre.

*** Die Vernünftigen unter ihnen.

Wang wie folgt geäußert: »9.2.36 The Newtonian frame is a kind of absolute knowledge. It is a psychological phenomenon. In this sense absolute knowledge is the frame or backbone or axiom system of a good theory. [...] Psychology is different from physics; in psychology, you don't know.« Hao Wang, ›A Logical Journey. From Gödel to Philosophy‹, Cambridge, Mass./London (MIT Press) 1996, S. 302f.

4 **Meyer:** Sollte hier, wie in ›Maximen VI‹, Theodor A. Meyer gemeint sein, könnte auf dessen Erörterung des Zusammenspiels von innerem Erleben und äußerem Geschehen angespielt sein, wie sie in dessen Hauptwerk ›Das Stilgesetz der Poesie‹, Leipzig (Hirzel) 1901, auf Seite 186 begonnen wird. ›Meyer‹ ist am oberen linken Rand von Manuskriptseite 549 eingefügt.

8 **Monadenlehre:** In der Vorlesung von Heinrich Gomperz heißt es dazu in Gödels Mitschrift: »Die Monaden können nicht aufeinander wirken, sondern die Ursachenreihe liegt nur innerhalb jeder einzelnen Monade« (Gödel-Nachlass, Behältnis 6b, Reihe III, Mappe, 72.6, ursprüngliche Dokumentennummer 030100.5). Vgl. Einleitung zu Kurt Gödel, ›Maximen VI‹, S. 37; dort auch zu ›Monadenlehre‹ S. 68, Z. 17 und 21f.; des Weiteren zu ›Monadenlehre‹ Kurt Gödel, ›Philosophie I Maximen 0‹, S. 95, Z. 9.

8 **Solipsismus:** Extremer erkenntnistheoretischer idealistischer Standpunkt, wonach lediglich das Bewusstsein des Ich oder Subjekts objektive Realität besitzt, nicht aber die Außenwelt.

13 **gehindert ist. Wird:** Andere Lesart: gehindert ist, wird
14 **zeigen?:** Andere Lesart: zeigen.
22 **Außerdem sind sie vor Krankheiten bewahrt:** Andere Lesart: Außerdem vor Krankheiten bewahren

wenn so die Einhaltung erzwungen wird und der Pflichtcharakter durch Lügen zerstört wird?).

Aber auch die ganz Armen, welche durch äußere Gewalt zur Pflichteinhaltung gezwungen werden, genießen diese Vorteile. Ebenso die Soldaten. Ferner auch die, welche ihren Pflichten vollkommen zuwider handeln. Das Zerstören des Gewissens ergibt aber einen umso größeren Nachteil später?*

* Aber vielleicht in einer Zeit, wenn du es eher ertragen kannst, ohne zugrunde zu gehen.

Bemerkung (*Philosophie*): Es gibt 2 Arten des Unbegreiflichen: Einerseits das ins Uferlose gehende Gesetzmäßige und andererseits das Gesetzlose (das Absolute und das Kontinuum).

10 **Uferlose:** Vgl. Kurt Gödel, ›Maximen VI‹, S. 71, Z. 6ff., Marginalie und Fußnote: »[...] der antinomische Charakter des ›Alle‹* *Oder besser, die Möglichkeit, ›alle‹ wieder zum Objekt zu machen und darüber hinauszugehen (die Uferlosigkeit).« In seinem Aufsatz »Some basic theorems on the foundations of mathematics and their implications« von 1951 bezeichnet Gödel die Uferlosigkeit bzw. Unerschöpflichkeit der Mathematik als »inexhaustibility of mathematics«: »The phenomenon of the inexhaustibility of mathematics, however, always is present in some form, no matter which standpoint is taken« (Kurt Gödel, ›Collected Works‹, Bd. III, op. cit., S. 305). »[...] not only that the procedure just described can be carried out with any operation, but that moreover there should exist a set closed with respect to it, that is, one which has the property that, if this procedure (with any application) is applied to elements of this set, it again yields elements of this set« (ebd., S. 307).

11 **das Absolute:** Vgl. Kurt Gödel, ›Zeiteinteilung (Maximen) I und II‹, S. 141, Z. 23; 146, Z. 2f.: »Über das Absolute sollst du nicht nachdenken: Das ist der Sinn der Auflösung der Antinomie durch die Typenlehre«; 188, Z. 24; 238, Z. 6ff.; ›Maximen III‹, S. 39: »class = absolute«; 68, Z. 9; ›Maximen IV‹, S. 45, Z. 28ff.; ›Maximen VI‹, S. 93, Z. 2ff. In Gödels Monographie ›The Consistency of the Axiom of Choice and of the Generalized Continuum Hypothesis with the Axioms of Set Theory‹ von 1940 heißt es zu ›Absolutheit‹ etwa auf Seite 1: »In several places (in particular for the ›general existence theorem‹ on page 8 and the notions of ›relativization‹ and of ›absoluteness‹ on page 42) we are concerned with metamathematical considerations about the notions and propositions of the system *S*.« Ebd. auf Seite 42f. gibt Gödel die Definitionen dafür an, wann spezielle Klassen, Begriffe und Operationen ›absolut‹ genannt werden.

11 **das Kontinuum:** Vgl. Kurt Gödel, ›Zeiteinteilung (Maximen) I und II‹, S. 98, Z. 14; 102, Z. 13f., 17 und 18f.; 108, Z. 24; 114, Z. 7f.; 115, Z. 2–5; 116, Z. 3–6; 117, Z. 10 und 15; 122, Z. 13f.; 123, Z. 14f.; 124, Z. 13; 126, Z. 27f.; 138, Z. 1f.; 141, Z. 20; 142, Z. 4; 155, Z. 20f.; 160, Z. 12–17; 161, Z. 9–10; 181, Z. 7f. und 12f.; 186, Z. 10; 188, Z. 14; S. 267, Z. 26; ›Maximen III‹, S. 63, Z. 2f.; 68, Z. 9; ›Maximen IV‹, S. 85, Z. 27; 91, Z. 31; 99, Z. 24ff.; 109, Z. 26; 110, Z. 1f.; 114, Z. 11; ›Maximen V‹, S. 105, Z. 10f., 12; ›Maximen VI‹, S. 75, Z. 2.

6 ›das‹ von der Editorin verbessert in ›des‹

[551]

Bemerkung (*Philosophie*): Die Kantische praktische Philosophie (Annahme der Existenz Gottes oder moralischer Gründe) passt sehr gut zu seiner theoretischen**:** Annahme gewisser *synthetischer* Urteile *a priori*, weil sie notwendige Voraussetzung der Erkenntnis (Erfahrung) sind. Es ist moralisch richtig, für sich zunächst bloß Erfahrungen zu machen**.** Die praktische *Philosophie* ist dasselbe in **»**verkonvertierter**«** Form.

2 **Kantische praktische Philosophie:** Zur praktischen Philosophie Immanuel Kants zählen insbesondere die ›Kritik der praktischen Vernunft‹ (1788), die ›Grundlegung zur Metaphysik der Sitten‹ (1785) sowie die ›Metaphysik der Sitten‹ (1797).

3 **Annahme der Existenz Gottes:** Kant nennt ›Gott‹, ›Seele‹ und ›Welt‹ (als Einheit) auch transzendentale Ideen oder Begriffe der Vernunft.

6 **moralisch richtig:** Hier verwendet Gödel ›moralisch‹ nicht so, wie er es in ›Philosophie I Maximen 0‹, S. 97, Z. 8ff. tut, sondern im Sinne von »das als richtig zu tun Gebotene«. Bei Kant sind sowohl ethische als auch naturwissenschaftliche Prinzipien regulativ zu verstehen. In Immanuel Kants ›Kritik der reinen Vernunft‹ B 679, 680/A 651, 652 heißt es: »Denn das Gesetz der Vernunft, sie [d. i. die Prinzipien der Vernunft] zu suchen, ist notwendig, weil wir ohne dasselbe gar keine Vernunft, ohne diese aber keinen zusammenhangenden Verstandesgebrauch, und in dessen Ermangelung kein zureichendes Merkmal empirischer Wahrheiten haben würden [...]. Wir finden diese transzendentale Voraussetzung auch [...] in den Grundsätzen der Philosophen [...]; daß also eine gewisse systematische Einheit aller möglichen empirischen Begriffe, so fern sie von höheren und allgemeineren abgleitet werden können, gesucht werden müssen: ist eine Schulregel oder logisches Prinzip, ohne welches kein Gebrauch der Vernunft stattfände [...].« Die Hervorhebungen sind von der Editorin, die den Hinweis auf diese Stelle bei Kant Alexander Englert verdankt.

7 **Die praktische Philosophie ist dasselbe in »verkonvertierter« Form:** Unter der Überschrift »Kritische Beleuchtung der Analytik der reinen praktischen Vernunft« heißt es in Immanuel Kants ›Kritik der praktischen Vernunft‹ in A 160: »Die Analytik der reinen theoretischen Vernunft hatte es mit dem Erkenntnisse der Gegenstände [...] zu tun, und mußte also von der Anschauung, mithin [...] von der Sinnlichkeit anfangen, von da aber allererst zu Begriffen [...] fortschreiten, und durfte, [...] mit Grundsätzen endigen. Dagegen, weil praktische Vernunft es nicht mit Gegenständen [...], sondern mit ihrem eigenen Vermögen [...], d. i. es mit einem Willen zu tun hat, [...] da sie [...] als praktische Vernunft, nur ein Gesetz derselben anzugeben hat: so muß eine Kritik der Analytik derselben [...] von der Möglichkeit praktischer Grundsätze a priori anfangen. Von da konnte sie allein zu Begriffen der Gegenstände einer praktischen Vernunft, nämlich denen des schlechthin-Guten und Bösen fortgehen, um sie jenen Grundsätzen gemäß allererst zu geben, [...] und nur alsdann konnte allererst das letzte Hauptstück, nämlich das von dem Verhältnisse der reinen praktischen Vernunft zur Sinnlichkeit und ihrem notwendigen, a priori zu erkennenden Einflusse auf dieselbe, d. i. vom moralischen Gefühle, den Teil beschließen.«

6 **sich zunächst bloß:** Andere Lesart: sich davon bloß

Bemerkung (*Grundlagen*): Bei der Fregeschen Scheidung von deutschen, griechischen und lateinischen Buchstaben bedeuten die deutschen und griechischen dasselbe, nämlich: Ein Ausdruck, der sie enthält, bezeichnet eine Funktion. Dagegen: Ein Ausdruck, der die lateinischen enthält, macht eine allgemeine Aussage (und allgemein dasselbe wie der entsprechende Ausdruck mit durch Allquantor gebundenen Variablen). Die Trennung der deutschen und griechischen Buchstaben ist überflüssig.

Bemerkung (*Grundlagen*): Das, was beim tatsächlichen Denken in uns ist, sind nicht bloß mögliche [552] Sachverhalte (oder ihre Bilder), sondern immer auch eine bestimmte Stellungnahme zu diesen, indem sie entweder als Frage oder Wunsch oder Urteil erscheinen (wobei Wahrheit in faktische und ideelle zerfällt, das heißt ins Sein und das Sollen*) oder als Subjekt zu einem anderen Sachverhalt (in diesem Sinn sind auch Dingnamen in uns).

* [551] Dem entsprechen die beiden Worte ›wahr‹ und ›richtig‹**?**

Bemerkung (*Psychologie*): Auch die bei mir gestörte *psychische* Funktion des In-persönliche-Beziehung-zu-anderen-Menschen-Tretens** [durch mitteilen, fragen, bitten, scherzen] kann vielleicht durch Begriffsanalyse dessen, was das bedeutet und was die Gründe meiner Störung sind, in Ordnung gebracht werden (und worin meine Störung besteht, worin das normale Verhalten besteht und was der Mechanismus, das heißt, die Triebkräfte des normalen Verhaltens, ist).

** Da auch die Sprachfunktion dazugehört, sind diese *psychischen* Funktionen sehr wichtig für die Intelligenz.

Insbesondere könnte eine Ursache sein, dass ich jeden Menschen als Konkurrenten (um eine Stellung, {Geld}, Genuss, Achtung) betrachte und als einen, der mich als Konkurrenten betrachtet. Vielleicht könnte auch eine Ursache sein, dass ich als Kind jedem in rücksichtsloser Neugierde direkt ins Gesicht zu sehen die Gewohnheit hatte. [553] Ferner auch der übermäßige Wunsch zu gefallen und die übermäßige Furcht zu missfallen, welche bei jeder Anknüpfung persönlicher Beziehungen die Aufmerksamkeit von

1 **Fregeschen Scheidung von deutschen, griechischen und lateinischen Buchstaben:** Vgl. Gottlob Frege, ›Grundgesetze der Arithmetik‹, op. cit., § 5, S. 9, Fn. 3; § 9, S. 15; § 17, S. 31; § 19, S. 34f.; § 26, S. 43f.; § 28, S. 45; § 33, S. 51f.; § 48, Pkt. 5, 9–11, S. 62f.; § 50, S. 66f. In Gödels Notizbuch ›Logisches Notizheft. Altes Excerpten Heft I (1931 – ...)‹, op. cit., Manuskriptseite 30, heißt es: »Ein deutscher und lateinischer Buchstabe bedeuten nicht einen Gegenstand, sondern deuten an.«

25 ›sind‹ von der Editorin verbessert in ›ist‹
30 **sehen:** Andere Lesart: sagen

der Sache auf die Vorstellung meiner selbst und des Eindrucks, den ich mache, ablenken.

Bei jeder Sache, die man lernen will, ist das Wesentliche zu wissen, worauf man die Aufmerksamkeit zu richten hat [d. h. welche Ziele man sich zu stecken hat], und zu lernen, dies zu tun [rasche Reaktion auf [Sinnes]-Eindrücke]. Auf diese Weise kann man vielleicht sogar lernen zu scherzen, indem | man die Aufmerksamkeit auf das Richtige richtet. Dann hat man von selbst die nötigen Einfälle.

Bemerkung (*Philosophie*): Die Römer sind genau der Abklatsch der Griechen (z. B. *Cäsar* entspricht *Alexander*, *Plinius Aristoteles*). Ein Verhältnis wie Mond zu Sonne, *Hahn* : *Furtwängler*, *Brouwer* : *Hilbert*, Unabhängigkeit der Kontinuumshypothe-

11 **Die Römer sind genau der Abklatsch der Griechen:** Vgl. Plutarchs parallele Lebensbeschreibungen (›οἱ βίοι παράλληλοι‹, ›Vitae parallelae‹). Auch Plutarch vergleicht Caesar mit Alexander.

12 **Cäsar:** Gaius Julius Caesar (100 v. Chr. – 44 v. Chr.), römischer Staatsmann und Feldherr.

12 **Alexander:** Alexander der Große (356 v. Chr. – 323 v. Chr.), König der Mazedonier und Feldherr.

12 **Plinius:** Plinius der Ältere (ca. 23 n. Chr. – 79 n. Chr.), römischer Gelehrter und Naturforscher.

12 **Aristoteles:** Aristoteles (384 v. Chr. – 322 v. Chr.), griechischer Philosoph und Naturforscher.

13 **Hahn:** Hans Hahn (1879–1934), österreichischer Mathematiker und Philosoph, der an der Universität Wien gelehrt hat. Gödel hat zwischen dem Wintersemester 1924/25 und dem Wintersemester 1928/29 Veranstaltungen bei ihm besucht.

13 **Furtwängler:** Philipp Furtwängler (1869–1940), deutscher Mathematiker, der an der Universität Wien gelehrt hat. Gödel hat zwischen dem Wintersemester 1924/25 und dem Wintersemester 1928/29 Veranstaltungen bei ihm besucht.

14 **Brouwer:** Luitzen Egbertus Jan Brouwer (1881–1966), niederländischer Mathematiker, Begründer des Intuitionismus, der unter anderem wichtige Beiträge zu den Grundlagen der Mathematik geleistet hat.

14 **Hilbert:** David Hilbert (1862–1943), deutscher Mathematiker, Begründer des Formalismus, der unter anderem wichtige Beiträge zu den Grundlagen der Mathematik geleistet hat.

14 **Unabhängigkeit der Kontinuumshypothese:** Die Unabhängigkeit der Kontinuumshypothese von den Axiomen der Zermelo–Fraenkel-Mengenlehre gilt als eines der wichtigsten Ergebnisse der Mengenlehre. Cantors Kontinuumsproblem hat Gödel selbst wie folgt formuliert: »How many points are there on a straight line in Euclidean space? […] How many different sets of integers do there exist?« (Kurt Gödel, »What is Cantor's Continuum Problem?«, 1947). Die Frage ist, ob es eine Kardinalzahl gibt, die zwischen der Kardinalität der Menge der natürlichen Zahlen und der Kardinalität der Menge der reellen Zahlen liegt. Nach Georg Cantors Hypothese gibt es eine solche nicht. Anders ausgedrückt: Jede unendliche Teilmenge des Kontinuums hat entweder die Mächtigkeit der Menge der natürlichen Zahlen oder die des gesamten Kontinuums. Gödel hat

7 ›wenn‹ von der Editorin gelöscht

se zu Widerspruchsfreiheitsbeweis der Kontinuums*Hypothese* (= **?** Einstein **:** Weyl, *Russell* **:** *Frege*).

[554]
Bemerkung {(*Theologie*)}: Wenn der Zweck des zeitlichen Daseins darin besteht, die moralische Qualität jedes Wesens ans Licht zu bringen (und zwar mit möglichst großer Genauigkeit), so muss das ähnlich sein wie die *Approximation* eines *irrationalen* Punktes durch *dyadische* Entwicklung**.** Das heißt, auf ein Verdienst erfolgt die Erschwerung der Bedingungen, so lange, bis eine Sünde eintritt,* dann wieder Erleichterung, *etc.***.**

Der Augenblick der Geburt ist dabei der der *maximalen* Schwierigkeit (weil gar keine Vernunft vorhanden und Lage schwierig), so dass in diesem Augenblick alle Menschen sündig sind**.**

?Der Tod ist der Augenblick, wo der genaue Charakter getroffen wird**?** Andererseits ist der Tod der Augenblick, in dem entweder die ständigen kleinen Sünden [Altersschwäche] oder eine große Sünde [gewaltsamer Tod] das ganze Kapital des Guten aufgezehrt haben**?** – Anderseits aber auch eine Vorbereitung für den durch die Prüfung bestimmten bestmöglichen Platz**.** Schon innerhalb des Lebens hat ein Teil zum anderen oft dieses Verhältnis.

* *inclinavit ex hoc in hoc* (*Psalm* 74). Anmerkung E.-M. E.: In der Luther-Übersetzung von 1912 ist das Psalm 75, 9; Übersetzung: »er schenkt aus demselben ein«. Der ganze Satz lautet in der Luther-Übersetzung von 1912: »Denn der Herr hat einen Becher in der Hand und mit starkem Wein voll eingeschenkt und schenkt aus demselben, aber die Gottlosen müssen alle trinken und die Hefen aussaufen.« In der Übersetzung von Arnold Stadler: »In seiner Hand ist ein Becher – mit saurem und bitterem Wein, den gibt er ihnen. Den müssen sie trinken. Alle, die Unmenschen dieser Erde, samt den Schlieren hinabspülen.« Arnold Stadler, ›»Die Menschen lügen. Alle« und andere Psalmen‹, Frankfurt a. M./Leipzig (Insel) 2004, 9. Aufl., S. 52f.

gezeigt, dass die Kontinuumshypothese (CH) nicht in der Zermelo–Fraenkel-Mengenlehre mit Auswahlaxiom (ZFC) widerlegbar ist, indem er (annehmend, dass ZFC widerspruchsfrei ist) ein Modell von ZFC + CH konstruiert hat; die Kontinuumshypothese ist also relativ konsistent zu ZFC. Paul Cohen hat dann 1963 gezeigt, dass die Kontinuumshypothese nicht aus ZFC beweisbar ist (also dass die Negation der Kontinuumshypothese mit ZFC relativ konsistent ist), indem er (die Konsistenz von ZFC annehmend) ein Modell von ZFC + ¬CH konstruiert hat.

1 **Widerspruchsfreiheitsbeweis der KontinuumsHypothese:** Dass ZFC zusammen mit der Kontinuumshypothese widerspruchsfrei ist, falls ZFC widerspruchsfrei ist, wurde von Gödel 1940 gezeigt. Vgl. Kurt Gödel, »Lecture [on the] Consistency [of the] Continuum Hypothesis«, in: Kurt Gödel, ›Collected Works‹, Bd. III. ›Unpublished Essays and Lectures‹, op. cit., S. 175–185.

2 **Einstein:** Albert Einstein (1879–1955), deutschstämmiger Physiker. Da die Nachahmer großer Vorbilder hier ansonsten an erster Stelle genannt sind, müsste es »Weyl : Einstein« heißen.

2 **Weyl:** Hermann Weyl (1885–1955), deutscher Mathematiker, theoretischer Physiker und Philosoph.

2 **Russell:** Bertrand Russell (1872–1970), britischer Philosoph und Logiker.

2 **Frege:** Gottlob Frege (1848–1925), deutscher Mathematiker, Logiker und Philosoph.

9 **durch dyadische Entwicklung:** Dual- oder Binärdarstellung einer irrationalen Zahl.

14 **sündig:** Andere Lesart: sündigen

19 **–**: Im Manuskript das Gabelsberger-Satzzeichen für ›Punkt‹

[555]
Bemerkung (*Philosophie*): Eine **»**Stellung**«** (*position*) ist ein Arbeitsvertrag, welcher aber in verschiedenen Stadien der **»**Realisierung**«** sein kann, insbesondere entweder Angebot (d. h. in der Absicht der einen Vertragsseite realisiert*) oder besetzt, dann ganz realisiert**.** Die Stellung ist aber der Arbeitsvertrag, sofern er realisiert ist, denn es kann verschiedene genau gleiche Stellungen geben.

* Oder durch Gesetz (d. h. Verpflichtung der Besetzung).

Bemerkung (*Philosophie*): Die Aussage, dass etwas besteht:
1. der logischen (verbalen) Möglichkeit nach,
2. der naturgesetzlichen (d. h. ideellen) Möglichkeit | nach,
3. in der Absicht jemandes (d. h. in *psychologischer* Möglichkeit),
4. in der physischen** Realität,

bedeutet verschiedene Stufen der **»**Realisierung**«**.

** Oder *psychischen* (d. h. juristischen) Realität.

Welchem Reich gehört aber eigentlich die Sache an, die in diesen verschiedenen Graden realisiert sein kann**?** Zum Beispiel die **»**Stellung**«** der vorigen Bemerkung**?** Ist sie eine *essentia* (d. h. *Definition*, unter die höchstens ein Gegenstand fällt), das heißt, sie ist ein bloßes Wort oder eine Realität noch [556] geringeren Grades**?** Das sollte also eigentlich ›verbale Möglichkeit‹ heißen, denn auch der Satz vom Widerspruch kann mit Worten negiert werden.

Bemerkung (*Philosophie*): Die Rechtsverhältnisse, die bestehen (welche nur auf Seelen oder Geister sinnvoll anwendbar sind), sind ein System von Relationen, welche den tatsächlichen überlagert sind und nicht aus den tatsächlichen definierbar sind (denn *psychologisch* unterscheidet sich jemand, der eine seiner Verpflichtungen vollständig vergessen hat, nicht von dem, der sie nicht vergessen hat)**.**

Das Entstehen und Aufhören dieser Relationen werden durch gewisse *Axiome* geregelt (der einzige Grundbegriff ist **»**Sollen**«** oder **»**Pflicht**«**), daher sind sie ähnlich wie die Körper aus den Sinneswahrnehmungen *prinzipiell* auch definierbar (wenn das auch nicht praktisch durchführbar ist). Und in diesem Sinn sind die Rechtsverhältnisse das Gedächtnis für tatsächliche Verhältnisse,

11 ›)‹ von der Editorin gelöscht
23 **Bemerkung:** Im Manuskript zweimal dick unterstrichen
27 **psychologisch:** Andere Lesart: psychisch
28 **vergessen:** Zu lesen ist ›vergeht‹, was aber keinen Sinn ergibt. Unterstellt man, dass die letzte Schleife beim Schreiben nicht richtig geschlossen wurde, wäre ›vergessen‹ zu lesen

17 **essentia:** Vgl. Kurt Gödel, ›Maximen VI‹, S. 88, Z. 22f.: essentia = substantielle Definition.
21 **Satz vom Widerspruch:** Nach dem Satz vom Widerspruch (principium contradictionis) können zwei einander widersprechende Aussagen nicht beide wahr sein.

besser aber werden sie angesehen als eine Theorie der tatsächlichen Verhältnisse.

Das heißt: Recht : *Psychologie* = Atomphysik : *Phänomenologie*. Das Sollen ist also [557] etwas Ähnliches wie das elektrische Feld oder die Kräfte. Eine Kraft, welche die Wirklichkeit im Sinne der Realisierung des Sollens zu verändern strebt, unterscheidet sich aber von *physischer* Kraft durch unsere gefühlsmäßige Einstellung. Nämlich:

1. Dass es so geschieht, erscheint »schön«.
2. Wir fühlen uns »verpflichtet«, dazu beizutragen (Phänomen des Gewissens). Wenn wir es nicht tun, finden wir keine Ruhe und leiden darunter.

Bemerkung (*Philosophie*): (*intel{ligendo} facere ut non intelligant*) Man denkt nur an die Erklärung (das Verstehen), bevor man noch das bloße Faktum (oder die Worte) genau erfasst hat. Bevor man die Ursache sucht, muss man erst die Tatsachen erfassen (daher wird auch eine Sprache am besten gelernt, wenn man zuerst Sprechen hört, ohne zu verstehen). Das Nicht-Einhalten führt zu »krampfhaften« und »weithergeholten« Erklärungen. Daher ist es auch besser, in einer Fremdsprache zu lesen,* weil dann notwendigerweise mehr Aufmerksamkeit [558] auf das bloße Wort und den wörtlichen Sinn gerichtet wird.

Diese Erkenntnis kam mir anlässlich der Lektüre der *Psalmen*, wo mir auch das bloße Auffassen der wörtlichen Bedeutung einen Sinn zu haben schien. Das Auffassen des richtigen wörtlichen Sinns ist viel wichtiger, als man glaubt.**

Bemerkung (*Philosophie*): Was im Denken besonders leicht verwechselt wird (was gewissermaßen wie auf einer Riemannschen

* Und Dinge, die in einem guten Stil geschrieben sind.

** Zum Beispiel Moses und die Flamme im Dornbusch [oder Verständnis einer Kleinigkeit zu Beginn einer Abhandlung]. → Das ist ein spezieller Fall des Prinzips, dass man erst zum Schwierigeren übergehen darf, wenn man das Einfache beherrscht. Anmerkung E.-M. E.: Moses 3,2; dort heißt es in der Übersetzung von Luther 1912: »Mose aber hütete die Schafe Jethros, seines Schwiegervaters, des Priesters in Midian, und trieb die Schafe hinter die Wüste und kam an den Berg Gottes, Horeb. Und der Engel des Herrn erschien ihm in einer feurigen Flamme aus dem Busch. Und er sah, daß der Busch mit Feuer brannte, und ward doch nicht verzehrt; und sprach: Ich will dahin und beschauen dies große Gesicht, warum der Busch nicht verbrennt. Da aber der Herr sah, daß er hinging, zu sehen, rief ihm Gott aus dem Busch und sprach: Mose, Mose! Er antwortete: Hier bin ich.«

14 **intel{ligendo} facere ut non intelligant:** Vgl. Manuskriptseite 538, Bemerkung Psychologie 1 in diesem Band. Übersetzung: »[Andere] verstehen machen, um nicht [selbst] zu verstehen.«

24 **Psalmen:** Innerhalb des Alten Testaments ist ›Das Buch der Psalmen‹ eine Zusammenstellung von 150 hebräischen religiösen hymnischen Texten.

30 **Riemannschen Fläche:** Eine Riemannsche Fläche ist eine eindimensionale komplexe Mannigfaltigkeit, die im Gebiet der Funktionentheorie untersucht wird.

4 **Das Sollen ist also etwas Ähnliches wie das elektrische Feld:** Im Manuskript zweimal dick unterstrichen

6 **,:** Im Manuskript das Gabelsberger-Satzzeichen für ›Punkt‹

26 **schien:** Andere Lesart: scheint

29 **Bemerkung:** Im Manuskript zweimal dick unterstrichen

Fläche übereinander liegt), ist die *Contrarietät* und *Inversion* bei Relationen* (*vgl. z. B.* die Abbildungen $\mathfrak{w}' = -\mathfrak{w}$ und $x' = y, y' = x$, ferner die *Proportion*: junger Mann : Verbrauch = 5 *Francs* : x). Etwas Ähnliches gibt es in dem griechischen *Distichon* Εστιν ὁ με χειρων . . .

Derartige Verwechslungen spielen wahrscheinlich beim »automatischen« Aufbau des Weltbildes (d. h. beim Arbeiten der *Kategorien* in den »Tiefen« des Gemüts) eine große Rolle.

* Bei der Relation > fallen die beiden wirklich zusammen.

[559]

Bemerkung (*Grundlagen*): Das Charakteristikum von »vernünftigen« mathematischen Sätzen besteht darin, dass bei ihrer Auffassung die vorkommenden Begriffe unter gewisse übergeordnete Begriffe fallend vorgestellt werden können,** wobei diese nicht großer Anzahl sind und ihrem Wesen nach gewisse Beziehungen der darunter fallenden Begriffe erwarten lassen (vielleicht durch Analogie dieser Begriffe mit geometrischen und physikalischen oder Kraftvorstellungen***).

** Welche die Eigenschaften dieser Begriffe vorstellen.

*** Diese oder jene Voraussetzungen »tendieren« in einer bestimmten Richtung.

Aber nur wenige Sätze sind so genau erfassbar. Die feineren Sätze werden durch Modifikationen dieser rohen Begriffe gewonnen, und zwar durch Modifikationen, die in bestimmte Richtungen tendieren (eventuell gegeneinander wirken), und durch Modifikationen der Modifikationen. [Daher ist von Wichtigkeit auch die Reihenfolge der Voraussetzungen eines Satzes.]

Charakteristisch dabei ist:

1. Der Übergang zum nächsthöheren Typus (und damit ist jeder Satz ein Spezialfall eines abstrakteren).
2. *Intensionale Approximation*, das heißt: Übergang vom Groben zum Feinen (durch Modifikation). [560]

3 **Verbrauch:** Andere Lesart: Verbuchen
11 **Bemerkung:** Eine weitere Unterstreichung wurde ausradiert
28 ›Intenion‹ von der Editorin verbessert in ›Intensionale‹
28 **Intensionale .:** Darunter ist ›2. int.‹ ausradiert und ›2. Intenion‹ darübergeschrieben

1 **Contrarietät:** Eine konträre Relation besteht zwischen zwei sich ausschließenden Relata.
1 **Inversion bei Relationen:** Die inverse Relation zu einer Relation ist deren Umkehrrelation. Die inverse Relation zu ›größer als‹ ist die Relation ›kleiner als‹.
4 **Distichon:** Ein Distichon ist eine zweiteilige Strophenform bestehend aus einem Verspaar.
4 **Εστιν ὁ με χειρων:** ἔστινὸ μὲν χείρων, ὁ δ᾽ ἀμείνων ἔργον ἕκαστον· // οὐδεὶς δ᾽ ἀνθρώπων αὐτὸς ἅπαντα σοφός. Theognis von Megara, Elegien, 901–902. Übersetzung: »Der ist weniger, der mehr tauglich zu jedem Geschäfte: // Doch kein Mensch ist gleich tüchtig in allem zugleich.« Aus: ›Die griechischen Elegiker. Griechisch mit metrischer Übersetzung‹, hrsg. und übersetzt v. Johann Adam Hartung, Leipzig (Engelmann) 1859, S. 217. Wörtlich übersetzt: »Der eine ist schlechter, der andere besser bei jeder Tat, aber kein Mensch ist weise in allem.« ›//‹ zeigt den jeweiligen Zeilenumbruch an.

Es spielt aber auch noch eine gewisse Einfachheit und Symmetrie der Struktur eine Rolle (eine mannigfaltige Regelmäßigkeit der Beziehungen der einzelnen Teile des Satzes, welche ihn einem Kristall ähnlich macht*), zum Beispiel besonders bei den *distributiven* Gesetzen *u. ä.*

* Oder einer Melodie.

Bemerkung (*Philosophie*): Man hat die Tendenz, alle nicht der theoretischen Physik oder Mathematik angehörenden Sätze als unpräzise (daher letzten Endes sinnlos, nicht entweder wahr oder falsch) zu betrachten. (Nachteilige Wirkung des Mathematikstudiums in Folge des Fehlschlusses: Das ist *präzise*, also alles andere nicht, und: Wofür ich nicht den *präzisen* Sinn sehe, das ist nicht *präzise*.**)

** In meinem Kopf ist es wirklich nicht präzise.

Es ist ebenso fruchtbar, den Sinn derartiger (insbesondere soziologischer) Sätze zu analysieren, das heißt, sich klar zu machen, dass sie entweder wahr oder falsch sein müssen, als die Definition von Begriffen zu analysieren (z. B. eine Kriegserklärung oder Verlust eines Krieges oder . . .).

[561]
Bemerkung (*Philosophie*): In der Umgangssprache werden bestimmte Gegenstände nur durch Hauptworte mit einem Artikel bezeichnet. Das heißt, die Auffassung ist die, dass Begriffe (Verben) keine Gegenstände sind, denn »das Reiten« bezeichnet einen (oder die Gesamtheit der) Akt(e) des Reitens ebenso wie »der Mensch« einen einzelnen Menschen oder die Gesamtheit der Menschen.

Bemerkung (*Philosophie*): Eine (bestimmte) Stimme (in dem Sinn, dass 2 Menschen dieselbe Stimme haben können) ist ein Gegenstand derselben Art (*genus*) wie eine bestimmte Farbe (oder ein bestimmtes Flimmern oder ein bestimmter Blick), nämlich eine »sinnliche Form« (d. h. das in der Sinnlichkeit dem »Begriff« im Verstand Entsprechende). Man sieht bei Blick und Stimme viel deutlicher, dass sie nur »an etwas« sein können (also nur nicht selbstständig existenzfähige Splitter von Dingen sind), als bei Rot (denn dieses kann *psychisch* allein vorhanden sein).

4 **distributiven Gesetzen:** Distributivgesetze geben in der Mathematik an, wie zwei zweistellige Verknüpfungen bei der Auflösung der Klammern in einer bestimmten Weise verteilt werden. Beispiel: $x(y + z) = xy + xz$.
16 **Verlust eines Krieges:** Gemeint ist wohl, dass der Krieg verloren wurde.
29 **genus:** Gödel verwendet ›genus‹ hier nicht als grammatischen Fachausdruck, sondern in Übersetzung, wonach ›genus‹ Art, Gattung, Klasse, Sorte heißt.

17 **. . .:** Es folgt eine Leerzeile, um die Liste fortsetzen zu können
24 **(e):** Klammern von der Editorin eingesetzt

* Und unvollständig.

Unselbstständig* ist aber vielleicht nur ihre Erscheinung [d. h., das was von ihnen in einem Sachverhalt vorhanden ist, nicht sie selbst].

[562]

Sein – Nichtsein *Einheit – Vielheit*
Ding – Eigenschaft *Möglichkeit – Wirklichkeit*
Ursache – Wirkung *Zweck – Mittel*
Wesen – Erscheinung

Bemerkung (*Psychologie*): Der richtige Ausgangspunkt zur Untersuchung der Intelligenz der Tiere ist die Untersuchung der »höheren« Gefühle [Zorn, Misstrauen, Eifersucht *etc.*].

[563]

Unklare Wahrnehmungen und unsichere Urteile. Genügt die Wahrnehmung von *Subjekt* und *Prädikat* für das Urteil? Bei den philosophischen Begriffen, die ich habe, wäre es sehr nützlich, sie an vielen konkreten Beispielen auszuprobieren (systematisch an Dingen verschiedener Kategorien).

5 **[562]:** Die zweite Hälfte der Manuskriptseite ist nicht beschrieben

15 **[563]:** Auf der zweiten Hälfte der Manuskriptseite folgen einige kryptische Notate von Gödel zu Logik und Mathematik, abweichend vom Schriftbild der übrigen Notizbücher in sehr kleiner Schriftgröße und daher schon optisch erkennbar nicht zum Inhalt der ›Maximen Philosophie‹ gehörend

6 **Vielheit:** Vgl. hier insbesondere Kurt Gödel, ›Maximen V‹, S. 48, Z. 16f., zu ›Einheit‹ und ›Vielheit‹ als logischen Kategorien. Für die gesamte Aufzählung auf dieser Manuskriptseite vgl. die der abstrakten Kategorien auf Manuskriptseite 501.

12 **Intelligenz der Tiere:** Da Gödel Wolfgang Köhlers Schriften wohl rezipiert hat (vgl. Kurt Gödel, ›Philosophie I Maximen 0‹), liegt es nahe, anzunehmen, dass er auch dessen Experimente und Beobachtungen zur Intelligenz und Psyche von Menschenaffen zur Kenntnis genommen hat. Vgl. Wolfgang Köhler, ›Aus der Anthropoidenstation auf Teneriffa III. Intelligenzprüfungen an Anthropoiden I‹, Abhandlungen der Königlich-Preußischen Akademie der Wissenschaften, Physikalisch-Mathematische Klasse 1917, 1, Berlin (Verlag der Königlichen Akademie der Wissenschaften) 1917; ders., »Zur Psychologie der Schimpansen«, in: ›Psychologische Forschung‹ 1 (1922), S. 2–46.

13 **Zorn, Misstrauen, Eifersucht:** Vgl. Manuskriptseite 532, Bemerkung Psychologie 1 in diesem Band.

Kurt Gödel

Maxims VII

Edited by Eva-Maria Engelen

Translated from German by Merlin Carl

Acknowledgments

The editing of Kurt Gödel's Philosophical Notebooks is very extensively, generously, and reliably supported by the Hamburg Foundation for the Advancement of Research and Culture. For this I would like to express my wholehearted gratitude, in particular to Jan Philipp Reemtsma.

The translation into English is financed by the Alfred P. Sloan Foundation, for which I would like to express my sincere thanks.

Sincere appreciation for extensive assistance is due to the Berlin-Brandenburg Academy of Sciences and Humanities, at which the edition and the editorial office of Kurt Gödel's Philosophical Notebooks are located. In particular, the former president, Martin Grötschel, the current president, Christoph Markschies, and academy members Jürgen Mittelstraß and Martin Mulsow are to be mentioned.

I am grateful to the executors of the Kurt Gödel estate for permission to edit and to translate Gödel's notebooks, to the archives of the Institute for Advanced Study at Princeton, and to the Rare Books and Manuscripts Division of the Firestone Library at Princeton University for making material from the estate available.

For advice, expertise, and other support on issues concerning this volume in particular, I would like to thank Merlin Carl (Flensburg/Konstanz), Angelos Chaniotis (Princeton), John W. Dawson, Jr. (York, Pennsylvania), Cheryl A. Dawson (York, Pennsylvania), Alexander Englert (Princeton), Christian Fleischhack (Paderborn), Gottfried Gabriel (Jena), David Hyder (Ottawa), Thomas Müller (Konstanz), Christopher von Bülow (Konstanz), Paul Weingartner (Salzburg), and Andreas Zierl (Dresden).

Editorial Notes

The present transcription by Eva-Maria Engelen is a reconstruction of a text that was written in the German Gabelsberger shorthand. This requires grammatical and other additions, which are pointed out to the interested reader in the German edition in a way that does not impede the reading experience.

When required, the volumes contain a bibliography of works that Gödel read and used for his notes. Details are provided in the bibliography, while brief information is given in the comments. As a rule, references are to the first edition of the work in question, except where it is apparent which edition Gödel himself used, in which case that edition is given. The literature referred to in the introduction is given separately at the end of the introduction but does not appear again in the bibliography.

References for quotations from Kurt Gödel's Philosophical Notebooks are given by means of the unabridged title and the page numbers of the respective volume if the edited text was available in print. If this was not the case, the manuscript title, as abbreviated by Gödel, and the manuscript pages are given. The manuscript title, abbreviated by Gödel, is also used when reference is made to the manuscript.

Detailed information on the persons to whom Gödel refers directly or indirectly can be found in the index of persons and occasionally in the comments.

In the translation, logical symbols are given in modern notation (with the exception of $\longrightarrow$ and $\supset$, for which Gödel's use is maintained), whereas Gödel's notation is preserved in the original German text for the benefit of research on the history of logical notation.

The English translation is typographically similar to the German text. The following are omitted, however: uncertain readings / the distinction between longhand and shorthand / the highlighting of added words and parts of words / the highlighting of Gödel's punctuation / the marking of illegible text / the marking of insertions / and almost all non-explanatory comments in the critical apparatus.

Editorial Principles for the Translation of Gödel's Notebooks

In contrast to the German version, multiple underscores are reproduced as single underscores throughout. Words and passages that were crossed out by Gödel are generally omitted, as are most of the editorial comments in the German version concerning alternative readings of certain passages. Insertions by Gödel are indicated by curly brackets if necessary.

Gödel's pagination of the manuscript pages is reproduced in square brackets. When editorial reference is made to specific places in the notebook, this pagination is used. The pagination is partly Gödel's own; where this is not the case, the missing data are filled in tacitly.

Titles of essays, articles, etc., are given in quotation marks, while titles of monographs are given in italics. Details are provided in the bibliography.

Gödel's Footnotes, Comments

In the present edition, Gödel's footnotes appear as marginalia. This was done for ease of reading and to make it more apparent that they belong to the text. References and explanations are given as footnotes.

Footnotes and Footnote Signs

Gödel's 'footnotes' in the margins are labeled as follows: single asterisk, double asterisk, triple asterisk, dagger, double dagger, silcrow, pilcrow (*/**/***/†/‡/§/¶). These symbols appear in the text and at the beginning of the remarks. (†, ‡, §, and ¶ are in superscript in the main text and at the beginning of the remarks; this is not the case for † when it appears at the beginning of text in the margins.) The marginal 'footnotes' are placed at the height of the corresponding mark in the text wherever possible; otherwise, they start right after the preceding footnote.

Copyright Permission

Introduction

Blue Hill

The notebook *Maxims VII* was written in the summer of 1942, almost entirely in Blue Hill, Maine. On manuscript page 475, Gödel writes: “Blue Hill House, 1. August 1942, Start”, and before the remarks begin he notes “Blue Hill House, p. 475–562; 1. August – 10. September 1942” and “Max VII, 15. July 1942 – 10. September 1942”.[1]

Gödel's stay in Blue Hill has already been the subject of scholarly attention,[2] particularly because – as we know from another notebook – he was also working at the time on a proof of the independence of both the axiom of choice and the continuum hypothesis. On page 26 of *Arbeitsheft 15*, we read “Blue Hill House Indep. Axiom of choice, 10./VIII. 1942”, and in the top margin of the table of contents page, we find the note “p. 56 formulation of the continuum hypothesis in analysis”.[3]

In the space of just a few weeks, Gödel not only filled nearly an entire notebook with philosophical remarks – 87 manuscript pages, to be precise – but also devoted another 31 pages in a second notebook to important mathematical problems.

Twenty-five years later, Gödel would recount his mathematical reflections during this period in a letter to Wolfgang Rautenberg:

1 The dating of the notebooks *Maxims VI* and *Maxims VII* was previously discussed in volume 6 of Gödel's Philosophical Notebooks, pages 125–127. There, it is explained that in the summer of 1942, Kurt and Adele Gödel apparently spent the first half of July on vacation in Seaside Heights, New Jersey, before spending more than five weeks in Blue Hill, Maine, beginning August 1.

2 Peter Suber, “50 Years Later, the Questions Remain: Kurt Gödel in Blue Hill”, in: *Ellsworth American*, August 27, 1992, Section I, p. 2: http://legacy.earlham.edu/~peters/writing/godel.htm (last accessed 17 October 2024).

3 In Gödel's table of contents for *Arbeitsheft 15*, we also find “p. 26–57 Blue Hill House”. Concerning the pages of this working notebook, written in Blue Hill, the table of contents also contains the following: “Axiom of choice p. 38, 48, 55. […] p. 41 above theorem. […] p. 42 → p. 46 Introduction of object function modification p. 49. […] [Also earlier p. 28, 30, 34, 41] → functions.” *Arbeitsheft 15* is contained in Gödel's *Nachlass*, CO282, in box 5c, series III, folder 27, initial document number 030033. The addition “CO282” will not be repeated in the following.

> Mostowski's claim[4] is incorrect, insofar as I was merely in possession of certain partial results, namely proofs for the independence of the axiom of constructibility and the axiom of choice in type theory. {On the basis of my highly incomplete notes of that time I could now reconstruct only the first of these proofs without difficulty. My method had a much closer connection with that developed recently by Dana Scott than with Cohen's [method].}[5] Since, however, soon thereafter my interest turned towards philosophy and later also [towards] cosmology, these proofs were never worked out in detail, and the investigation was not continued. I never got so far as a proof of the independence of the continuum hypothesis from the axiom of choice, and I found it doubtful that the method that I applied would be at all sufficient for such a result.[6]

Although Gödel would downplay the results of his efforts 25 years later, his response to Rautenberg suggests that he had at the very least arrived at a proof of the independence of the axiom of choice in type theory – an accomplishment that many would have considered a lifetime achievement. That said, Gödel did not like this proof and did not develop it further.

Still, in a publication by Alonzo Church,[7] a draft of which Church and Gödel discussed by letter,[8] it is noted that the independence proof for the axiom of constructibility could be extended to an independence proof for the axiom of choice. In the letter exchange

4 In 1964, Andrzej Mostowski claimed that Gödel had already proved the independence of the continuum hypothesis and the axiom of choice in set theory.

5 Gödel's footnote.

6 Kurt Gödel to Wolfgang Rautenberg on July 30, 1967, published in: Kurt Gödel, *Collected Works*, vol. V. *Correspondence H–Z*, ed. by Solomon Feferman, John W. Dawson, Jr., Warren Goldfarb, Charles Parsons, and Wilfried Sieg, Oxford (Clarendon Press) 2003, p. 183 (translation by Gregory H. Moore and Charles Parsons).

7 Cf. Alonzo Church, "Paul J. Cohen and the Continuum Problem", in: *Proceedings of the International Congress of Mathematicians (Moscow 1966)*, pp. 15–20.

8 In a letter to Church dated August 10, 1966, we find the following on this topic: "It is not true that, for many years, I have been in the possession of a proof of the independence of the continuum hypothesis and of the axiom of choice in set theory. I did obtain (in 1942) a partial result, namely the independence of the axiom of choice in type theory." Kurt Gödel, *Collected Works*, vol. IV. *Correspondence A–G*, ed. by Solomon Feferman, John W. Dawson, Jr., Warren Goldfarb, Charles Parsons, and Wilfried Sieg, Oxford (Clarendon Press) 2003, pp. 371–372, here p. 372. Cf. Charles Parsons, "Wolfgang Rautenberg", in: *Collected Works*, vol. V, op. cit., pp. 179–180.

preceding Church's publication, Gödel wrote that he could carry out this extension "without serious difficulty" on his part:

> In addition to the shifting of my field of work, there were various other motives for my not publishing the partial result, e.g., that I disliked the version of the proof I had found, that the result is of little philosophical interest, that I hoped to return to these questions sometime later and to obtain something more satisfactory [...], etc. At any rate, the fact that I had not proved the corresponding set-theoretical result was of little importance in this connection because I believed (and I think rightly) that I could extend my proof to this case without serious difficulty.[9]

Thus, although Gödel downplayed his mathematical achievement, the summer of 1942 in Blue Hill was an extraordinarily productive – and likely exhausting – period. This may help to explain why his behavior struck those around him as even more peculiar than usual. In any case, he appeared so odd to the other hotel guests at the Blue Hill House (now the Blue Hill Inn) and the local residents who encountered him that a rumor began to circulate suggesting he was a German spy.[10]

Louise Frederick, who managed the hotel in 1942, recounted the story in an interview in July 1989.[11] To the other guests at the Blue Hill House, Gödel was a grumpy, taciturn figure, always sporting a somber expression; to the hotel owner, he simply seemed lost in thought. To think in peace, he would take long strolls from dusk to the early hours, hands clasped behind his back, leaning forward and gazing at the ground. He usually followed Parker Point Road, a small street which, from the direction of the Blue Hill House, first led through a sparsely built-up residential area and then through a stretch of pinewood, eventually running close to the shore. He

9 Kurt Gödel, *Collected Works*, vol. IV, op. cit., pp. 372–373, here p. 373.

10 To most Americans, it would have been nearly impossible to distinguish a German from an Austrian accent. In fact, owing to Austria's so-called *Anschluss* to the German Reich in 1938, Kurt and Adele Gödel held German passports and were therefore classified as enemy aliens – permitted to leave Princeton only with authorization from the Department of Justice in Trenton, the capital of New Jersey.

11 On this and the following, see Peter Suber, "50 Years Later, the Questions Remain: Kurt Gödel in Blue Hill", op. cit.

likely encountered few people on his nightly strolls, but those he did meet – whom he must have greeted, as they noted his accent – were apparently alarmed. According to Frederick's 1989 account, she received numerous phone calls during Gödel's stay: "[...] agitated telephone calls from people of the town. Who was this scowling man with a thick German accent walking alone at night along the shore?" Many thought he was a German spy, sending signals to ships and submarines passing through Blue Hill Bay.[12]

The Gödels did not leave their hotel room during the day, and even the cleaning staff were not allowed to enter – presumably, as Mrs. Frederick believed, so that no one would disturb the notes and notebooks Gödel had spread across his desk. Of course, Frederick's assumption naturally raises the question of how she could have known this, given that the Gödels rarely left their room. Did she perhaps peer inside while checking on her guests? Would it have been obvious when the door was opened, given the room's modest size? In any case, Gödel later suspected that she had entered the room during one of their brief absences, as he wrote to her twice after their departure accusing her of having stolen the key to his suitcase.[13] Theoretically, this could have transpired during the evening meals the Gödels attended each night – though according to Frederick, they ate almost nothing.[14]

The manuscript Ergebnisse. Eigenes Buch (Grundlagen) *as background to* Maxims VII

Thus, according to Frederick, Gödel's desk at the Blue Hill House was covered with notes and notebooks. What we know for certain is that *Maxims VII* and *Arbeitsheft 15* were among them, since he was actively working on both. It is also likely that the notebook *Ergebnisse. Eigenes Buch (Grundlagen)*[15] was present, as it appears

12 Ibid.
13 Ibid.
14 Unfortunately, Peter Suber does not explain precisely what he means by the claim that "they virtually never ate". After all, Adele Gödel – who is not known to have suffered from an eating disorder – must have eaten something during their almost six-week stay in Blue Hill, especially given that she also remained in the room during the day. Gödel himself can hardly have subsisted on air and water alone.
15 *Ergebnisse. Eigenes Buch (Grundlagen)* [*Results. Own Book (Foundations)*] can be found in Gödel's *Nachlass*, box 7a, series IV, folder 10, initial document number 040019. The notebook comprises a manuscript originally intended

to have served as a basis for numerous remarks in *Maxims VII*. It is possible that *Logisches Notizheft. Altes Excerpten Heft I (1931 – ...)*,[16] which in turn served as a basis for *Eigenes Buch (Grundlagen)*, was also present. That this hypothesis carries weight is evident from the fact that the opening remarks in *Maxims VII*, written in Blue Hill, are concerned with Gottlob Frege's logicism and "antinomies", both of which are central themes in *Eigenes Buch (Grundlagen)*.

This manuscript contains material originally intended for a joint book with Arend Heyting, a student of Brouwer's, initiated at the suggestion of the Springer publishing house. When the publisher eventually decided not to wait any longer for Gödel's contribution, publishing a volume comprising only Heyting's chapters,[17] Gödel considered publishing his material as a self-standing monograph. As with many of his planned publications, however, this never came to fruition. While the reconstructions of his project notes read smoothly, they are but a preliminary sketch; preparing them for publication would have required considerable additional effort.[18] The revised version of the section titled "Logicism" would

as a contribution to the Springer series *Ergebnisse der Mathematik*, to be co-authored with Arend Heyting (whence the *Ergebnisse* in the notebook's title). When this plan fell through – as Gödel did not complete his chapter in time – he began work on an "eigenes Buch" ("own book") on the foundations of mathematics, adding this new working title to the notebook. In what follows, we will refer to it primarily by the abbreviated title *Eigenes Buch (Grundlagen)*.

16 *Logisches Notizheft. Altes Excerpten Heft I (1931 – ...)* can be found in Gödel's *Nachlass*, box 6a, series III, folder 58, initial document number 030079.

17 Arend Heyting, *Mathematische Grundlagenforschung, Intuitionismus, Beweistheorie*, series: *Ergebnisse der Mathematik*, vol. 3, issue 4, Berlin (Springer) 1934. The publisher's announcement notes: "Of the three main directions in the foundational research in mathematics [...], the present research report treats intuitionism and formalism. A further issue by Gödel that will treat logicism is in preparation."

18 The material has been published in English as *Chapters from Gödel's Unfinished Book on Foundational Research in Mathematics*, transcribed by Jan von Plato (Cham: Springer, 2022). For a detailed reconstruction of the genesis of the manuscript, see the introduction to that volume. To facilitate citation of the original German text, partial transcriptions have been prepared for this volume by Eva-Maria Engelen and translated by Merlin Carl. References follow the sequence of numbers (where available) found in lieu of pagination in the left and right margins of the manuscript pages. Von Plato's citations are based on a specific microfilm copy of the material. As other copies with different reference markings are also in circulation, however, the transcriptions provided here follow the markings found on Gödel's manuscript pages for the chapter titled "Logicism". These markings, added by Gödel himself, represent page calculations for the planned print edition, whose line and page counts

also have needed further work before being published. Still, the Gabelsberger script of the revised version is far easier to read than that of the initial version, which can only be reconstructed with considerable effort. It is therefore plausible that Gödel consulted this revised section when composing *Maxims VII* – provided, of course, that the relevant notebook was indeed among those on his desk in Blue Hill.

On the other surviving pages, Gödel crossed out large portions of text – often haphazardly – and left incomplete the references to existing literature that were meant to support his own claims and assertions. The same is true of the revised version. Still, the material offers valuable background information for *Maxims VII*.

When, in 1931, Heyting and Gödel were invited to write an introductory volume on foundational research in mathematics for the series *Ergebnisse der Mathematik und ihrer Grenzgebiete*, a plan was drawn up assigning each author specific chapters. Gödel's manuscript begins with a brief introduction, followed by a chapter on logicism (in two versions – a preliminary sketch and a revised version), a chapter on antinomies, and one on logical calculus. From other materials in his *Nachlass*, one can also compile a fragmentary chapter on metamathematics.[19]

The summary of the chapter "Logicism" on manuscript page 4 of *Manuskript, Ergebnisse*,[20] written before he began composing *Eigenes Buch (Grundlagen)*, was likely intended more for Gödel's own orientation during the writing process than as a table of contents for the planned book. It reads as follows:

were strictly specified by the publisher. These continuous markings on the recto sides function much like standard pagination, ensuring that the pages can be clearly identified and referenced, including in relation to von Plato's translation (which also reproduces them). For the pages belonging to the second section of the planned book – which was not given a separate chapter heading – Gödel started a new set of page calculations. These, too, are used in the transcription to identify the relevant manuscript pages.

19 This is Jan von Plato's reconstruction. The notes on the chapter "Metamathematics" were neither stored together with the materials for *Manuskript, Ergebnisse. Eigenes Buch (Grundlagen)* nor bundled themselves. See von Plato, *Chapters from Gödel's Unfinished Book on Foundational Research in Mathematics*, op. cit., p. 4.

20 The text segment as a whole starts on manuscript page 1v.

A. Logicism[21]

1. Statement of logicism – What is logic? – Russell in the past – now – Wittgenstein – Hahn
2. Necessity of a symbolism for the implementation of the program – calculus ratiocinator. Formal system – first such calculus by Peano shows that the whole of mathematics follows from a few assumptions.
3. Implementation of logicism, Frege, basic concepts, axioms [*Grundsätze*],[22] strict formalization
4. Definitions, their various types
5. Derivation of mathematics
   a. Natural numbers, Dedekind – Frege, Russell – Peano, Cantor definition of "finite", "infinite", Tarski
   b. Negative numbers, fractions (Tannery), Peano, Russell
   c. Irrational numbers
   d. Measure theory[23]
6. The antinomies and the general method for their production
7. Russell: various possibilities for overcoming them; implementation of zigzag by Frege {Russell principles}, Behmann – about limits in the axiomatization of set theory, no-class theory
8. Poincaré and non-predicative definition, discussion with Zermelo, etc.
9. Presentation of Russell's theory including axiom of reducibility, descriptive function, type ambiguity[24]
10. 2nd edition Russell[25]
11. Formalization by Lezniewski
12. Chwistek
13. Improvement by Ramsey
14. Carnap, Langford

21 Cf. *Manuskript, Ergebnisse*, Gödel *Nachlass*, box 7a, series IV, folder 10, initial document number 040019, manuscript page 4r.

22 Alternative reading: basic laws (*Grundgesetze*) (if one adds 'ge' to the German word *Grundsätze* in Gabelsberger, one gets *Grundgesetze*).

23 In the manuscript, the list item is marked with "f.", subsequently changed to "d." by Eva-Maria Engelen.

24 Originally listed as item 10 in the manuscript, this entry was renumbered as item 9 by Eva-Maria Engelen.

25 Originally listed as item 10a in the manuscript, this entry was renumbered as item 10 by Eva-Maria Engelen.

In particular, the overlaps between this manuscript and *Maxims VII* arise in the context of Gödel's reflections on Gottlob Frege, Giuseppe Peano, Bertrand Russell, and Ludwig Wittgenstein. The manuscript *Eigenes Buch (Grundlagen)* was written to present the views of these authors to an interested audience. In *Maxims VII*, written about eight years later, Gödel partly builds on these earlier presentations. A detailed comparison of the two texts would be very interesting but lies beyond the scope of this introduction. Still, it is necessary to consider this connection to some extent, as understanding *Maxims VII* requires understanding why Gödel drew on his writings on the foundations of mathematics for his philosophical reflections, and the notebook *Eigenes Buch (Grundlagen)* provides a helpful point of entry. Examining Gödel's reflections in *Eigenes Buch (Grundlagen)* thus makes the connections within *Maxims VII* and the procedure it follows more easily accessible.

In the introduction to *Eigenes Buch (Grundlagen)*, Gödel mainly raises philosophical questions which in his view form the basis of the foundational debates in mathematics during the first third of the 20th century. Here, both his thematic concerns and his philosophical approach are evident:[26]

> One will expect a foundation of mathematics to answer the following three questions above all:
> 1. What is the epistemological nature of mathematical theorems? For which the only answers that are still possible today are to regard them either as analytic or as arising from some kind of pure intuition.
> 2. Which mathematical concepts, theorems, and proof methods are to be assumed as established on the basis of the answer to 1., that is, what are the tautologies that are not further reducible or the theorems given by intuition?
> 3. How can one – and how far does this lead – deduce common mathematics from these principles [*Grundsätze*]?

26 *Eigenes Buch (Grundlagen)*, Gödel *Nachlass*, box 7a, series IV, folder 10, initial document number 040019, manuscript page 2v. Here, the pagination for *Eigenes Buch (Grundlagen)* begins from the start of the manuscript; the first manuscript page, written on the verso side, was subsequently crossed out by Gödel completely. Curly brackets indicate insertions made by Gödel; these are only indicated in the English translation in exceptional cases.

Historically, the first question arose first.[27] The two contrary positions are associated with Leibniz and Kant and are today put forward by logicism on the one hand and intuitionism and formalism on the other. Today, the contrast is as sharp as ever, and progress can at most be seen in the striving for a precise formulation of the positions.

Concerning the second question in the second half of the 19th century, it is interesting to note that its answer is mostly independent of the first. Thus, Weyl with his *Continuum*, on the one hand, and Chwistek, and Russell in the 2nd edition of the *Principia*, on the other, started from contrary positions concerning the nature of mathematical theorems and arrived at almost equivalent basic principles. In general, one can say that the three main directions [3v] for answering question two increasingly converge. Formalism and intuitionism have always agreed in this respect, and logicism, which formerly assumed certain principles rejected by the other directions (such as the axiom of reducibility), has partly given up in recent years {*Principia Mathematica*}, and its major proponents now show strongly constructivist tendencies (cf. Kö,[28] p. 104; Hahn, p. 38).

The third subproblem mentioned above can be solved in two ways, by deriving from the basic principles [*Grundsätze*] either the theorems of mathematics themselves or merely their consistency (compatibility). [...] [4v] [...]

While questions 1., 2. are philosophical in nature, problem 3. is purely mathematical, which is demonstrated by the fact that it was mostly here that generally accepted results were achieved.[29] [...]

27 An alternative reading is: "The first question is unhistorical and arose first." However, the 'un' was deleted by the transcriber.

28 In *Chapters from Gödel's Unfinished Book on Foundational Research in Mathematics*, op. cit., p. 22, von Plato explains the meaning of "Kö" as follows: "The page reference is to Carnap's article in the proceedings of the September 1930 Königsberg meeting, in *Erkenntnis*, vol. 2, 1931."

29 Jan von Plato alters this sentence, although it is correct in the manuscript.

*Formal language and verbal language (*Wortsprache*)*

In his reflections on logicism, Gödel considers the positions of Frege, Peano, Russell, and Wittgenstein, all of whom are also discussed in *Maxims VII*. In the chapter titled "Logicism", Gödel presents logicism as a continuation of Leibniz's *calculus ratiocinator*, which also contains an attempt to reduce mathematics entirely to logic. For this purpose, imprecise verbal language (Gödel's use of this expression in *Eigenes Buch (Grundlagen)* is likely a reference to Frege) must be replaced with a precise formula language – one that is applicable purely mechanically, without requiring knowledge of meanings (this is how 'formula language' is used in the following in contrast to 'formal language'). The need for a symbolism for the implementation of this program becomes apparent at the very beginning of Gödel's preliminary, programmatical summary of *Eigenes Buch (Grundlagen)*; accordingly, he treats this point extensively in the manuscript. In *Maxims VII*, we find similar remarks, in particular concerning Gottlob Frege's logical notation.

In *Eigenes Buch (Grundlagen)*, Gödel approaches the logicist's endeavor to reduce mathematics to logic with considerable caution, as is reflected, for example, in his assessment that "progress can at most be seen in the striving for a precise formulation of the positions." Nevertheless, Gödel continues to engage with logicism in *Maxims VII*, particularly insofar as he reflects carefully on what it means for a formula language to be precise yet meaningless – something that is impossible in verbal language, which is imprecise and whose purpose, among other things, is to transmit information.

'Precision', 'determinacy', and 'exactness' – qualities that in formula languages are achieved through the use of fundamental logical concepts and logical constants (in Gödel's terminology) – are the opposite of the imprecision inherent in sentences, perceptions, and sensations. Unlike perceptions, sensations, and sentences in verbal language, however, logical concepts and constants are not signs for something in the world. Rather, they merely express the forms of propositions. They have no meaning in themselves and arise from the way language assigns symbols to reality, as Gödel observes.[30]

30 See Jan von Plato's translation of his transcription for further study of the topic.

As in *Maxims VI*, language remains a central theme in *Maxims VII*. In contrast to *Maxims VI*, however, Gödel no longer approaches language from the perspective of culture or intellectual history. Instead, he examines it from the standpoint of a logician, investigating the purpose – and limits – of strictly formal languages. This inquiry leads him also to reflect on the possibilities and limitations of natural language.

From the logician's perspective, the strict implementation of formalization is of particular importance for Gödel. Thus, in *Eigenes Buch (Grundlagen)*, he explicitly emphasizes Frege's strict approach in his main work on logic, *Basic Laws of Arithmetic*, in contrast to the approach taken by Russell in his[31] *Principia Mathematica*.

By contrast, from the perspective of a philosopher concerned with explaining how words can have a sense, it becomes necessary to investigate the relationship between formula and natural language – and their relation to the world. On this topic, Gödel also carefully studied Frege's writings, though with an emphasis on his philosophical works.[32]

Logical, semantic, and intensional antinomies

Gödel investigates the relations between formal language, logic, and natural language also with respect to a topic that repeatedly occupied his attention: the antinomies. This subject had already appeared in most of his earlier philosophical notebooks. In *Maxims VII*, Gödel reflects not only on set-theoretical (re)solutions of the antinomies, such as type theory, but also on their so-called intensional resolutions.

It is not immediately clear what Gödel means by "intensional resolution". In the literature, the more familiar distinction is that between *logical* (or *set-theoretical*) and *semantic* antinomies – a distinction first drawn by Giuseppe Peano and Frank P. Ramsey.

31 Although Alfred North Whitehead is listed first as a co-author of *Principia Mathematica*, alongside Bertrand Russell, Gödel rarely mentions him when referring to this work.

32 Gödel's very terse excerpts from Frege's *Basic Laws of Arithmetic* and certain of his philosophical essays are contained in: *Logisches Notizheft. Altes Excerpten Heft I (1931 – ...)*, op. cit. There, on manuscript page 9, written in the early 1930s, he notes: "Frege, before Schröder and *Formulaire*, but influence very slight."

Ramsey spoke of "linguistical" and "logical paradoxes";[33] in the English-speaking world, this terminology was later adopted and modified into the terms 'logical' or 'set-theoretical paradoxes', on the one hand, and 'semantic paradoxes', on the other.[34] In the German-speaking world, the terms 'syntactic' and 'semantic antinomies' were commonly used.[35] In all of these cases, Ramsey's view – building on Peano – remains influential: logical antinomies are those that arise from errors with respect to the concept of a set and thus fall within the domains of logic and mathematics, whereas semantic antinomies are not purely logical but concern thought and language in general:

> But the contradictions of Group B are not purely logical, and cannot be stated in logical terms alone; for they all contain some reference to thought, language, or symbolism, which are not formal but empirical terms. So they may be due not to faulty logic or mathematics, but to faulty ideas concerning thought and language.[36]

33 Frank P. Ramsey, "The Foundations of Mathematics", in: Frank P. Ramsey, *The Foundations of Mathematics and Other Logical Essays*, ed. by Richard B. Braithwaite, London (Routledge) 1931, pp. 1–61, here pp. 20f. This essay first appeared in 1926 in the *Proceedings of the London Mathematical Society*, vol. 25, pp. 338–384. It does not distinguish between 'paradox' and 'antinomy'. On p. 21, Ramsey notes that Giuseppe Peano had already pointed out that Richard's antinomy is not mathematical but linguistic. Ramsey builds on this with his fundamental distinction. In his 1934 essay "Die Antinomien und die Unvollständigkeit der Mathematik", Rudolf Carnap also mentions this point. Carnap calls the logical or set-theoretical antinomies "logical antinomies" and the linguistic, epistemological, and semantic antinomies "syntactical antinomies". Cf. Rudolf Carnap, "Die Antinomien und die Unvollständigkeit der Mathematik", in: *Monatshefte für Mathematik und Physik* 41 (1934), pp. 263–284, here in particular p. 265.

34 On the history of the so-called semantic paradoxes, see: Leon Horsten, "One Hundred Years of Semantic Paradox", in: *Journal of Philosophical Logic* 44 (2015), pp. 681–695.

35 See, e.g., Franz von Kutschera, "Die logischen Antinomien in sprachphilosophischer Sicht", in: *Logik, Ethik, Theorie der Geisteswissenschaften*, ed. by Günther Patzig, Erhard Scheibe, and Wolfgang Wieland, Hamburg (Meiner) 1977, pp. 58–69, here p. 60. For Kutschera, the "syntactical" antinomies are the logical-mathematical antinomies; by contrast, Carnap calls the linguistic, semantic, and epistemological antinomies "syntactical antinomies"; see Rudolf Carnap, "Die Antinomien und die Unvollständigkeit der Mathematik", op. cit., p. 265.

36 Frank P. Ramsey, "The Foundations of Mathematics", op. cit., pp. 20f.

The purely set-theoretic antinomies, such as Russell's, were resolved in the 20th century by formulating the concept of a set so as to avoid these paradoxes. Gödel regards the so-called semantic antinomies, such as Richard's antinomy,[37] as also understood and thus in need of no further investigation.[38] This group of antinomies involves non-mathematical concepts such as definability and satisfaction (*Erfüllung*) – a generalization of the concept of truth[39] – in addition, according to Gödel, to further empirical concepts.[40] It remains unclear whether the semantic antinomies or paradoxes can be resolved in the same manner as the logical-mathematical ones.[41] An important decision for any proposed solution is whether one will adopt a use theory (*Gebrauchstheorie*) or work with explicit definitions of the central concepts. Gödel, for his part, focuses on definitions in *Maxims VII*, as will be discussed further below.

However, the problems that Gödel finds truly interesting are those he describes as "intensional antinomies". According to Hao Wang, for example, Gödel observed the following on the matter:

> 8.5.9 The semantic paradoxes have to do with language and are understood. In contrast, the intensional paradoxes remain a serious problem of logic, of which concept theory is the major component. The two kinds of paradox are often mixed together because without Platonism concepts appear more like language.
>
> 8.5.10 The difference between semantical and conceptual paradoxes tends to be obliterated by nominalism. Without objectivism, concepts become closely related to language. That is why semantic and intensional paradoxes are often thought to be the same. But conceptual paradoxes can be formulated without reference to language at all.

37 More precisely, it is a semantic antinomy of set theory and natural language.

38 For the relevant remarks by Gödel, see in particular: Hao Wang, *A Logical Journey: From Gödel to Philosophy*, Cambridge, Mass./London (MIT Press) 1996, p. 271, No. 8.5.9.

39 Cf. Leon Horsten, "One Hundred Years of Semantic Paradox", op. cit., p. 683.

40 See, in particular, Hao Wang, *A Logical Journey*, op. cit., pp. 271ff., No. 8.5.12.

41 Both Horsten ("One Hundred Years of Semantic Paradox", op. cit., p. 693) and Thomas Bolander ("Self-Reference and Paradox", in the *Stanford Encyclopedia of Philosophy*, last accessed November 6, 2024) argue that a better understanding of the concept of truth may be relevant for the resolution of the antinomies.

8.5.11 Language plays no part in the intensional paradoxes, since they are concerned with concepts as properties and relations of things which exist independently of our definitions and constructions.

8.5.12 The intensional paradoxes involve only logical concepts, while the semantic paradoxes involve empirical concepts too. We see the solution of the semantic paradoxes in that they say nothing. With the intensional paradoxes, however, we don't see the solution and it is not clear that "it says nothing" is the right direction to look for it. Language plays no part in the intensional paradox. Even though we use symbols to state it, that still does not make it into a linguistic paradox. With semantic paradoxes, we are always in a definite language, which always has countably many symbols. We can never have *true* in the same language. Ordinary English is not a precise language, so the question of semantic paradoxes does not apply to it. The semantic paradoxes have no content, because they use *empirical* self-reference. With *logical* self-reference, the lack of content does not occur. For example, not-applying-to-itself is a perfectly reasonable concept; we see no reason why it should not be. It could be proved that applying-to-itself applies to itself.[42]

Gödel expressed these views on the intensional antinomies in conversations with Wang in the early 1970s. However, they can already be found in his writings from the summer of 1942, where, on manuscript page 477, remark 1, he states that "[t]he right idea for the resolution of the intensional antinomies may be the right idea for resolving every problem."

Much more importantly, on manuscript page 476, Gödel writes the following with respect to the intensional antinomies: "The non-set-theoretical (i.e., intensional) resolution of the antinomies would consist in discarding the axiom of separation and instead assuming criteria for the structure of propositional functions (e.g., stratification or non-circularity)." The significance of this remark for future research lies in the fact that Gödel told Wang that resolving the intensional antinomies would contribute to proving

42 Hao Wang, *A Logical Journey*, op. cit., pp. 271ff.

that the human mind is more than a machine. The remark just cited points to a possible strategy for such a resolution, according to Gödel: "6.1.12 If one could clear up the intensional paradoxes somehow, one could get a clear proof that mind is not [a] machine."[43]

For Gödel, set-theoretical antinomies are *mathematical*, intensional antinomies are *logical-conceptual*, and semantic antinomies are *linguistic*. Although Gödel regards the semantic – but not the intensional – antinomies as understood, revisiting this topic is still worthwhile, as the issues concerning logic and the philosophy of language they raise have clear traces in *Maxims VII*.

The exactness and inexactness of language

It is evident that the analysis of inferences in natural language – which underlie the semantic antinomies – cannot succeed as long as logic employs a purely extensional language, in which the meaning of concepts is determined solely by their extension. It was not until the 1960s that an intensional logic and semantics emerged.[44] However, even these developments remain insufficient for resolving the antinomies that Gödel describes as intensional. As for how such a resolution might be approached, the relevant remark has already been quoted above:

> The non-set-theoretical (i.e., intensional) resolution of the antinomies would consist in discarding the axiom of separation and instead assuming criteria for the structure of propositional functions (e.g., stratification or non-circularity).

In Rudolf Carnap's *The Logical Structure of the World*, we read the following:

> [...] there are no intensional statements. All statements are extensional. In every sentence, the sign which represents the object that is to be judged, whether it is an object in the narrower sense, or a statement, or a propositional function, or

43 Hao Wang, *A Logical Journey*, op. cit., p. 187.
44 Carnap also contributed to this development.

> whatever, may be replaced by any sign which has the same nominatum, even if it has a different sense.[45]

This view was accompanied by the assumption that everything that cannot be grasped logically (meaning extensionally) is not precise but imprecise – or, in Carnap's framework, meaningless. This leads to Gödel's reflections on the question of what is precise and what is not in *Maxims VII*:

> One has the tendency to regard all propositions that do not belong to theoretical physics or mathematics as imprecise (thus ultimately meaningless [*sinnlos*], not either true or false). (Detrimental effect of studying mathematics as a consequence of the fallacy: This is precise, so everything else is not, and: If I do not see the precise sense [*Sinn*] of something, then it is not precise.)[46]

According to Gödel, although a formula language has no sense (*Sinn*) and does not refer to the world, it is always precise. Natural language, by contrast, is imprecise but contains meaningful sentences (*Sätze*) and can be used to refer to the world. For Gödel, this distinction is only a rough one, which he examines in more detail: imprecision is a characteristic not only of natural language but might also be one of perception and knowledge, whereas sociological propositions (*Sätze*) can be precise. Thus, for Gödel, the distinctions drawn by logical positivism are invalid. If all knowledge is reduced to perceptions and observation sentences, these too may be imprecise due to imprecise perception. Consequently, the differences are merely gradual rather than fundamental.

Imprecision or inexactness arises, according to Gödel, whenever one deals with an image (*Abbild*) in the widest sense. Thus, in a certain sense, perception creates an image of the world, as does language. Gödel touches on this topic in the manuscript *Eigenes Buch (Grundlagen)*, in a passage discussing "imprecise and ambiguous

45 Rudolf Carnap, *Der logische Aufbau der Welt*, Berlin (Weltkreis Verlag) 1928, translated by Rolf A. George, *The Logical Structure of the World*, Berkeley and Los Angeles (University of California Press) 1967, p. 77.

46 Kurt Gödel, *Maximen VII*, manuscript page 560, remark philosophy 1.

verbal language", which, according to logicism, should be replaced in logic and mathematics by a precise formula language.

Accordingly, in a version of the chapter on logicism compiled by the transcriber from the first and revised versions of *Eigenes Buch (Grundlagen)*, we read:

> [...] This tautological character is the criterion for the theorems of logic. The thesis of logicism then becomes the statement that the mathematical theorems must be tautologies (which implies that they must be true in every possible world). [...][47]
>
> [...] This view implies that logical theorems do not say anything about reality and actually already result from the way in which the symbols are assigned to reality.
>
> In order to prove the logicist thesis, it is, as Frege previously noted, indispensable to replace imprecise and ambiguous verbal language with an exact formula language. Only for such an exact language is it possible to state the logical axioms [*Grundsätze*] that one starts with and the logical rules by which one deduces further propositions from the axioms [*Grundsätze*] with sufficient precision to prevent extralogical elements from sneaking in unnoticed during deductions. A resulting characteristic feature of inference rules is that they are purely formal [3]; i.e., they only refer to the external, the shape of formulas, such that they can be applied mechanically (without knowing the meaning of the formulas). [...][48]

Definitions and proper names

In comparing the language of logic and natural language, the role and function of definitions are reflected in both *Maxims VII* and *Eigenes Buch (Grundlagen)*. What do different types of definitions

47 From the first version of *Eigenes Buch (Grundlagen)*, op. cit., manuscript page 2v.

48 From the revised version of *Eigenes Buch (Grundlagen)*, op. cit., manuscript pages 2ff. See the appendix to this introduction, where the two versions are reproduced separately. The manuscript page numbering begins anew in each version. It is impossible to determine on the basis of the microfilm which pages are recto and which are verso in the revised version.

achieve, and what functions do they serve? Must one know a concept's substantial definition in order to understand it?

Gödel's ideas on this issue in the philosophy of language can be found, for example, in his reflections on the name and concept of 'Socrates'. On manuscript page 528, he writes:

> Language is intensional, that is, e.g., Socrates does not mean [*bedeutet*] this object but rather the definition of this object or this object + a definition [i.e., this object, insofar as it is defined in this and that way]. That is, a certain epistemic access to [a certain givenness of] this object.

In contrast to extensional formal language, intensional language bears a relation to reality; as Gödel himself puts it, it provides epistemic access to its objects. 'Socrates' as a concept and a proper name is addressed at several points in *Maxims VII*. On manuscript pages 489ff., for instance, Gödel writes that "Socrates is a concept as well", explaining that a substantial definition of the term 'Socrates' would have to specify his character traits. 'Socrates' also functions as a proper name, however, and as such it operates syntactically as an indicator or 'constant': "And the proper name is what corresponds to this in language, and in my syntax it is the 'constant'." It is significant to compare this with what Gödel said about logical constants in the chapter on logicism in *Eigenes Buch (Grundlagen)*, where he writes:

> According to this view, it is the characteristic feature of logical constants that they are not signs for something in the world but merely serve the purpose of expressing the form of propositions.[49]

Unlike concepts, proper names, as indicators, are non-descriptive and merely indicate the objects to which they refer within logical space. According to Gödel, logical space is " 'the form' of everything that is conceivable".[50] In other words, he treats proper names (in

49 Kurt Gödel, "Logicism", first version, op. cit., manuscript page 1v.

50 As we will see, Gödel viewed abstract categories such as 'purpose' and 'essence' as fundamental concepts in logical space. Future research ought therefore to clarify whether " 'the form' of everything that is conceivable" and "logical space" are identical in his thought.

their syntactic role) as rigid designators while distinguishing this syntactic function from their conceptual role, which is associated with semantic content. In this way, Gödel sketches arguments used in the theories of designation developed by Frege and Russell and in the theories of rigid designators that would be formulated in the late 1970s and early 1980s, although he does not himself articulate a fully coherent, systematic theory. This example illustrates how Gödel sought to combine 'meaningless' formula language and 'meaningful' verbal language within his thinking.[51]

Categories and perception

Gödel's reflections in *Maxims VII* are not confined to examining the relationship between formal language and verbal language, however. He also considers the intentionality of psychological states, the relation between the general, a priori concepts we possess as internal schemata, and the sensations that are formed by them. In addition, he engages in a detailed discussion of the concept of *apperception*, which he defines as "that part of the state of mind which consists in relating sensations to categories".[52]

This remark is particularly significant as it highlights a natural way of relating to the world through sensations – one that, for both humans and animals, is not purely physiological but formed through the categories. Indeed, for Gödel, both animals and humans have categories at their disposal: animals possess categories of sensibility (such as *space*, *time*, *matter*, and *force*), while humans have access to abstract categories at their disposal (such as *possibility*, *cause*, *being*, *multiplicity*, *essence*, and *purpose*):

51 Gödel's reflections should be understood in the context of his opposition to Rudolf Carnap's *Logical Syntax of Language* (1934). Gödel articulated his views on the semantic content of mathematical propositions – which ran counter to Carnap and the Vienna Circle – in his essay "Is Mathematics Syntax of Language?", written between 1953 and 1959 but not published during his lifetime. His aim was to subject the logicist approach to mathematics, dominant within the Vienna Circle, to thorough criticism. According to this view, mathematical propositions are tautological: they merely reflect the ways in which we use language but say nothing about (mathematical) objects or propositions. See Kurt Gödel, "Is Mathematics Syntax of Language?", in: Kurt Gödel, *Collected Works*, vol. III. *Unpublished Essays and Lectures*, ed. by Solomon Feferman, John W. Dawson, Jr., Warren Goldfarb, Charles Parsons, and Robert M. Solovay, New York (Oxford University Press) 1995, pp. 334–362; versions III and V.

52 Kurt Gödel, *Maxims VII*, manuscript page 508, remark psychology 1.

> This grasping is already present in animals as well, but they only have sensory categories (space, time, matter, force). The other (abstract) categories [possibility, cause, being, multiplicity, essence, purpose] form the fundamental concepts in "logical space".[53]

As noted above, Gödel understands 'logical space' as " 'the form' of everything that is conceivable". Here, however, he places the term in quotation marks, indicating that he is aware that his usage deviates from that of other philosophers. Beyond analyzing Gödel's specific use of "logical space", it would be worthwhile to compare his list of categories with those proposed by other figures in the history of philosophy. On closer inspection, Gödel's list aligns neither with Aristotle's, nor with Aquinas's, nor with Kant's table of categories.

It is important to keep in mind that, for Gödel, the categories of logic, metaphysics, and epistemology are more fundamental than a mere feeling for language when it comes to analyzing concepts, states of affairs, and objects in order to gain a better understanding of them. For this task, the feeling for (natural or verbal) language is merely a dispensable guide – it cannot by itself lead to a precise understanding. Achieving such precision requires the rigorous analytical instruments provided by extensional language. Moreover, extensional language is indispensable not only for this purpose but also for clarifying central philosophical concepts such as *sense* (*Sinn*) and *meaning* (*Bedeutung*):

> Remark (Philosophy): Investigations of the three preceding remarks are not investigations of the feeling for language; the feeling for language is merely a (dispensable) "signpost". Rather, it is a looking into the space of concepts and has an objectively verifiable result, namely certain[54] logical relations between certain claims and concepts, such as: meaning [*Bedeutung*], sense [*Sinn*]; at the heart of the matter are the categories of logic, metaphysics, and epistemology.[55]

53 Cf. manuscript page 501 in this volume.
54 Often highly unexpected. [Gödel's footnote]
55 See manuscript page 527, remark philosophy 1, in this volume.

Sense (Sinn)

The German word *Sinn* is ambiguous, and Gödel plays with this variety of meanings, as is also evident in *Maxims VI*. Words can "have a sense [*Sinn*]", as Frege uses the term, but so too can deeds, and even a person's life as a whole. This in turn can mean various things. In some contexts, it refers to contributing to the improvement of something, realizing an inborn potential, doing good, being there for others, and so forth. In others, it denotes having a purpose; elsewhere, it refers to possessing a *sense organ*; and 'having a sense for something' means understanding it. The list goes on.

This web of meanings makes it possible to connect seemingly disparate phenomena – from the sense of a life, to purposeful action, all the way to the natural purposiveness of plants – thus opening up reflection on the meaningfulness of life on multiple (concrete and abstract) levels.

In the present context, it is important to note that in formal languages, and in mechanical cause–effect relations, only logical relations between concepts are relevant. This results in a level of precision that cannot otherwise be attained. Yet Gödel, while insisting that such precision and exactness are indispensable to mathematics and physics, does not hesitate to reason about the sources of sense (*Sinn*) – in all its manifold forms – in other domains of thought.

Scientific and theological worldview

A crucial sentence regarding this comparison appears at the very beginning of *Maxims VII*:

> The sense [*Sinn*][56] of a single sentence written down is the designated state of affairs <u>and</u> the communication. The theological worldview differs from the scientific because [in the former] everything has a "sense" [*Sinn*] [the causal relation is replaced with the sense relation[57]], i.e., is "intended".

56 The German word *Sinn* can refer both to linguistic meaning and to purpose; here, Gödel is playing with this double meaning.

57 Translator's note: The German word is *Sinnrelation*. This should not be confused with 'meaning relation' (*Bedeutungsrelation*).

Logical language has no sense (*Sinn*), no meaning (*Bedeutung*); it is associated with the scientific worldview because of its precision. Natural language, by contrast, has both sense and meaning as, unlike a formula language, it functions as a means of communication. Gödel's investigations center on the question of where – and by what means – sense (*Sinn*) and meaning (*Bedeutung*) are conveyed to human beings. One source of such conveyance is language; another is sensation and emotion – or, put differently, life and the living, which encompass not only biology but also culture.

In addition, religion as a 'source of sense (*Sinn*)' becomes an increasingly important topic in the *Philosophical Notebooks*. Religion, according to Gödel, conveys the idea that the world has an underlying purpose and that what happens within it should be regarded as having a sense (*Sinn*).[58] While this idea is only briefly indicated in *Maxims VII*, it is worth noting here, as the 'lack of sense' exhibited by formula languages (and by mechanical forces) is discussed in detail in *Maxims VII* and should be kept in mind when considering Gödel's reflections on religion and theology.

Bibliography

Thomas Bolander, "Self-Reference and Paradox", in: *The Stanford Encyclopedia of Philosophy* (Fall 2024 Edition), edited by Edward N. Zalta and Uri Nodelman, URL = https://plato.stanford.edu/archives/fall2024/entries/self-reference/.

Rudolf Carnap, *Der logische Aufbau der Welt*, Berlin (Weltkreis Verlag) 1928; English: *The Logical Structure of the World*, translated by Rolf A. George, Berkeley and Los Angeles (University of California Press) 1967.

Rudolf Carnap, "Die Antinomien und die Unvollständigkeit der Mathematik", in: *Monatshefte für Mathematik und Physik* 41 (1934), pp. 263–284.

58 For example, in *Max VIII*, manuscript page 566, remark philosophy 1, Gödel writes: "[...] of religious education, the purpose of which is to evoke the conviction that everything in this world is set up according to a well-considered plan and in the utmost regularity and expedience. This means that, ultimately, nothing is pointless, accidental, or bad."

Alonzo Church, "Paul J. Cohen and the Continuum Problem", in: *Proceedings of the International Congress of Mathematicians 1966* 1 (1966), pp. 15–20.

Eva-Maria Engelen, "Introduction", translated by John Crutchfield, in: Kurt Gödel, *Philosophische Notizbücher, vol. 6: Maximen VI / Philosophical Notebooks, vol. 6: Maxims VI*, edited by Eva-Maria Engelen, translated by Merlin Carl, Berlin/München/Boston (De Gruyter) 2024, pp. 125–155.

Kurt Gödel, *Logisches Notizheft. Altes Excerpten Heft I (1931 – ...)*, in: Gödel Papers, box 6a, series III, folder 58, initial document number 030079.

Kurt Gödel, *Ergebnisse. Eigenes Buch (Grundlagen)*, in: Gödel Papers, box 7a, series IV, folder 10, initial document number 040019.

Kurt Gödel, *Arbeitsheft 15*, in: Gödel Papers, box 5c, series III, folder 27, initial document number 030033.

Kurt Gödel, "Is Mathematics Syntax of Language?", versions III and V, in: idem, *Collected Works, Vol. III: Unpublished Essays and Lectures*, edited by Solomon Feferman, John W. Dawson, Jr., Warren Goldfarb, Charles Parsons, and Robert M. Solovay, New York (Oxford University Press) 1995, pp. 334–362.

Kurt Gödel, letter to Alonzo Church, letter from August 10, 1966, in: *Collected Works, Vol. IV: Correspondence A–G*, edited by Solomon Feferman, John W. Dawson, Jr., Warren Goldfarb, Charles Parsons, and Wilfried Sieg, Oxford (Clarendon Press) 2003, pp. 371–372.

Kurt Gödel, letter to Alonzo Church, letter from September 29, 1966, in: *Collected Works, Vol. IV*, op. cit., pp. 372–373.

Kurt Gödel, letter to Wolfgang Rautenberg, letter from June 30, 1967, in: Kurt Gödel, *Collected Works, Vol. V: Correspondence H–Z*, edited by Solomon Feferman, John W. Dawson, Jr., Warren Goldfarb, Charles Parsons, and Wilfried Sieg, Oxford (Clarendon Press) 2003, p. 182.

Arend Heyting, *Mathematische Grundlagenforschung, Intuitionismus, Beweistheorie*, series: *Ergebnisse der Mathematik*, vol. 3(4), Berlin (Springer) 1934.

Leon Horsten, "One Hundred Years of Semantic Paradox", in: *Journal of Philosophical Logic* 44 (2015), pp. 681–695.

Franz von Kutschera, "Die logischen Antinomien in sprachphilosophischer Sicht", in: *Logik, Ethik, Theorie der Geisteswis-*

senschaften, edited by Günther Patzig, Erhard Scheibe, and Wolfgang Wieland, Hamburg (Meiner) 1977, pp. 58–69.

Charles Parsons, "Wolfgang Rautenberg", in: Kurt Gödel, *Collected Works, Vol. V*, op. cit., pp. 179–181.

Jan von Plato, *Chapters from Gödel's Unfinished Book on Foundational Research in Mathematics*, Cham (Springer) 2022.

Frank P. Ramsey, "The Foundations of Mathematics", in: idem, *The Foundations of Mathematics and Other Logical Essays*, edited by Richard B. Braithwaite, London (Routledge) 1931, pp. 1–61, here pp. 20f.; first published in: *Proceedings of the London Mathematical Society* 25 (1926), pp. 338–384.

Peter Suber, "50 Years Later, the Questions Remain: Kurt Gödel in Blue Hill", in: *Ellsworth American*, August 27, 1992, section I, p. 2; also accessible at: http://legacy.earlham.edu/~peters/writing/godel.htm.

Appendix

Own Book (Foundations)[59] [Eigenes Buch (Grundlagen)]

Revised version of the chapter on logicism – excerpts[60]

[1]
Logicism

The term logicism refers to the view, going back to Leibniz and further substantiated by Peano, Frege, and Russell, that mathematics is completely reducible to logic, that is, that mathematical concepts can be defined from logical concepts and that mathematical theorems are provable from the axioms of logic. With respect to the precise meaning one needs to give to the term "logic" in this claim, one at first restricts oneself to a list of certain concepts and basic assumptions [*Grundsätze*] which one tends to call logical in everyday language.

It is only recently that, under the influence of Wittgenstein in particular, the advocates of logicism have attempted to clarify the concept of logic, i.e., tried to state properties that distinguish logical concepts and propositions from others (Russell (...) Hahn (...)[61]).

59 The following translation is based on a transcription rather than a critical edition of the German text. The numerous passages that Gödel crossed out have been omitted, and uncertain readings are generally not indicated. Rather than integrating and documenting both the first and the revised versions of the original text, this transcription was guided by the question: which passages from the manuscript *Ergebnisse. Eigenes Buch (Grundlagen)* are especially relevant to understanding *Maxims VII* and should thus be included in the German edition? Only these selected passages were translated. As a rule, insertions are indicated by curly brackets. In the manuscript, some of these appear on the opposite page, some above the line. The translation does not indicate their original placement.

60 Each version (the original and the revised one) follows its own pagination sequence, with the numbering starting anew in each case. From the microfilm, it is impossible to determine which pages are recto and which are verso in the revised version.

61 Here and in the following, "(...)" indicates where Gödel left space to insert bibliographical information at a later point. Gödel himself sometimes used "(...)" or "[...]" for this purpose.

According to these attempts, the characteristic feature of logical concepts (often also called logical constants) is that they are not signs for something present in the world but merely serve the purpose of expressing the form of propositions. They simply result from the way in which symbols are assigned to reality in language.

[2]

Logical theorems are possible because this assignment is not unique, such that the same state of affairs can be expressed in different ways (e.g., by p and $\neg\neg p$). A sentence expressing the fact that p and $\neg\neg p$ are assigned to the same state of affairs (i.e., $p \equiv \neg\neg p$) is then a theorem of logic, and likewise for sentences stating that a certain symbol combination (such as $p \vee q$) is assigned to a class of states of affairs that is more comprehensive than another (i.e., in our case, "p implies p or q"). This view implies that logical theorems do not say anything about reality and actually already result from the way in which the symbols are assigned to reality.

In order to prove the logicist thesis, it is, as Frege previously noted, indispensable to replace imprecise and ambiguous verbal language with an exact formula language. Only for such an exact language is it possible to state the logical axioms [*Grundsätze*] that one starts with and the logical rules by which one deduces further propositions from the axioms [*Grundsätze*] with sufficient precision to prevent extralogical elements from sneaking in unnoticed during deductions. A resulting characteristic feature of inference rules is that they are purely formal [3]; i.e., they only refer to the external, the shape of formulas, such that they can be applied mechanically (without knowing the meaning of the formulas). {Thus, the implementation of the logicist viewpoint (whether or not its goal is achieved) yields the result that one can express the mathematical propositions as combinations of a few basic symbols and deduce them from a few axioms [*Grundsätze*] by means of a few mechanical rules.}

[...][62]

62 In the following, Gödel's discussions in the revised version of the chapter on logicism are omitted, as *Maxims VII* does not treat these directly. Interested readers are referred to Jan von Plato's translation of his transcription: Jan von Plato, *Chapters from Gödel's Unfinished Book on Foundational Research in Mathematics*, op. cit., pp. 62ff.

[4]

[...]

The first implementation of the logicist program was carried out by Frege in (...). His formulation of the axioms and inference rules reaches a degree of precision that is perfectly sufficient even by the most recent standards [5] – and which, after him, was only achieved again by the formalist school and the Polish metamathematicians. The basic concepts of logic on which he bases his deductions without further defining them are the following:

1. "Object": This concept has no particular sign but only occurs through [the use of][63] variables *a*, *b*, *c* ..., which refer to arbitrary objects.
2. "Function": This refers to an arbitrary unique mapping from object to object, i.e., a rule *f* which assigns an object *b* to any object *a* in a unique way (*b* is called the value of the function *f* for the argument *a*). The symbolic expression of a function is a sign combination that contains an object variable *a* and that refers to a specific object. When *a* is replaced with the name of a certain object (e.g., the father of *a*, *sin a*), in particular, if the value of *f* is a proposition (such as, e.g., the function expressed by "*a* is red"), then it is called a "propositional function". (Functions that are not propositional are called "object" [functions][64] or descriptive functions.) [6] Frege also allows for functions with several arguments (e.g., $a + b$, $x > y$). {Clearly, propositional functions with one (or several) variables are expressions of properties and relations.} Frege does not regard functions as objects insofar as they are incomplete (in need of being supplemented), namely by inserting a name in the argument place. The concept of a function also has no particular sign in the system but only occurs through the use of variables *f*, *g*, *h* ... of a certain type, which refer to arbitrary functions.

3.) *F*-function: Refers to the special type of variables *F*, *G*. These are functions whose arguments are not objects but functions.

Frege's other basic concepts are the following:

1. negation,
2. implication [this is the concept for: "*b* follows from *a*"],

63 Insertion by the translator.

64 Insertion by the translator.

3. identical with,
4. all,
5. that object which,
6. "value-range of a function".

This is what two functions that always take the same value for the same arguments have in common, for example *sin* 2*a* ... and ... 2 *cos a sin a*. Since it is not the sentence $\phi(a)$ that Frege regards as the value of a propositional function $\phi(x)$ for the argument *a*, but rather the truth value of that sentence (i.e., the truth value "true" if $\phi(a)$ holds, and "false" if $\phi(a)$ does not hold), [7] the value-range of a propositional function is what one usually [calls][65] the "extension of a concept" or the "set of all objects falling under the concept". {The value-ranges of functions, rather than the functions themselves, were regarded as objects, which had fatal consequences for the antinomies.}

In Frege's system, every concept[66] has a special sign, and the way in which meaningful expressions are formed from these signs in combination with the three types of variables is defined with painstaking accuracy [grammar of the formula language].

Eight formulas are given as logical axioms and ... inference rules are formulated according to which all the deductions in Frege's work proceed.

Frege regards the introduction of a simple name in place of an expression formed by the above basic symbols as the essence of a definition, and he was also the first to precisely formulate the rules according to which this must be done. Moreover, it is also his merit to have been the first to distinguish those propositions (concepts) that can be formulated in logical symbolism alone from those that refer to the symbols of the system and must be formulated in a common verbal language (Hilbert distinguishes between mathematics and metamathematics).

For example, the definition of [8] "meaningful expression" and the formulation of the inference rule belong to the second category.

The main use that Frege makes of his system is to develop a purely logical theory of natural numbers (later rediscovered by Russell), which is based on the concept of the equivalence of sets. [...]

65 Insertion by Eva-Maria Engelen.
66 Illegible characters are following.

Own Book (Foundations) [Eigenes Buch (Grundlagen)]

First version of the chapter on logicism – excerpts[67]

[1v]

Logicism

The term logicism {refers to the view, going back to Leibniz and further substantiated by Peano, Frege, and Russell,} that mathematics is completely reducible to logic, that is, that mathematical concepts can be defined from logical concepts and that mathematical theorems are provable from the axioms of logic (Carnap [...][68]).

What is meant here by logical concepts and propositions? And how do they differ from other concepts and propositions? – These questions were long left unanswered by logicism itself. It was content with coming up with lists of so-called "logical constants" {("or", "not", "all", "there is", etc.) and logical axioms,} and the criterion for the truth of a proposition of logic was supposed to be a kind of intuition (cf. Russell [...]), but even principles that were not intuitively evident were taken to be justified by the fact that they lead to the desired results, {i.e., such results that agree with intuition, as basic laws in physics are justified in this way} (cf. Russell order axiom, {*Revue de Metaphysique et Morale* 1906, p. 630}).

[Russell explicitly conjectured that, just as hypotheses in physics are justified by the fact that they lead to results that agree with experience, the axioms[69] are justified by the fact that they lead to results that agree with intuition.] –

67 The first version of the chapter on logicism is also reproduced here, as it addresses additional aspects that are relevant to understanding *Maxims VII*. As already noted, citations follow the number series (where it exists) found in the right and left margins of the manuscript pages, even though this series is not a true pagination but a page calculation for the purpose of printing. Nevertheless, like traditional pagination, the consecutive page calculations on the recto pages make it possible to locate passages both in the manuscript itself and in von Plato's translation, as the latter also reproduces this information alongside the references to the microfilm.

68 '[...]' or '(...)' indicate where Gödel left space to insert bibliographical information at a later point.

69 Another possible reading is 'basic laws of logic', as *Grundsätze* can be read as *Grundgesetze* in Gabelsberger.

By contrast, Frege viewed the basic laws[70] as regularities in the realm of ideas for which one cannot demand further justification (…). It is only very recently that a satisfying view has been offered, under the influence of Wittgenstein (Russell (…), Hahn (…)). According to this view, it is the characteristic feature of logical constants that they are not signs for something in the world but merely serve the purpose of expressing the form of propositions. [2v] They are only necessary because of the complicated way in which language assigns its symbols to reality. This assignment is not one-to-one, and thus it is possible to express the same state of affairs in different ways (e.g., as p and $\neg\neg p$), and the theorems of logic consist precisely in realizing that two symbol combinations are assigned to the same state of affairs (e.g., $p \equiv \neg\neg p$).

This tautological character is the criterion for the theorems of logic. The thesis of logicism then becomes the statement that the mathematical theorems must be tautologies {(which implies that they must be true in every possible world)}.

This says much more than Russell's original formulation, according to which the mathematical propositions are those that contain only logical constants, because such propositions can also express empirical facts (e.g., in the proposition "There are at least 10 objects"). [Ramsey (…)]

{Wittgenstein and Ramsey tried to make the concept of a tautology precise in the following way: They assume that there are certain most simple propositions (atomic propositions, such as "this is red"). The truth values true, false can be assigned to these atomic propositions in different ways (for n atomic propositions, there are 2^n possible assignments). Every meaningful proposition now states that the assignment that actually obtains belongs to a certain subset T of this set with 2^n elements. This was expressed as follows: Every proposition is a truth function of the atomic propositions; if T comprises all possible assignments, then the proposition is a tautology; if T is empty, it is a contradiction (e.g., p [and not p][?] p).}

In order to prove the logicist thesis referred to at the outset, it is, as Frege (…) notes, necessary to replace imprecise and ambiguous verbal language with exact formula language.

70 Another possible reading is 'axioms' (*Grundsätze*).

[This is possible only][71] if one precisely formulates the basic laws of logic [from which one starts][72] as formulas and precisely states the logical inference rules that one uses to deduce further formulas from these, thus preventing extralogical elements from sneaking in unnoticed during deductions. {Here, the inference rules are purely formal; that is, they only refer to the external shape of the formulas, not their meaning, such that deducing becomes a kind of calculating.} In this way, [one][73] finds here the idea of a so-called formal system already envisaged by Leibniz in his idea of a *calculus ratiocinator*, which was then fully clarified by the Hilbert school. [...]

[3¼v]
[...]
The first implementation of the logicist program was carried out by Frege in [...]. His formulation of the axioms and inference rules reaches a degree of precision which meets even the most recent standards and which, after him, was only achieved again by the formalist school and the Polish metamathematicians (...). The basic concepts of logic on which he bases his deductions without further defining them are the following: 1. "object" [...].[74]
[...]

71 Insertion by Eva-Maria Engelen.
72 Insertion by Eva-Maria Engelen.
73 Insertion by Eva-Maria Engelen.
74 The following pages of the manuscript contain a further list of Frege's basic concepts. In terms of wording and choice of symbols, this list differs both from that in the revised version (given above) and from that found in the excerpts from Frege's *Basic Laws* in *Logisches Notizheft. Altes Excerpten Heft I (1931 – ...)*, op. cit., manuscript pages 27f. In terms of content, however, there are no differences. In the manuscript *Ergebnisse. Eigenes Buch (Grundlagen)*, Gödel does not use Frege's logical symbols; in the first version, he replaces them for the most part with the notation customary in his time, while in the revised version he largely proceeds without specifying logical symbols for Frege's basic logical concepts (see above). In the manuscript *Maximen VII*, written several years later, Gödel again partly returns to Frege's notation, which he had used in his earliest notebook on this subject, *Logisches Notizheft. Altes Excerpten Heft I (1931 – ...)*. Since we cannot provide a complete transcription of this long passage here, interested readers are referred to Jan von Plato's translation of his transcription in *Chapters from Gödel's Unfinished Book on Foundational Research in Mathematics*, op. cit., pp. 28ff.

[6¼v]

[...]

Thus, Frege meets in a nearly perfect way all of the requirements one nowadays demands of a formal system. In particular, it is also his merit to have been the first to clearly distinguish those propositions and concepts that can be formulated in logical symbols alone from considerations that are formulated in common verbal language and concern the symbols of the system (Hilbert [7¾v] metamathematics). The latter [group][75] includes, e.g., the definition of "meaningful", by which the grammar of the symbolic language is fixed, and the formulation of "the inference rules". [...]

Antinomies

Historically, the last of these set-theoretic antinomies is the contradiction of the largest ordinal.

1. The set of all ordinals, which is ordered by the relation "greater than", is in fact well ordered and must thus itself possess an ordinal, which must be greater than all ordinals, and thus greater than itself. Burali[-Forti][76]. Since then, one intentionally constructs a number of antinomies and thus tries to uncover the cause of this phenomenon.
2. The cardinality of the set of all sets A must obviously be the greatest cardinal, as every set is a subset of A. On the other hand, Cantor has proved that, for every cardinal α, there is a greater one, namely 2^{α} (Russell, *Principia Mathematica*). [7¾r]
3.[77] By analyzing this contradiction, i.e., by applying a Cantorian proof for $2^{\alpha} > \alpha$ to the set of all sets, Russell finds his well-known contradiction of the set of all sets that do not contain themselves as elements, which can be shown to neither contain nor not contain itself as an element. {[8¾r] In order to show that this antinomy does not depend on the concept of a set, Russell {[P. L.]} gives it the following form:
4. A property is called predicable if it applies to itself, otherwise impredicable (for example, "abstract" is autological,[78] while

75 Insertion by Merlin Carl.

76 Insertion by Eva-Maria Engelen.

77 Insertion by Eva-Maria Engelen.

78 "Autological" is crossed out in the manuscript but reinserted by Eva-Maria Engelen.

"concrete" is heterological[79]). It can be shown that the property "impredicable" is neither ~~autological~~ {predicable} nor ~~heterological~~ {impredicable}.[80]}

5. {(In principle)} [7¾r] A similar contradiction to 3. is obtained from the relation *T* that holds between two relations *R* and *S* if and only if *R* does not stand in relation *R* to *S*.

One thing that the antinomies discussed thus far have in common is that they operate with purely logical (mathematical) concepts. Thus, they arise in the formal systems of mathematics (unless one is especially careful), e.g., in Frege's system (with the exception of 4., which does not arise, due to Frege's distinction between concept and object).

A second kind of antinomy operates with empirical (linguistic) concepts: "*A* claims it", "word of the German language", "sentence of a certain language", etc. Thus, these are called epistemological (the distinction goes back to Peano's *Rivista*[81] but was first formulated more clearly by Ramsey). This group contains:

6. The liar: If a person *A* says: "The sentence I am now uttering is false", then this sentence can be neither true nor false (for the logical formulation of this antinomy, cf. Hilbert Ackermann (...)) [8¾r] {First one paper by Finsler}.

   This is nothing other than the "Cretan inference", which, however, in its traditional formulation in which a Cretan says "All Cretans lie" leads not to a contradiction but to the conclusion that some Cretans lie and some do not.[82]

[...]

79 "Heterological" is crossed out in the manuscript but reinserted by Eva-Maria Engelen.

80 In this context, it is interesting to consider a note in *Logisches Notizheft. Altes Excerpten Heft I (1931 – ...)*, op. cit., where on manuscript page 42 Gödel writes the following concerning the antinomies: "Carnap claims: *Impredicable* is due to Russell (not semantical); *heterological* is due to Grelling (semantical)."

81 In 1891 Peano founded *Rivista di matematica*, a journal in which problems of logic and of the foundations of mathematics were discussed.

82 The list of different antinomies is continued in the manuscript, along with Gödel's reflections on antinomies and how various logicians and mathematicians have addressed them. Since it is impossible to reproduce the entire text here, interested readers are referred to Jan von Plato's translation of his transcription, *Chapters from Gödel's Unfinished Book on Foundational Research in Mathematics*, op. cit., pp. 35–56.

[24¼v]
[...]
One cannot regard Russell's implementation of the logicist program as entirely satisfying insofar as certain axioms which are definitely not tautological (such as the axioms of infinity and reducibility, and for some theorems also the axiom of choice) are necessary in order to justify mathematics. This shortcoming became all the more obvious when one (cf. p. (...)) grasped the essence of logic and the concept of a tautology more clearly. By doing so, it became entirely clear that the axiom of reducibility is an extralogical assumption, as one can construct worlds (the system of individuals and atomic functions, cf. p. (...)) in which it does not hold (cf. Wittgenstein, Ramsey, Bernays (...)). {Whether it holds in our world is thus an empirical question.}

With respect to the axioms of choice and infinity, Russell had already conceded this in [...] by explicitly mentioning them as assumptions in those theorems whose proofs required them, and he later went even further by not regarding as a tautology the theorem that there is at least one individual and thus 2^n[83] classes of the nth order – which is also provable in the *Principia* [...].

One can find one's way in these difficulties by recalling that the theorems of mathematics are not (as Frege believed) themselves logical (i.e., tautological) and that merely {those implications which state that they follow from certain extralogical assumptions [are][84] (as a kind of return to Peano).} This point of view is taken by H. Hahn in [...]. He pointed out that the concepts of Russell's system, individuals [25¼v] and atomic functions, have no absolute meaning but can be realized in the world in different ways. And the theorems of mathematics hold only for those realizations that satisfy certain "richness requirements" {from which they follow by tautological manipulations (i.e., logical inferences)}. [...]

[26v]
[...]

83 The exponent is barely legible in the manuscript and should therefore be regarded as an uncertain reading. Since the passage appears to refer to finite iterations of the power set operator, the expression may also represent an exponential tower of 2s of length *n*. Uncertain readings are typically not pointed out in the English translation; however, given the importance of this detail for interpretation, we make an exception here.

84 Insertion by Eva-Maria Engelen.

By far more remarkable are Russell's views with respect to the antinomies of the second kind, for which, lacking a ramified type theory, he had to find a new resolution.

[27v]
He was the first to note that, in all of these [antinomies],[85] what appears is the relation between a symbol and its meaning (the relation "*a* means the object *b*"), and [he] takes the reason for the antinomy to be that such a relation cannot be formed (defined) in full generality, but that different levels within it must be distinguished, where a symbol that appears in the meaning relation of the nth level stands in the meaning relation of the $n + 1^{st}$ level to the object it denotes.

{For example, the antinomy of the heterological disappears by defining thus: "an adjective is called heterological at level n if it stands in the meaning relation of level n to one of its properties." But the word "heterological" does not stand in the meaning relation of level n to any property (but it stands to a certain property in the meaning relation of level $n + 1$).}

In this way, the ramified type theory returns insofar as one can divide the expressions of functions and sentences into orders according to the order in which they refer to their objects, though this division concerns not functions and sentences themselves (whose objects can be denoted by symbols of different orders) but only their linguistic representations.

Another idea (which was not explained in detail) is to regard impredicative definitions as admissible and to prove ramified type theory superfluous, which was developed by Carnap, [...] He explains that the all-sign {should not be represented extensionally in logic (it does not mean "for each individual") but rather means "logically deducible". Which means that an all-sign that refers to functions does not presuppose the totality of all functions (similar idea in Langford)}.

Russell sticks to ramified type theory in the second edition of the *Principia Mathematica* but drops the axiom of reducibility (as a non-logical proposition) and replaces it with another axiom (which he regards as purely logical), the extensionality thesis. Propositional functions whose arguments are propositions (such

85 Insertion by Eva-Maria Engelen.

as $p \vee q$) are called extensional if their truth values depend only on the truth value of the arguments. Analogously, a propositional function with propositional functions as arguments is called extensional, if its truth value only depends on the extension of the argument functions (e.g., $\phi(x) \supset_x \psi(x)$).

All functions in mathematics are extensional, and the extensionality thesis states that every function is extensional, or, in an even stronger form (Russell), that every function can be obtained from an atomic function by applying the [28v] operations ($\bar{\ }$,[86] $\vee$, $(\ \ )$[87], $\exists$). {This is obvious if one accepts Wittgenstein's view on logic, which was discussed on p. (...) and was also assumed by R. in (...).} There are many examples that apparently contradict this, e.g., "*A* believes *p*", "*q* follows logically from *p*", "the proposition *p* concerns the object *a*", and analogous propositions for functions, for example: "*A* believes that $(\forall x)\ \phi(x)$ is true" is apparently not extensional.

86 This is likely meant to be the sign for negation.
87 Here, "( )" denotes universal quantification.

Max VII

Date of production of Max VII
15. July 1942 to 10. September 1942. Date specification: 1. August 1942.

15. July 1942 – 10. September 1942

Max VII

Blue Hill House p. 475–562

1. August – 10. September 1942

[Empty page]

[470]
Remark (Philosophy): Every word has a certain number of different meanings (that is, meanings that are no longer connected with each other in linguistic awareness). These are the components of the set of "meaning" [*Bedeutung*].

Remark (Theology): It seems that the conveniences of outward life (flat, summer retreat,[1] salary, etc.) do not depend on how much time one spends on making these things as convenient as possible; rather, [if one][2] puts much effort into these things, then the only success is that the external conditions become worse.

Remark (Philosophy): Correct classification of plants:[3] lichens and fission fungi, algae, mosses and ferns, fungi, flowering

1 On the conduct of life (here, flat and summer retreat) and its relevance to the topic of philosophy as a form of life, cf. Kurt Gödel, *Time Management (Maxims) I and II*, Introduction; pp. 302ff.; 321, Gödel's text; 324f.; 327–330; 333; 334; 347; 349; 354; 356–359; 362; 364; 366; 381f.; 383; 388; 404; 418; 448f.; 455f.; 476; 513; 524.

2 Gödel's brackets.

3 Cf. Kurt Gödel, *Maxims III*, pp. 238; 257ff.; 285; *Maxims IV*, p. 191; *Maxims VI*, pp. 189ff.; 192.

plants. The essential difference is likely in the kind of metabolism.[4] It may be contradictory to suppose that procreation[5] is the purpose [*Sinn*] of anything,[6] for this would mean: It is the purpose of *A* to produce *A*.[7] Fungi and lichens* are the evil (poisonous and pathogenic). [471]

They correspond to the insects and the coelenterates.[8] At a superficial glance, mollusks[9] are closer to vertebrates than insects[10] [flesh]** (similar to gold and tonic[11]). The mollusk's eyes are higher than those of the insect. The insect's dominant sense is that of smell. Insects decompose quickly; mussels do not.

* These are particularly evil, because they "pull" moss toward them.

** Even from a superficial point of view these appear evil (poisonous and annoying).

<u>Remark</u>? (Philosophy): The 4 temperaments[12] can be obtained by dividing into strong [weak] reaction and external (= act) and inner

4 Kurt Gödel, *Maxims III*, p. 285; *Maxims IV*, p. 191. In the Latin Aristotelian tradition, metabolism and procreation are functions that belong to the vegetative faculty of the soul.

5 Cf. Kurt Gödel, *Maxims III*, p. 285; *Maxims IV*, p. 191; *Maxims VI*, p. 190. See the preceding comment.

6 Cf. also Kurt Gödel, *Maxims VI*, p. 190; as well as manuscript page 473, remark theology 1, item 6 in this volume. If this is a reference to the vegetative faculty of the soul in the tradition of Aristotle, then "sense" does not mean purpose here but rather perceptive faculty (*Sinnenvermögen*).

7 In Aristotle's *De anima* II 4, 415a 25–415b 1, we find: "ἧς ἐστὶν ἔργα γεννῆσαι καὶ τροφῇ χρῆσθαι. φυσικώτατον γὰρ τῶν ἔργων τοῖς ζῶσιν, ὅσα τέλεια καὶ μὴ πηρώματα ἢ τὴν γένεσιν αὐτομάτην ἔχει, τὸ ποιῆσαι ἕτερον οἷον αὐτό, ζῷον μὲν ζῷον, φυτὸν δὲ φυτόν, ἵνα τοῦ ἀεὶ καὶ τοῦ θείου μετέχωσιν ᾗ δύνανται. πάντα γὰρ ἐκείνου ὀρέγεται, καὶ ἐκείνου ἕνεκα πράττει ὅσα πράττει κατὰ φύσιν" [Its functions are reproduction and assimilation of nutriment. For it is the most natural function in all living things, if perfect and not defective or spontaneously generated, to reproduce their species; animal producing animal and plant plant, in order that they may, so far as they can, share in the eternal and the divine. For it is that which all things yearn after, and that is the final cause of all their natural activity] (Translation: Aristotle, *De anima*, translation and commentary by R. D. Hicks, Cambridge [Cambridge University Press] 1907, p. 63).

8 Coelenterates are aquatic organisms that are classified into the subgroups 'cnidarians' and 'comb jellies'. They have a radially symmetrical body shape, a diffuse nervous system, and consist of merely two cell layers.

9 Like coelenterates, mollusks are eumetazoans.

10 In Kurt Gödel, *Maxims VI*, p. 191, insects are said to be a representation of evil.

11 In the 19th century, gold was believed to have tonic properties (that is, to exert a strengthening effect). In *Maxims VI*, p. 221, gold is said to be a good metal.

12 The four temperaments – phlegmatic, melancholic, sanguine, and choleric – belong to the doctrine of the four elements, which in turn played a role in classical theories of health and hygiene. Unlike the *sex res non naturales* (see Eva-Maria Engelen, Introduction to Kurt Gödel, *Time Management (Maxims) I and II*, pp. 32ff.; 38; 54), the *sex res naturales*, which include the tempera-

(= *passio*, emotion[13]) reaction. Thus, phlegmatics would be akin to melancholics, and sanguines akin to cholerics. The first two are good; the other two are bad.

Remark (Psychology): Sadism is a form of striving for power. The other person's suffering proves that one is more powerful. The other person's suffering as an end in itself only arises secondarily, through "habituation".

[472] {Classification of humans into 4 categories[14]}

Remark (Theology): The following three problems are essentially the same:

1. How is God's omnipotence compatible with the freedom of man?
2. Are creator and creation essentially different (or even opposed*), or are they the same, differing only by degree?
3. How could a creation be morally "responsible"?

* Relating as *actus* and *passio*.

Remark (Philosophy): The sense [*Sinn*[15]] of a single sentence written down is the designated state of affairs and the communication. The theological worldview differs from the scientific[16] because [in the former] everything has a "sense" [*Sinn*] [the causal relation

ments, cannot be directly influenced by a change in one's way of living. See also "classification of humans into four categories" below.

13 Alternative reading: passive emotion. Most 'alternative readings' are not comprehensible as genuine alternatives in English, and thus they have generally not been provided. As this is not the case here (and where alternative readings are indicated below), however, the alternative reading is indicated.

14 Inserted in the top margin, above the page number.
Cf. manuscript page 485, remark philosophy 1 in this volume, as well as manuscript page 546, remark philosophy 1.

15 Translator's note: Like the English word 'sense', the German *Sinn* can refer not only to the meaning of a word or sentence but also to a purpose or perceptual faculty (as in 'sense of hearing').

16 Cf. Kurt Gödel, *Max VIII*, manuscript pages 565ff., remark philosophy 1, where Gödel writes on manuscript page 566: "[...] of religious education, the purpose of which is to evoke the conviction that everything in this world is arranged according to a well-considered plan and in the highest regularity and expediency. That is, that ultimately nothing is meaningless, contingent, or bad."

is replaced with the sense[17] relation], i.e., is "intended". Highest concepts are sense[18] [*Sinn*] and form.

Remark (Foundations): Is the analogy:

Laws of Euclidean geometry : space intuition

=

Logical laws : logical thinking

correct? Logical space[19] is the background, [473] "the form", of everything that is conceivable, just as ordinary space is the form of all physical appearances.

Equality, difference, and number are somehow the only fundamental concepts (objects that are equal merely to each other, with no properties). For animals, spatial intuition is precisely this? (Analogy to angels)

Remark (Theology): Does every object have an opposite (which, when merged with it, yields nothing and which was created at the same time from nothing "through division", in Genesis,[20] all objects are created in pairs)?

17 Translator's note: In German, *Sinnrelation*; this should be distinguished from *Bedeutungsrelation*, which is rendered in English as 'meaning relation'.

18 Translator's note: the word 'sense' is used here in the sense of 'meaning', i.e., 'purpose'.

19 On this point, Gödel notes the following in *Max VIII*, manuscript pages 563ff., remark foundations 1: "The true meaning [*Bedeutung*] of sign combinations of the form (ιx) (ϕx): [...] 5. (the correct solution) This means [*bedeutet*] 'a place in logical space', that is, something that is related to the abstract world of concepts just as space (and points) relate to the world of sensible concepts. These things each cover a certain part of logical space. These objects (mathematical and logical space and their points) form a 3rd kind of entity between things and concepts. Logical space looks different depending on what 'concept of possibility' one takes as a basis. Sense [*Sinn*] relates to meaning [*Bedeutung*] in this sense [*Sinn*] as the definition of a point relates to the point. Thus, with respect to 'diversity' or 'degree of identification' or closeness to the thing and distance from the appearance, this meaning [*Bedeutung*] lies in the [565] middle between sense [*Sinn*] and meaning [*Bedeutung*] (different, perhaps the correct, solution, cf. p. 592)."

20 Gödel also refers to Genesis in *Time Management (Maxims) I and II*, pp. 408; 443; *Maxims III*, p. 258; *Maxims V*, p. 187; *Maxims VI*, pp. 162; 189f.; 192.

Remark (Theology): Interpretation of Genesis:

1. *caelum et terra*[21] means time (movement of the heavens) and space;
2. the abyss[22] is infinite empty space, observed from an infinitely distant point (which is the place of the spirit of God);
3. *aqua* sometimes means "space",[23] sometimes air[24] (in general, the transparent);
4. *firmamentum* is a solid shell;[25] [474]
5. *lumen et tenebrae*[26] is light and matter.

21 "In principio creavit Deus caelum et terram" [In the beginning God created the heaven and the earth] (Genesis 1:1). Here and in subsequent notes, all English translations of the Bible are from the King James Version. See: https://www.kingjamesBibleonline.org/Genesis-Chapter-1/.

22 "[T]erra autem erat inanis et vacua et tenebrae super faciem abyssi et spiritus Dei ferebatur super aquas" [And the earth was without form, and void; and darkness was upon the face of the deep. And the Spirit of God moved upon the face of the waters] (Genesis 1:2). Whereas the King James translates *abyssus* as 'the deep', Gödel translates it as *Abgrund* ('the abyss').

23 "[D]ixit vero Deus congregentur aquae quae sub caelo sunt in locum unum et appareat arida factumque est ita et vocavit Deus aridam terram congregationesque aquarum appellavit maria" [And God said, Let the waters under the heaven be gathered together unto one place, and let the dry land appear: and it was so. And God called the dry land Earth; and the gathering together of the waters called he Seas] (Genesis 1:9–10).

24 "[D]ixit quoque Deus fiat firmamentum in medio aquarum et dividat aquas ab aquis et fecit Deus firmamentum divisitque aquas quae erant sub firmamento ab his quae erant super firmamentum et factum est ita vocavitque Deus firmamentum caelum" [And God said, Let there be a firmament in the midst of the waters, and let it divide the waters from the waters. And God made the firmament, and divided the waters which were under the firmament from the waters which were above the firmament: and it was so. And God called the firmament Heaven] (Genesis 1:6–8).

25 "[F]ecitque Deus duo magna luminaria luminare maius ut praeesset diei et luminare minus ut praeesset nocti et stellas et posuit eas in firmamento caeli ut lucerent super terram." [And God made two great lights; the greater light to rule the day, and the lesser light to rule the night: he made the stars also. And God set them in the firmament of the heaven to give light upon the earth] (Genesis 1:16–17).

26 "[E]t posuit eas in firmamento caeli ut lucerent super terram et praeessent diei ac nocti et dividerent lucem ac tenebras" [And God set them in the firmament of the heaven to give light upon the earth, and to rule over the day and over the night, and to divide the light from the darkness] (Genesis 1:17–18).

6. Plants[27] are closer to inanimate matter than to animals. Their sense[28] [*Sinn*] is growth,[29]* as with crystals,[30] or "metabolism".[31] This is the passive side of their existence [*Sein*]. The active side is procreation[32] (as with animals, senses, and own movement). Hence created in one day, dry land and plants.
7. The higher animals[33] are closer to man than to the lower animals (created in one day).

* Grow [written in English in the manuscript] = thrive.

Remark (Theology): Is the lowest level of the angels[34] perhaps material (or in the form of light)? Because something must exist above the[35] firmament?

Remark (Theology): Plants and crystals are examples of a form of being [*Sein*] with a much lower sense [*Sinn*] than ours (there is no

27 "[E]t ait germinet terra herbam virentem et facientem semen et lignum pomiferum faciens fructum iuxta genus suum cuius semen in semet ipso sit super terram et factum est ita et protulit terra herbam virentem et adferentem semen iuxta genus suum lignumque faciens fructum et habens unumquodque sementem secundum speciem suam" [And God said, Let the earth bring forth grass, the herb yielding seed, and the fruit tree yielding fruit after his kind, whose seed is in itself, upon the earth: and it was so. And the earth brought forth grass, and herb yielding seed after his kind, and the tree yielding fruit, whose seed was in itself, after his kind] (Genesis 1:11–12). "[D]ixitque Deus ecce dedi vobis omnem herbam adferentem semen super terram et universa ligna quae habent in semet ipsis sementem generis sui ut sint vobis in escam" [And God said, Behold, I have given you every herb bearing seed, which is upon the face of all the earth, and every tree, in the which is the fruit of a tree yielding seed; to you it shall be for meat] (Genesis 1:29).

28 Translator's note: Here, *Sinn* is to be read in the sense of 'purpose'.

29 Cf. manuscript pages 470ff., remark philosophy 2 in this volume, as well as Kurt Gödel, *Maxims VI*, p. 190. It is plausible that the 'sense' of plants here refers, in the Aristotelian (Latin) tradition, to the notion of the vegetative faculty of the soul, which enables procreation, growth, and metabolism. In Kurt Gödel, *Maxims VI*, p. 190, and on manuscript pages 470ff. in this volume, he could also be referring to the purpose of plants.

30 Cf. Kurt Gödel, *Maxims VI*, p. 190.

31 Translator's note: The German word for 'metabolism' is *Stoffwechsel*, which, translated verbatim, is 'exchange of substance'. The quotation marks likely point to this verbatim reading.

32 See the comment on plants above.

33 For 'higher animals', cf. Kurt Gödel, *Maxims VI*, pp. 190; 191; 192.

34 Cf. Kurt Gödel, *Philosophy I (Maxims) 0*, p. 184; *Time Management (Maxims) I and II*, p. 481; *Maxims III*, pp. 247; 248; 277; *Maxims IV*, pp. 202; 226; *Maxims V*, pp. 176; 187; *Maxims VI*, pp. 175; 207; 210.

35 Alternative reading: up in.

"consciousness"[36]).[37] Is the mode of being [*Sein*] of angels related to ours in the same way? Are the ideas related to the angels just as matter is related to us? (That is, are they subject to their acts?) – Still, is [475] there pleasure and suffering also in the lowest beings?

<u>Remark</u> (Theology): That part of creation which is not spatiotemporal is only mentioned in the Gospel of John as: *In principio erat verbum*.[38] Aristotle's[39] identification of the highest ideas (= final causes[40]) with the *substantiae separatae*[41] (= angels) agrees well with the Gospel of John (*et Deus erat verbum*[42]).

{Blue Hill House 1. August 1942,[43] beginning}

<u>Remark</u> (Foundations): Proof that "if" does not mean material implication[44] but some kind of necessity: "not: if p, then q" merely means: It is possible that p and $\neg q$.

<u>Remark</u> (Foundations): For example, are all formulas of the form $(\exists f)\ (\forall x)[f(x) = \phi(x, y)]$ (or $x \cap \grave{\varepsilon}$[45] $\phi(\varepsilon\, y) = \phi(x\, y)$

36 Translator's note: The German word translated here as 'consciousness' is *Bewusstsein*; the quotation marks likely serve the purpose of emphasizing that *Bewusst-sein* is a form of 'being'. Alternative reading: no conscious being.
37 Cf. Kurt Gödel, *Maxims VI*, p. 190.
38 John 1:1: "In the beginning was the Word."
39 Aristotle (384–322 BCE), ancient Greek philosopher and naturalist.
40 For 'final causes', cf. Kurt Gödel, *Maxims V*, Introduction, p. 128. In translations of Aristotle, αἰτία is translated into German as both *Ursache* (cause) and *Grund* (reason).
41 Cf., e.g., Thomas Aquinas, *De ente et essentia*, chapter 4, where he explains that simple or "separated" substances are immaterial (separated from matter). The human soul and spirit, angels, demons, and God are *substantiae separatae*.
42 John 1:1: "and the Word was with God".
43 For the dating of Gödel's stay at Blue Hill House, cf. Kurt Gödel, *Maxims V*, Introduction, pp. 112–114.
44 Logical operation between two propositions which is false if and only if the first proposition is true and the second is false. Cf. Kurt Gödel, *Maxims III*, p. 243.
45 Gottlob Frege, *Grundgesetze der Arithmetik. Begriffsschriftlich abgeleitet*, vol. 1, Jena (Hermann Pohle) 1893; translated by Montgomery Furth as *Basic Laws of Arithmetic: Exposition of the System*, Berkeley/Los Angeles/London (University of California Press) 1964, here I, § 9, pp. 43ff. Frege denotes a value-range by ἐ φ(ε) (epsilon with a spiritus lenis); by contrast, ἑ φ(ε) (epsilon with a spiritus asper) represents the notation for a concept of a function which is a second-order concept. By inserting a first-level function φ into ἐ φ(ε), one obtains a saturated expression. Frege explains the use of epsilon

or

ἐ $\phi(\varepsilon)$ = ἐ $\psi(\varepsilon)$.=.* (α) $[\phi(\alpha) = \psi(\alpha)]$), which are explicitly used in Frege's book,[46] [476] consistent? (It is interesting that Frege[47] frequently uses the ε-relation[48] as a basic concept and does not have $x \in \hat{y}\phi(y) \equiv \phi(x)$ as an axiom.)

* → The half[...][?] ⊃ is the dangerous one!

with a spiritus asper in a letter to Russell dated November 13, 1904; this letter could not have been known to Gödel, however, as it was not published until 1976 (in Frege, *Wissenschaftlicher Briefwechsel*). Since Frege does not use epsilon with a spiritus asper elsewhere – and specifically not in the *Grundgesetze der Arithmetik* – Gödel's use of this symbol was likely a slip of the pen. Consequently, the expression should refer to a value-range. This interpretation is supported by Gödel's earlier (1931) excerpts from Frege's *Grundgesetze der Arithmetik*; cf. *Logisches Notizheft. Altes Excerpten Heft I (1931 – ...)*, in: Gödel *Nachlass*, box 6a, series III, folder 58, initial document number 030079, where, on manuscript page 28, item 7, Gödel writes: "ἐ $f(\varepsilon)$ the value-range of the function $f(\varepsilon)$." In the chapter "Logicism" in Gödel's manuscript *Eigenes Buch (Grundlagen)*, Gödel *Nachlass*, box 7a, series IV, folder 10, initial document number 040019, an x with a spiritus lenis is used for the value-range on 4 3/4v. Cf. manuscript page 509, remark foundations 2, where an epsilon with a spiritus lenis appears, though this time with a lowercase Greek phi, not the uppercase Phi used by Frege. See also the following comment. The addition "CO282" to "Gödel's *Nachlass*" is not repeated below.

46 Gottlob Frege, *Grundgesetze der Arithmetik. Begriffsschriftlich abgeleitet*, vol. 1, Jena (Hermann Pohle) 1893. Gödel borrowed Frege's *Grundgesetze der Arithmetik* on August 11, 1930, and July 4, 1932; he borrowed the second volume (published in 1903) on August 14, 1930, and July 4, 1932. In Gödel *Nachlass*, box 6a, series III, folder 58, initial document number 030079, the manuscript *Logisches Notizheft. Altes Excerpten Heft I (1931 – ...)*, op. cit., contains some of Gödel's excerpts on manuscript pages 27–30 and 32. On manuscript page 32, Gödel notes the following in Gabelsberger: "It is the purpose of the *Basic Laws* [*Grundgesetze*] to demonstrate that arithmetic is a part of logic – hence precise analysis of proofs."

47 Gottlob Frege (1848–1925) was a German mathematician, logician, and philosopher. See Kurt Gödel, *Maxims III*, p. 230; *Maxims IV*, pp. 244; 254; 261 for mentions of Frege in the Philosophical Notebooks that have been published thus far.

48 Gödel uses the element symbol ε (= ∈) for the relation 'is an element of the set', which was also used in the value-range notation.

The non-set-theoretical[49] (i.e., intensional[50]) resolution of the antinomies[51] would consist in discarding[52] the axiom of separation[53] and instead assuming criteria for the structure of propositional functions (e.g., stratification[54] or non-circularity). What matters for the existence of the set (the concept) is not the extension[55] but the content[56] (not the quantity but the quality of the content). Perhaps there is an approximation "up to finitely many singularities"[57] for each propositional function, that is: $x \in m \equiv \phi(x)$ holds true for all but finitely many x.

49 For 'set-theoretical antinomies', cf. Kurt Gödel, *Time Management (Maxims) I and II*, p. 407; p. 494; *Maxims III*, p. 251; *Maxims IV*, pp. 198; 228; 236; *Maxims V*, p. 164.

50 For 'intensional antinomies' and Gödel's specific understanding of them as logical-conceptual, see the respective explanations in the introduction to this volume.

51 The topic of 'antinomies' appears in almost all of Gödel's Philosophical Notebooks, as he regarded it not as limited to logic and mathematics but as inherent to human thought. It also features in his 1931 proof of the incompleteness theorem. Cf. the introduction to Kurt Gödel, *Maxims V*, pp. 115ff. *Logisches Notizheft. Altes Excerpten Heft I (1931 – ...)*, op. cit., also contains a passage on 'Frege antinomies' on manuscript page 47; cf. the appendix to the introduction to this volume.

52 What is meant is that the axiom of separation can be deduced from the axiom of replacement.

53 "Durch jede Satzfunktion $f(x)$ wird aus jeder Menge m eine Untermenge m_f ausgesondert, welche alle Elemente x umfasst, für die $f(x)$ wahr ist. Oder: Jedem Teil einer Menge entspricht selbst eine Menge, welche alle Elemente dieses Teils enthält." From: Ernst Zermelo, "Über Grenzzahlen und Mengenbereiche. Neue Untersuchungen über die Grundlagen der Mengenlehre", in: *Fundamenta Mathematicae* 16 (1930), pp. 29–47, here p. 30. Abraham Fraenkel introduced the axiom of replacement into Zermelo–Fraenkel set theory, as the axiom of separation is insufficient for deriving Cantor's set theory. Gödel mentions both the axiom of replacement and the axiom of separation: cf. Kurt Gödel, *Maxims V*, p. 192; *Maxims VI*, pp. 162; 164; 175; 199.

54 In his 1937 paper "New Foundations for Mathematical Logic", Willard Van Orman Quine replaced Bertrand Russell's type theory with a stratification criterion, by which the axiom of separation is restricted to stratified formulas. Cf. Willard Van Orman Quine, "New Foundations for Mathematical Logic", in: *The American Mathematical Monthly* 44 (1937), pp. 70–80.

55 In set theory, the concept (set) is identified with its extension: "Jede Menge ist durch ihre Elemente bestimmt." Ernst Zermelo, "Untersuchungen über die Grundlagen der Mengenlehre. I", in *Mathematische Annalen* 65 (1908), pp. 261–281, here p. 263. Set theory is extensionally determined.

56 This would be the intensional resolution of the antinomies.

57 The term 'singularity' is commonly used for points, events, or places within structures where unusual or undefined behavior occurs.

Remark (Foundations): What is mathematically provable is that which is predicatively[58] (with arbitrary [477] transfinite iteration) accessible. What appears to be impredicative[59] can also be dissolved into transfinitely many predicative constructions. In the philosophy of mathematics, the following may be essential: impredicative axioms.[60] *Spiritus Dei ferebatur super aquas*.[61] Also cf. Aristotle's *substantiae separatae*.[62]

Remark (Foundations): The right idea for the resolution of the intensional antinomies may be the right idea for resolving every problem*? But only in the sense that "lawlike" sets exist (the chaos and thus also Brouwer's choice sequences[63] are fruitless?).

However, it is to be expected that these axioms will not be evident, but it is only evident that it should be like this. This is why one only gets consequences of the form "It should be like this"

* The antinomies are a puzzle, and thus the right starting point for philosophy; moreover, it is only through their resolution that the problem of formalization is solved; moreover: consideration of singular points.

58 "Ich nenne nun eine Zuordnung prädikativ, wenn die zugehörige Klassifikation prädikativ ist. Eine Klassifikation aber nenne ich prädikativ, wenn sie durch Einführung neuer Elemente nicht verändert wird. [...] Was hier mit dem Wort ‚prädikativ' gemeint ist, läßt sich am besten an einem Beispiel illustrieren: wenn ich eine Menge von Gegenständen in eine Anzahl von Schachteln einordnen soll, so kann zweierlei eintreten: entweder sind die bereits eingeordneten Gegenstände endgültig an ihrem Platze, oder ich muß jedesmal, wenn ich einen neuen Gegenstand einordne, die anderen oder wenigstens einen Teil von ihnen wieder herausnehmen. Im ersten Falle nenne ich die Klassifikation prädikativ, im zweiten nicht." From: Henri Poincaré, "Über transfinite Zahlen", in: Henri Poincaré, *Sechs Vorträge über Ausgewählte Gegenstände aus der reinen Mathematik und der mathematischen Physik*, Leipzig/Berlin (Teubner) 1910, pp. 36–40, here pp. 38ff.

59 One typically speaks of impredicatively – or non-predicatively – used concepts or terms. A concept is said to be impredicatively defined or definable if it can only be defined by reference to a totality that includes the concept itself. Cf. Kurt Gödel, *Maxims III*, p. 314; *Maxims IV*, pp. 180; 181; 209; 213; 255; *Maxims V*, p. 199; *Maxims VI*, pp. 180; 189.

60 Alternative reading: essentially impredicative axioms.

61 Genesis 1:2: "And the Spirit of God moved upon the face of the waters."

62 Cf. Gödel's reference to *substantiae separatae* three remarks above.

63 L. E. J. Brouwer's choice sequences cannot be completely given, because they are determined by deliberate decisions. In his paper "Intuitionistische Mengenlehre", Brouwer writes: "Eine Menge ist ein Gesetz, auf Grund dessen, wenn immer wieder ein willkürlicher Ziffernkomplex der Folge 1, 2, 3, 4, 5, ... gewählt wird, jede dieser Wahlen entweder ein bestimmtes Zeichen oder nichts erzeugt, oder aber die Hemmung des Prozesses und die definitive Vernichtung seines Resultates herbeiführt, wobei für jedes $n > 1$ nach jeder ungehemmten Folge von $n - 1$ Wahlen wenigstens ein Ziffernkomplex angegeben werden kann, der, wenn er als n-ter Ziffernkomplex gewählt wird, nicht die Hemmung des Prozesses herbeiführt." Brouwer, "Intuitionistische Mengenlehre", in: *Jahresbericht der Deutschen Mathematiker-Vereinigung* 28 (1919), pp. 203–208, here pp. 204ff.

from these. But all verifiable conclusions [478] of this kind are confirmed? In particular, conclusions of the type: This and that must be evident, and conclusions about how to find a proof (if it exists). In the end, this must lead to the abstract (blind) construction of a proof, which will then turn out to be actually "convincing".

In general, the right method for solving every problem (and, in general, for achieving any goal, i.e., "reason" [*Vernunft*]) is likely such that what needs to be done first emerges blindly (i.e., without one's seeing the "mechanism"*), and the success becomes apparent** subsequently (it is the case that rational behavior leads to success, but not necessarily so). Cf. *vidit quod erat valde bonum.*[64]

* Ultimately, the mechanism is a deception?
** This is the opposite of the mechanical method.

One then marvels at how the world follows ethical laws[65] even in mathematical matters (which appear to be necessary and inalterable) (incomprehensible primordial ground).

[479]
Remark (Foundations): A method for solving every ordinary differential equation might consist in: specifying a certain class of functions with certain types of singularities and then giving a general development for each of them [similar to partial fraction expansion for[66] *meromorphic* functions[67]] and then indicating how the coefficients of the solution [as a function of the initial conditions] can be obtained from the coefficients of the functions occurring in the differential equation. But that is a "mechanical" method (in contrast to the last remark, and thus likely not actually implementable, although, perhaps, theoretically).

64 "[E]t vidit Deus quod esset bonum" [and God saw that it was good] (Genesis 1:10; 1:12; 1:18; 1:21; 1:25). Or: "viditque Deus cuncta quae fecit et erant valde bona" [And God saw every thing that he had made, and, behold, it was very good] (Genesis 1:31).

65 For 'ethics and mathematics', cf. the introduction to Kurt Gödel, *Maxims III*, pp. 188–191, and ibid., p. 233, in connection with p. 227.

66 A partial fraction decomposition expresses a rational function as the sum of a polynomial and a collection of fractions whose denominators are irreducible polynomials of lower degree and whose numerators are polynomials of lesser degree than their respective denominators.

67 A meromorphic function on an open set $U \subseteq \mathbb{C}$ is a function that is holomorphic except on a closed, discrete subset $D \subseteq U$ and only has poles or removable singularities at the points in D. A removable singularity is an isolated singularity, i.e., an isolated point in the set of singularities of a holomorphic function.

Remark (Philosophy): Compared to the *weltanschauung* that is nowadays forced upon every theoretically inclined person (prior to the discovery of the "supernatural") through literature, etc.: [Compared to][68] physics with a natural law and metempsychosis, metaphysics and Christian theology [480] has in every respect an advantage (i.e., exceeds all expectations of physics and metempsychosis[69]).

Because

I. 1. Actual knowledge of historical, psychological, mathematical matters is also possible.
2. Actual knowledge is achievable also for the individuum (in the other worldview merely utopian or in distant future or for the whole).
3. Rather than mere predictions, "understanding" is possible.

68 As a rule, editorial insertions are not included in the English translation. As this particular insertion reflects an interpretation that merits discussion, however, we have made an exception in this case.

69 This sentence is incomplete in the German original and grammatically ambiguous. It can be completed in (at least) two ways, each leading to a significantly different interpretation. One possibility (reflected in the English translation) is to insert 'compared to', yielding '[Compared to] physics with a natural law and metempsychosis, metaphysics and Christian theology has in every respect an advantage.' Alternatively, one could insert 'is' after 'theology', resulting in 'Physics with a natural law and metempsychosis is metaphysics, and Christian theology has in every respect an advantage.' In addition to the sentence's incompleteness and grammatical ambiguity, there is also uncertainty concerning one of the Gabelsberger characters, which could be interpreted either as 'an' or as 'own'. If read as 'an', this could be a reference to Rudolf Carnap's article "The Physical Language as a Universal Language", in which he writes: "On the basis of the property of the physical language just mentioned, our thesis now makes the extended assertion that the physical language is a universal language, i.e. that every statement can be translated into it / that every state of affairs can be expressed in it. In addition to the simplest form of statements previously described, namely of *singular statements*, there are now various compound propositional forms to be considered. The most important is the *general implicative* statement expressing a general implication: if at some point P in space-time there is a determination a (i.e. a is the value of a certain magnitude at a certain place and time denoted by P) then there will be some other point P', standing in such and such a spatio-temporal relation to P, at which (P') there will be with such and such probability a determination $a' = f(a)$ functionally dependent on a. This is the general form of a *natural law* in its widest meaning." Translation by Max Black, in: *The Unity of Science* by Rudolf Carnap, London (Kegan Paul, Trench, Trubner & Co.) 1934, pp. 54ff.

II. 1. The next life[70] certainly takes place under far more beneficial circumstances (1000-year empire[71]).
   2. What is gained here is not lost, and we will see our friends again.
   3. The ultimate goal[72] is not nirvana but eternal life.

<u>Remark</u> (Foundations): Frege realizes both aims: namely, to introduce "there is" and "all" as different basic signs and to define each on the basis of the other, namely by composing the basic sign for ∃ from those for 'not' and 'all':
 [73].

Moreover, he introduces a two-dimensional language.[74]

[481]
<u>Remark</u> (Foundations): The belief that a common mathematician has in the correctness of his proofs rests on a <u>strict</u> formalization. However, this is abbreviated by:

70 Cf. "Meine philosophischen Ansichten", in: Gödel's *Nachlass*, box 11b, series VI, folder 15, initial document number 060168, where Gödel writes in item 5: "The world in which we now live is not the only one in which we live or have lived." Translated in: Gabriella Crocco and Eva-Maria Engelen, "Kurt Gödel's Philosophical Remarks (Max Phil)", in: *Kurt Gödel. Philosopher-Scientist*, Aix en Provence (Presses Universitaires de Provence) 2016, pp. 33–79, here p. 36.

71 The phrase '1000-year empire' is an allusion to millenarianism, the belief that the kingdom of Christ will last for a thousand years following his return. In the Bible, this 'thousand-year reign' is described in particular in Revelation 20:1–10.

72 The manuscript reads "game", which has been corrected by the editor. As a rule, editorial corrections are not indicated in the English translation; in this case the correction involves a significant shift in meaning, however, and is therefore noted.

73 The first sign – the cavity – is Frege's basic symbol for generality, corresponding in modern notation to the universal quantifier ∀. The second is the symbol for "there is" (cf. Gottlob Frege, *Basic Laws of Arithmetic* [*Grundgesetze der Arithmetik*], op. cit., § 8, p. 41), which is composed of the sign for generality (the cavity) together with two negation strokes; in modern notation, this would be $\neg\exists x\neg$. For Frege's basic sign for negation, see manuscript page 509 below.

74 In his *Begriffsschrift* and other works, Frege uses a two-dimensional formal language for his logicist program (which aims to ground arithmetic in fundamental logical concepts). This language employs what he describes as "the two-dimensional extension of the writing area", meaning that it is not confined to linear notation. A few excerpts by Gödel from Frege's *Begriffsschrift, eine der arithmetischen nachgebildete Formelsprache des reinen Denkens*, Halle (Louis Nebert) 1879, can be found in his *Logisches Notizheft. Altes Excerpten Heft I (1931 – ...)*, op. cit., on manuscript pages 84 and 93, as well as in the first version of the chapter "Logicism" in *Eigenes Buch (Grundlagen)*, op. cit., in Gödel's *Nachlass*.

1.) the use of complicated inference rules that one "mechanically knows by heart";
2.) through the application of the logic of supposition,[75] which means that one introduces a new, currently suitable theory and language with new axioms "at every moment", namely the assumptions and new signs (by assuming $\phi(a)$ if $(\exists x)\ \phi(x)$ is proven). I.e., by the fact that, at that moment as well, much is in the subject and only a small part is in the "object".

Remark (Philosophy): The only necessary inference rule is *Modus Barbara*[76] (or rather, *dictum de omni et nullo*[77]); [482] this comprises the rule of substitution[78] and the implication rule.[79] It represents the application of a more general theorem to a special case. Thus, in a certain sense, each mathematical theorem says less than the axioms from which it follows, and the drawing of inferences can

75 'Supposition' can be translated as 'conjecture', but it may also refer to a premise or theoretical assumption. What is therefore alluded to is an assumption logic, and hence a logic for natural reasoning, and likely not the medieval theory of supposition.

76 The syllogism denoted by the mnemonic 'Barbara' ('all *M* are *P*', 'all *S* are *M*', these imply 'all *S* are *P*') is one of the four perfect syllogisms of the first figure.

77 This refers to a principle of Aristotelian logic according to which whatever can be said to be true or false of a genus can likewise be said to be true or false of all species that fall under that genus, as well as of each individual belonging to it. The classification of this syllogistic figure as 'perfect' remains a matter of scholarly debate.

78 Paul Bernays and David Hilbert, *Grundlagen der Mathematik*, Berlin (Springer) 1934, p. 90, formulate the rule of substitution as follows: "Der Prozeß der Einsetzung besteht allgemein in dem Übergang von einer Formel zu einer andern Formel, die sich von jener dadurch unterscheidet, daß für eine gewisse Variable, überall wo sie in jener Formel auftritt, ein und derselbe Ausdruck gesetzt wird." This makes it possible to derive further propositions from a general proposition and to find propositions that are equivalent to a given proposition.

79 Cf. Rudolf Carnap, "Die logizistische Grundlegung der Mathematik", in: *Erkenntnis* 2 (1931), pp. 91–105, here p. 95: "Als Operationsregeln sind eine Einsetzungsregel und eine Implikationsregel (der modus ponens der alten Logik) zu nehmen. Die gleichen Grundsätze und Operationsregeln haben auch Hilbert und Ackermann ihrer Logik zugrunde gelegt." Cf. Kurt Gödel, *Maxims V*, p. 160. In Carnap's terminology, the term 'implication rule' is commonly used to refer to the rule of modus ponens:

$$\frac{A \qquad A \longrightarrow B}{B}$$

See, e.g., Rudolf Carnap, "Zweiter Vortrag über Metalogik vom 18.6.1931", reprinted in: Friedrich Stadler, *Der Wiener Kreis. Ursprung, Entwicklung und Wirkung des Logischen Empirismus im Kontext*, Cham (Springer) 2015, pp. 117–122, here p. 120.

only start by applying the general rules to themselves as a special case ("object").

Maxim:

1.) One hour of my own work every day (continuum problem[80]) would give "meaning" [*Sinn*] to the rest of my work (this is the salt).
2.) Everything (including, e.g., learning Greek) only makes sense if done entirely precisely.
3.) In the way they are publicly presented, most things have a very small albeit essential mistake (because in an essential place) (in particular for melodies, in Greek the accents).

[483]

Remark (Philosophy): Immediately understanding a language (without translation) means that one is able to grasp the synthesis of the words in a sentence (and not the meaning [*Sinn*] of the individual words). On the surface, this corresponds to grasping the right rhythm (which is the unity in the multiplicity of words). The sense [*Sinn*] is the unity in the multiplicity of concepts. In the case of Greek and Latin, the* word merges more intensely into the unity of the sense [*Sinn*] insofar as it is also the emphasis of the individual word that changes (in the case of Greek also for prose). Example of where it is only through the right emphasis that the "sense" [*Sinn*] can be grasped correctly: πᾶς πατὴρ μῶρός;[81] it is only by leaving πατηρ unstressed that the sense [*Sinn*] of μῶρος as a predicate with the ἐστίν suppressed becomes apparent.

* Individual.

80 The continuum hypothesis (CH), first formulated by Georg Cantor in 1878, posits that there is no set whose cardinality lies strictly between that of the natural numbers and that of the real numbers. In a series of publications between 1938 and 1940, Gödel demonstrated that if Zermelo–Fraenkel set theory with the axiom of choice (ZFC) is consistent – which, according to Gödel's second incompleteness theorem, cannot be proven in ZFC but is commonly assumed to be true – then ZFC + CH is also consistent. Cf. the four papers by Gödel on the continuum hypothesis from 1938, 1939, 1939a, and 1940 in: *Collected Works*, vol. II, op. cit., pp. 26–101. Cf. Kurt Gödel, *Time Management (Maxims) I and II*, pp. 363; 366; 367; 372; 377; 378; 379; 380; 381; 385; 386; 387; 395; 399; 402; 403; 417; 421; 422; 441; 445; 447; 509; 521; *Maxims III*, p. 222; *Maxims IV*, p. 220.

81 πᾶς πατὴρ μῶρός: 'Every father [is] a fool'. Fragment 81 (131) by Menander, in: *Poetae Comici Graeci (PCG)*, vol. VI, 2; *Menander. Testimonia et Fragmenta apud scriptores servata*, edited by Rudolf Kassel and Colin Austin, Berlin (De Gruyter) 1998, p. 84.

[484]

Remark (Philosophy): Experimental physics seems to be the only science the systematic treatment of which can be carried out on the basis of "natural"* reason (if you can even call it that). For more difficult problems of mathematical physics, this leads to unsystematic experimentation with various approximation methods (similar to Runge in "Differentialgleichungen"[82]), which, however, still allow one to solve every problem with sufficient effort (with the wrong method, the difficulties only arise for qualitative questions). But still, some idea is necessary (which I do not yet have for hydrodynamics[83]). The systematic method for solving mathematical problems relates to mathematics as natural reason relates to the experiments (relation between matter and tool).

* Rather, the one that is "publicly taught".

[485]

Remark (Philosophy): Human beings can be divided into two classes,[84] depending on whether they choose themselves or the good, and depending on whether they choose *actus*[85] or *passio*.[86] This means:

82 See Carl Runge, "Über die numerische Auflösung von Differentialgleichungen", in: *Mathematische Annalen* 46 (1895), pp. 167–178.

83 Hydrodynamics is a subdiscipline of fluid dynamics, and thus of fluid mechanics. It studies the behavior of moving liquids, which are described by differential equations known as the equations of motion.

84 Cf. manuscript page 471, remark philosophy 1; insertion in the top margin of manuscript page 472; and manuscript page 546, remark philosophy 1.

85 In the Scholastic tradition, *actus* refers to the realization (of a potential) – that is, actuality or reality – and can also denote activity or effectiveness. Cf. Kurt Gödel, *Philosophy I Maxims 0*, p. 183; *Time Management (Maxims) I and II*, p. 481; *Maxims III*, p. 269; *Maxims IV*, p. 201; *Maxims V*, p. 190; *Maxims VI*, pp. 204; 205.

86 For *passio* as passively experiencing an effect and perception, cf. Kurt Gödel, *Time Management (Maxims) I and II*, p. 481; *Maxims III*, p. 269; *Maxims VI*, pp. 204; 205; 218. For *passiones*, see *Philosophy I Maxims 0*, pp. 183; 189; *Maxims IV*, p. 201; *Maxims VI*, p. 205.

	Actus	*Passio*
The good	*filii Dei*[87]	*filii viri*[88]
Themselves	*filii Diaboli*[89]	*filii mulieris*[90]

Those in the first row are "factually" inclined, i.e., those who, already in school, were interested in something (the serious ones), while the others "daff"; these correspond to the *cyclothymics*,[91] those in the second line to the *schizothymics*.[92]

The proportion is as follows: *Dei* : *viri* = *Diaboli* : *mulieris*, that is, *Dei* is merely a strengthening of *viri*, but essentially the same. *Filii Dei* choose[93] the right acts,* the devil[94] his own power (this then leads to sadism). The *filii mulieris*[95] choose their own excellence (being admired). *Dei* and *mulieris* are easily confused, as one can

* That is, they love the moral law.

87 Genitive singular of *Deus*: 'of God'. Cf. the editorial note on *filii diaboli*.
88 Genitive singular of *vir*: 'of the man' or 'the man's'; or nominative plural: 'the men'.
89 Genitive singular of *diabolus*: 'of the devil'. In the remarks (theology) in Gödel's *Nachlass*, box 6a, series III, folder 51, initial document number 030074, Gödel writes the following on this topic: "85. The *filii diaboli* were created subsequently (in order to destroy the original creation) by the devil [weeds that were sown]; then the *filii Dei* were created subsequently by the Holy Spirit [*nemo ascendit in coelum nisi qui descendit*]. 86. The devil and ?his *filii*? also build a *civitas*, which is to come into effect following the end of this world. Should the *filii* fare well or badly in it, according to the will of the devil? Do the plans of the different incarnations of the devil agree with each other, or does each one believe that he alone will be God? [Then, this *civitas* would merely be a beautiful creation.] // The priests of the true religion also build a *Civitas Dei*, which, however, is not realized often (*lapis quem reprobaverunt aedificantes hic factus est angularis*)."
90 Genitive singular of *mulier*: 'of the woman'.
91 The term 'cyclothymic' was first introduced by Ernst Kretschmer. According to his typology, cyclothymic characters or biotypes exhibit periodic mood fluctuations. Accordingly, individuals classified in this way are often described as alternately talkative/cheerful and quiet, as both energetic and lazy. Cf. Ernst Kretschmer, *Körperbau und Charakter. Untersuchungen zum Konstitutionsproblem und zur Lehre von den Temperamenten*, Berlin (Springer) 1921, pp. 233–235.
92 The term 'schizothymic' was coined by Ernst Kretschmer. Schizothymic personalities are described as oversensitive, cold, shy, grumpy, reserved, lacking in empathy, and unworldly. Cf. Ernst Kretschmer, *Körperbau und Charakter*, op. cit., pp. 193–200.
93 Alternative reading: *Filius Dei* chooses. Translation of *filius Dei*: 'child (or son) of God'.
94 Cf. *Philosophy I Maxims 0*, pp. 198; 221; *Time Management (Maxims) I and II*, p. 436; *Maxims III*, pp. 213; 215; 223; 244; 247; 257; 259; 266; 287; 299; 300; 321; *Maxims V*, p. 188; *Maxims VI*, pp. 191; 208; *Maxims VII*, manuscript page 513.
95 Translation: children (or sons) of the woman.

also do the right thing out of vanity. [486] *Viri* choose the enjoyment of art and sensuous pleasure.

Remark (Philosophy): Sometimes the only motive behind an action is that "it is the right thing to do"; i.e., it agrees with the purpose and the intention of the person who brought about the situation (e.g., have screen's[96] printed,[97] not choosing the same menu for lunch and for supper,* enjoyment when building with *Ankersteine*[98] according to the template or learning according to Langenscheidt,[99] reluctance to read a book from back to front).

* Here, it is particularly obvious that this concerns a structure (rhythm). Cf. the classification in Thomas; cf. also μεν..δε. Remark E.-M. E.: "the classification in Thomas" could refer either to a classification of the writings of Thomas Aquinas (such as *lectio, disputatio, praedicatio*) or to the structure of his works themselves, which are typically divided into parts and chapters and further subdivided into questions, articles, arguments, and counter-arguments, etc. In Greek, when μέν and δέ are used together, this is done in order to align or contrast clauses or sentences. Their translation is not fixed but depends on the context.

Remark (Philosophy): The position of the four[100] parts of each object can be sketched as follows:

•———•——|——•———•   negative[101] = evil.

For example, relation of the second kingdom to the first[102]: The light is suppressed, the state is an institution of injustice [which favors darkness], each is led into temptation such that he falls.

96 This word is written in English in the manuscript.

97 It is unclear what this refers to. "Screen's printed" could refer to serigraphy, stencil printing, or simply any form of permeographic printing.

98 The Anker Stone block construction set was invented by Gustav and Otto Lilienthal. It is still manufactured today by Ankerstein GmbH.

99 At the time, Gödel owned several dictionaries and language guides published by Langenscheidt: Karl Blattner, *Metoula-Sprachführer. English*, Berlin-Schöneberg (Langenscheidt) 1912, 8th edition ('Metoula' stands for 'Methode Toussaint–Langenscheidt'); *Langenscheidt's Fremdsprachliche Lektüre. Something to Read*, Berlin-Schöneberg (Langenscheidt) 1928, 3rd edition; *Langenscheidt's Fremdsprachliche Lektüre. Uncle Sam and His English*, Berlin-Schöneberg (Langenscheidt) 1932; Felix Leviticus, *Taschenwörterbuch der niederländischen und deutschen Sprache*, Teil I, Berlin-Schöneberg (Langenscheidt) 1914; Hermann Lindemann, *A Pocket Dictionary of the English and German Languages*, Teil I, Berlin-Schöneberg (Langenscheidt) 1912, 6th edition; Hermann Lindemann, *Taschenwörterbuch der englischen und deutschen Sprache*, Teil II, Berlin-Schöneberg (Langenscheidt) 1912, 6th edition; Jacob Schellens, *Dictionnaire de poche des langues française et allemande*, Teil I, Berlin-Schöneberg (Langenscheidt) 1911, 5th edition; *Taschenwörterbuch der französischen und deutschen Sprache*, Teil II, Berlin-Schöneberg (Langenscheidt) 1911, 5th edition; Charles Toussaint, Gustav Langenscheidt, *Französisch. Original Methode Toussaint–Langenscheidt, Kursus I & II*, Berlin (Langenscheidt) n. d., 19th edition; Carl Willing, *Lateinisch. Original Methode Toussaint–Langenscheidt*, Berlin-Schöneberg (Langenscheidt) n. d., 13th edition. Cf. Kurt Gödel, *Time Management (Maxims) I and II*, pp. 411; 461.

100 For the number 4, cf. Kurt Gödel, *Maxims III*, pp. 257f.; 260; as well as Kurt Gödel, *Maxims VI*, p. 175, comment.

101 Alternative reading: negation.

102 In the Bible, the four kingdoms are in particular mentioned in chapters 2 and 7 of the Book of Daniel. The doctrine of the four empires also originates in the biblical tradition: "Thou [Nebuchadnezzar] art this head of gold. And the

Remark (Philosophy): Essence of the imprecise (indistinct, unclear, blurred, imprecise, obscure, fuzzy): [487]

The expression is only applied to perceptions, knowledge, designations, propositions, and the like; that is, in cases where there is a representation [prototype is a camera that is not in focus]. The image is blurred if the same correspond to different things and different things correspond to the same [provided the difference does not exceed a certain threshold, the measure of imprecision]. This has the consequence that the precise image contains fewer parts; i.e., it is incomplete.*

* Thus, of simple objects there is no imprecise but only a "weak" knowledge.

Imprecise knowledge induces false knowledge, but it is not itself false. The mental state is not identical, nor even equal in structure, to the property of the object.

If subject or predicate of a judgment is perceived imprecisely, then one begins to waver the moment one makes a judgment; i.e., one moment one sees the state of affairs, the next one doesn't, then one sees its opposite. In this case, the judgment is such that knowledge (perception) of subject and predicate [488] suffices for making it (i.e., a psychologically observable function). The "effort" is directed at evoking a more distinct perception of subject and predicate. The appearance that it is not even clear whether or not I see the state of affairs is due to the fact that the self-perception is also indistinct.

Remark[103] (Philosophy): The concepts are the "matter" of the judgment – the object to which the act of judging is[104] directed.

Remark (Philosophy): The value of knowledge does not continuously increase with its precision but is at 0 up to a certain degree and then suddenly very high (e.g., dependence of the comfort of a flat[105] on its location, etc.). This is due to the "discontinuous" structure of the space of the states of affairs.

fourth kingdom shall be strong as iron: forasmuch as iron breaketh in pieces and subdueth all things: and as iron that breaketh all these, shall it break in pieces and bruise" (Daniel 2:38–40); "These great beasts, which are four, are four kings, which shall arise out of the earth. But the saints of the most High shall take the kingdom, and possess the kingdom for ever, even for ever and ever" (Daniel 7:17–18).

103 This remark has a large square bracket to its left.

104 Alternative reading: of the judge.

105 One's dwelling is an aspect of hygiene and thus of a healthy way of life, i.e., of individual ethics. See Kurt Gödel, *Time Management (Maxims) I and II*,

Remark (Philosophy): What is the difference in meaning between ⊢[106] ($\sim P$) and ⊢∼(P)[107]? In the second case, the not is in the "subject"; in the former, it is in the object. Under the assumption that ⊢ P is not merely a part of the image of reality (refers to it), but [489] refers to a psychological act (or rather, the form of an {→ judgment[108]} idealized psychological act). In the former case, "∼" belongs to the matter; in the second, it belongs to the form of the judgment. $P \supset Q$ can be grasped in a similar way. As a form of judgment, $\supset_x$ is particularly common.

Remark (Philosophy): In general, when regarding a judgment, one does not see the concepts of which it is composed (thus also no reason to be able to judge its truth). Rather, the concepts are given by descriptions that contain (individual) sense perceptions (that which I saw at some point, or, as a special case, "this"). If, by contrast, one had the true (substantial) definition[109] (i.e., designation) of each of the appearing concepts (for example, Socrates is a concept [490] as well[110]), then one would see the truth. Namely, one can judge the truth of a proposition based on the substantial definition of the concepts occurring in it and the "sense" [*Sinn*] (one can do this on the basis of the ultimate sense [*Sinn*] of everything and its application to the special case).

Remark (Philosophy): If b is composed of $a_1 \ldots a_k$, it does not yet follow that the substantial definition of b is: $b = a_1 + \ldots + a_k$. For example: Socrates consists of body, soul, mind, but the substantial

pp. 325; 328; 329; 334; 349; 354; 356; 357; 358; 359; 361; 364; 365; 366; 381; 383; 388; 418; 449; 455; 456; 476; 477; 513; 524. The length of this list suggests how strongly Gödel regarded suitable housing conditions as essential to his well-being and productivity.

106 In Frege's formal notation, the performative act of asserting is represented by the judgment stroke together with the content stroke (⊢). The short vertical stroke is the judgment stroke proper, which is always combined with a horizontal stroke (long horizontal stroke). Cf. Gottlob Frege, *Basic Laws of Arithmetic* [*Grundgesetze der Arithmetik*], op. cit., § 5, p. 99. Cf. also manuscript page 509, remark foundations 2 below.

107 Alternative reading: |∼(P). As a rule, modern notation is used, which would be '¬'. Here, however, the old notation may be relevant.

108 Arrow points from "an" to "judgment"; "judgment" is inserted above the line.

109 Cf. Kurt Gödel, *Maxims IV*, p. 215; *Maxims V*, p. 162; *Maxims VI*, pp. 167; 178; 179; 195; as well as the next two remarks in this volume.

110 Cf. also manuscript page 506, footnote, where Gödel writes: "And the proper name is what corresponds to this in language, and in my syntax it is the 'constant'."

definition needs to state his character traits. In a way, the parts are externally attached and only in a close interrelationship with him. But, on the other hand, there is an isomorphy between the parts of the essence and the external parts (physiognomics[111]). The definition by means of the parts does not usually yield the essential definition.[112]

For example: St. Stephen's tower[113] is the church built by this and that ruler for this or that purpose. The property that it is still [491] standing is accidental. But the parts can usually be deduced from its substantial definition.

Remark (Philosophy): Difference between conceptual and idealized grasping. The former distorts; the latter is just right[114] [Plato[115] and Aristotle[116]]. The former operates with the "type", the latter with the concept. Both result in a simplification and an overview. Approximations are idealizations.

Remark (Philosophy): Is it possible to perceive a concept without perceiving its substantial definition? – It is certainly possible that one can operate with this concept (e.g., "red"). Similarly, one nat-

111 In linking physiognomy and character, Gödel once again draws on ideas from Ernst Kretschmer's influential work *Körperbau und Charakter. Untersuchungen zum Konstitutionsproblem und zur Lehre von den Temperamenten* (1921), which also influenced preceding remarks in this volume.

112 In Section XXIV of Gottfried Wilhelm Leibniz's *Discours de Métaphysique*, we find the following: "Et quand elle pousse l'analyse à bout jusqu'aux notions primitives, sans rien supposer, qui ait besoin de preuve a priori de sa possibilité, la definition est parfaite ou *essentielle*" (Leibniz's emphasis). In: "Philosophische Abhandlungen", in: *Die philosophischen Schriften von Gottfried Wilhelm Leibniz*, vol. 4, edited by Carl Immanuel Gerhardt, Berlin (Weidmann) 1880, p. 450. English translation: "Finally when the definition, without assuming anything which requires a proof *a priori* of its possibility, carries the analysis clear to the primitive conception, the definition is perfect or *essential*." Gottfried Wilhelm Leibniz, *Discourse on Metaphysics, Correspondence with Arnauld, and Monadology*, translated by George R. Montgomery, Chicago (The Open Court Pub.) 1908, p. 43.

113 Gödel refers to St. Stephen's Tower in *Philosophy I Maxims 0*, p. 205, but not to St. Stephen's Cathedral in its entirety. Nevertheless, the southern tower of Vienna's St. Stephen's Cathedral is a landmark in its own right.

114 In order for this statement to make sense, we must read "The former" as referring to idealized grasping and "the latter" as referring to conceptual grasping.

115 Plato (428/427–348/47 BCE), ancient Greek philosopher.

116 Aristotle (384–322 BCE), ancient Greek philosopher and naturalist.

urally perceives many objects without perceiving their substantial definition* (through senses and through "evidence"[117]).

Thus, the senses and the evidence are that which enables us to orient ourselves and act in the world without understanding. These have the characteristic feature [492] that they force us to regard something as true while realizing, on the other hand, that it could also be false. By contrast, when knowing through reason, we see that it could not be otherwise. Thus, reason is the only organ with which one perceives the objects themselves, rather than merely their images?

* More precisely: not the objects, but certain psychological images. But these likely have (in [492] normal cases) not merely the structure, but much more in common with the objects and not the "essence".

Remark (Psychology): Pain is the evil of the sense of touch, and inner pain and inner perceptions of pressure are part of the sense of touch as well.** On the other hand, proprioception consists of hunger and thirst, the need for air, the urge to defecate and urinate, and sexual urges. For each, there is a feeling of hunger, of satiety, and also? of being sated? (Which of the two is better?) – Furthermore, the vomiting reflex. Are burning, stinging, and cutting qualitatively different pain perceptions? – Of all of these, the sexual urge (orgasm) is most dependent on purely [493] psychological factors.

** Like muscle sensations.

Remark (Philosophy): For each problem, there is the right 1st approximation [e.g., for electrostatic dependence of the density on the radius of curvature,[118] for air resistance the Newtonian assumption,[119] inelastic collision and emergence,[120] an infinitely thin layer with a finite weight[121]***].

*** Perhaps a solution without resistance is not a limiting case of a compression of the liquid?

117 For the numerous mentions of 'evidence' in the Philosophical Notebooks, see Kurt Gödel, *Maxims V*, p. 140, footnote; *Maxims VI*, pp. 199; 201; 202; as well as manuscript pages 511ff., remark psychology 1; 532, remark psychology 1; 533, remark psychology 2 in this volume.

118 Cf., e.g., Gustav Benischke, "Abhängigkeit der elektrischen Dichte vom Krümmungsradius. Spitzenwirkung", in: *Die wissenschaftlichen Grundlagen der Elektrotechnik*, Berlin/Heidelberg (Springer) 1914, 3rd edition, pp. 32ff.

119 Cf., e.g., Adolf Lippmann, "Luftwiderstand und dynamische Tragkraft. Die Theorie von Newton und die ideale Flüssigkeit", in: *Einführung in die Aeronautik,* Teil 1. *Grundlagen*, Leipzig (von Veit) 1911, p. 172.

120 An inelastic collision converts kinetic energy into internal energy, such as heat or deformation.

121 See, e.g., K. N. Kornilow, "Eine dynamometrische Methode der Reaktionsuntersuchung", in: *Zeitschrift für angewandte Psychologie* 15 (1919), pp. 117ff., here p. 118: "Dieselbe Berechnung kann viel einfacher mittels der Infinitesimalrechnung durchgeführt werden: angenommen, das Gewicht einer unendlich-dünnen Quecksilberschicht mit dem Durchmesser des Manometers

Then there is the right idea of moving on (often correction of the motion through the force calculated from the first motion). In both cases, it is very important to really have the right idea (there is a tempting mistake: Since it is merely an approximation and thus false anyway, it does not matter how one does it).

The right idea must single out that extreme case in which the characteristic feature (side) of the phenomenon that constitutes the actual (new) difficulty is reduced to Ø. When doing this, it may become apparent that certain simple phenomena need to be treated first (such that the [494] difficulty actually consists in only one thing). When the approximation is chosen correctly, the following likely turns out to be the case:

1. The first approximation already yields surprisingly good results.
2. The next approximation leads to exact solutions and laws of the occurring functions (e.g., addition theorems[122]).
3. The resulting mathematical problems are solvable.

The above rules (in particular concerning the question of what needs to be reduced to what in the first approximation and which problems need to be solved first) can likely be made more precise on the basis of general philosophical considerations (concerning the nature of approximation) and on the basis of a general scheme concerning the structure of Newtonian mechanics.

Remark (Philosophy): The "means" (finding it is the original ability of reason) [495] is less than the goal, but of the same kind* (the goal with a lower intensity), because it is supposed to cause the goal, and the effect and the cause are alike. Thus, it is perhaps always an approximation (not just in mathematical physics but, for example, also in number theory;** in mathematical physics, the nature of reason thus expresses itself particularly well). The approximation is wrong (i.e., the means is different from the goal), but similar to the goal and a simplification of the goal. The middle term of an inference is also a "means" in this sense.

* In particular something between what I can do (i.e., have already done before) and the goal.

** What is the first approximation of number theory (i.e., where must one start)?

und mit der Höhe *dh* ist $Q = \pi r^2 s$; dann hebt die beim Reagieren verwendete Arbeit die erste unendlich-dünne Schicht auf die Höhe *dh*, die zweite Schicht auf 2*dh* usw. Die letzte Schicht endlich wird auf *h* gehoben."

122 Addition theorems are formulas that show how, when arguments are added, the value of the function is derived from the values of the function for the summands.

One calls 2 problems adjacent if one can easily pass from the solution of the one to[123] the other. Then, one has an overarching view of all problems in the topological space[124] of problems, but one does not see the connectedness [*Zusammenhang*] of the space. The task is to find a "way" for a given problem (starting at the 0-point). [496]

After having found an overarching view and a classification of all problems, the next task would be to describe the structure (the connectedness [*Zusammenhang*]) of the space (first roughly, then in detail). This is the same problem for mathematics that metaphysics strives to solve for the whole world (to find an "overarching view" and an "orientation" and to pass over from the most general to the ever more detailed (intensional way[125])). When it becomes light, the first thing one sees are the outlines of things.

<u>Remark</u> (Philosophy): Difference between intensional and extensional method: the former[126] starts with the most specific (extensional element*), the other from the most general (intensional element**). One works through experience, the other a priori.*** The former asks: What is an animal (a right approximation, a means)? The other asks: What are [497] (e.g.) animals, right approximations, etc.?

* That is, from the individual appearances (empirical method).
** That is, of the idea of the object.
*** Modern science is only interested in extensional questions, and its theories only claim to be extensionally correct. It is indifferent to the question whether its definitions (e.g., of electricity) are the right ones. Extreme: A theory is correct if it → allows one to make correct predictions.

<u>Remark</u> (Psychology): It is apparently conducive to learning if one sees not <u>only</u> what is right, but also the wrong as wrong (not γράφοντες,[127] but γράφοντας[128]). Wrong emphasis in verses. A common and an uncommon word for the same thing. (P and $\neg\neg P$ should both be grasped at the same time.)

123 That is, for solving the other.
124 Gödel frequently uses the term 'topology' not in the strictly mathematical sense but as a metaphor. It thus means the following, as he himself writes in Kurt Gödel, *Maximen V* (although in the context of the topological interpretation of intuitionistic propositional calculus): "All possible propositions form a topological space according to the degree of kinship of their content.*** ***Space of propositions." Ibid., p. 194. But see also Kurt Gödel, *Maxims III*, p. 241.
125 See the editorial note attached to the next remark, as well as Gödel's footnote.
126 Here, "The former" refers to the extensional method.
127 γράφοντες is translated into English as 'those who write'. It is the present active participle, nominative masculine plural, of γράφω.
128 γράφοντας is also translated into English as 'those who write'. It is the present active participle, accusative masculine plural, of γράφω.

* Or pettiness (demanding = squeamish with respect to what is to be demanded from others).

Remark (Psychology): Squeamishness* (opposite generosity) is the endeavor to avoid even the smallest adversity (or bad) in every matter. For example: only pick a flat entirely without downside, only read the best translation and the best edition of a book, avoid every mistake at all costs when learning a language, length and emphasis of the sentences completely perfect at the beginning, only perfectly precise proofs, [498] too much thrift when spending money, attempting not to lose even one of your thoughts (but write them all down), hypochondria (= avoid[129] even the slightest impairment of your health).

Remark (Philosophy): Even in the natural sciences, the axioms of a theory often take the form of definitions. For example: Light is electric oscillation at a certain frequency.[130] Electricity is a liquid,[131] whose particles repel each other with a force that decreases quadratically with their distance. But the crucial point about science is not that these definitions are intensionally[132] correct. The additional axioms of the true theory of mathematics are likely only to consist of definitions. If one had the right definition of "proof", could one then determine of each proposition whether it is provable, and find its proof if it is? Or does this also [499] require the right definition of number, and is this alone perhaps sufficient for number theory? Perhaps approximation suffices for both cases (but the right one!)

{I do not see anything psychological or ideal.[133]}

129 Gödel left space here, likely in order to be able to continue the list.
130 In physics, there are several models used to describe light. Here, Gödel adopts that from electrodynamics, according to which light is understood as a high-frequency electromagnetic wave.
131 Cf., e.g., Peter Mark Roget, *Darstellung der Elektrizität*, ed. by Franz Kottenkamp, Stuttgart (Expedition der Wochenbände) 1847, p. 25: "Wir beginnen mit der Annahme, dass eine feine Flüssigkeit in allen Körpern vorhanden ist, welche wir die elektrische Flüssigkeit nennen, dass ihre Theilchen einander mit einer Kraft abstossen, die im umgekehrten Verhältnis zum Quadrat der Entfernung wechselt, dass sie die Theilchen aller anderen Stoffe oder eines besonderen Bestandtheils in dieser Weise mit einer Kraft anziehen, welche dasselbe Gesetz des umgekehrten Quadrates der Entfernung befolgt; ferner, dass diese Flüssigkeit sich durch die Poren der Körper verbreitet [...]."
132 Cf. the reference to the intensional method three remarks above, along with Gödel's footnote.
133 Inserted in the top margin of manuscript page 499.

Remark (Philosophy): The external social conditions (in particular contracts, positions,[134] payment, standards, democracy[135]), if thought through in detail, do not allow for an explanation of the social phenomena (as little as Darwin's theory of zoology[136] allows for this). But they are still an "image" of the actual conditions. The majority of people are "outcasts",* at least in Central Europe (outcast peoples).

* These are those who do not belong to a *social contract* (= the poor = those who know nothing about the "second stage"). Remark E.-M. E.: According to Jean-Jacques Rousseau, the *contrat social* is the social contract through which the individual submits to the general will but, in return, gains participation in power and sovereignty as a citizen.

Remark (Philosophy): The fact that we do not merely "have" the psychological states, but "have them as objects" (so that even their correct description is part of the description of the intentional object[137]) means that each of our inner states (as far as it [500] is conscious or human) is composed of a state (which forms the intentional object) and something that refers to it. This something can also refer to several simultaneously existing states and then constitutes their "synthesis".

When judging, this "something" is this [perception of the existence [*Bestehen*]] or the judging itself (at the same time, the matter of the judgment is in us). The judging itself is in us, but not as an intentional object. But it** is not alongside the sensations, but in relation to the sensations (perhaps there is a "pure consciousness", where this something is its own object or has no object). This something (the light, consciousness) consists*** in relating perceptions to certain very general concepts (forms of thought†), for example substance, accident, cause, being, etc. The matter can be the same, and the "light" in which [501] we see it can differ (e.g., when changing focus, simplest case).

If the sensations are related to certain general concepts[138] (whose schema is *a priori* in us) in a certain way, then the sensations are called "formed" and the state of the soul [is called] consciousness or perception. For example, the simple sensation "red"

** That is, this "something".

*** At first, it consists in "grasping", "apperceiving" the sensations (more precisely: grasping them as something), and that is: Remark E.-M. E.: This sentence is incomplete in the manuscript.

† They are the organs of grasping (similar to the hands).

134 Cf. Kurt Gödel, *Time Management (Maxims) I and II*, p. 435.
135 Gödel left space here to allow for the continuation of the list.
136 Zoology is one among several subdisciplines of biology, all of which are included in Darwin's theory of evolution.
137 Franz Brentano defined an intentional object as that which a mental state is about or directed toward. Cf. Kurt Gödel, *Maxims IV*, pp. 258; 259; *Maxims V*, pp. 148; 151; 153; 178; 179; 195; *Maxims VI*, pp. 166; 171; 177; 178; 195, marginal note; 214; 215; 217.
138 Cf. Kurt Gödel, *Time Management (Maxims) I and II*, p. 346; but also p. 437; *Maxims III*, p. 229; *Maxims VI*, p. 192.

can be "formed" or "grasped" in 3 ways: simply[139] as something, as a property of an external object, as a state of my soul. This grasping is already present in animals as well, but they only have sensory categories (space, time, matter, force). The other (abstract) categories[140] [possibility, cause, being, multiplicity, essence, purpose] form the fundamental concepts in "logical space".[141]

What is the benefit obtained from relating the sensations to these categories [and, likewise, these categories to themselves[142]], [502] and what does this relating consist of? And how does one obtain these concepts and the ability to relate objects to them?

The benefit is that one "masters" the objects (i.e., makes them compliant with one's will*). It consists in an identification** of the matter at hand (or its parts) with the parts of the framework of categories (which constitutes a theory). Thus, in a way, the scheme of categories*** constitutes a universal theory of all objects (in particular, also of itself), and a quite simple one.

* By being instructed to make many propositions about them.

** One could also say: "projection".

*** The categories of understanding are divided into the logical ones and the others.

Rough examples: Assuming one knows that every genus consists of four species, which satisfy the known proportions with the two relations of the quantitatively weaker and the opposite (good : evil). Then one will "project" every genus onto this scheme. Or: For every [503] problem, there is <u>the</u> solution of the first approximation, <u>the</u> progress through idea and the precise (right) solution, and this is found by looking for the second or third approximation.

{How does one obtain the categories (consciously or unconsciously: in us)?[143]}

There are different kinds of applications of the categories, depending on the degree of consciousness with which they are applied:

1. completely unconscious application, i.e., the finished result enters consciousness (the depths of the mind) without reflection, for example in the case of a sense perception;

139 Alternative reading: simple.

140 Concerning abstract concepts (not categories), cf. Kurt Gödel, *Philosophy I Maxims 0*, pp. 209f.; 211; *Maxims III*, pp. 229; 249; 314; *Maxims IV*, p. 182; *Maxims VI*, pp. 192; 193; for 'abstract category', cf. *Time Management (Maxims) I and II*, p. 486; for 'logical categories', cf. one of the marginal notes on manuscript page 503 in this volume.

141 Gödel defines logical space as "the background, 'the form', of everything that is conceivable"; see manuscript pages 472ff., remark foundations 1 in this volume.

142 Translator's note: The *auf sich*, here translated as 'to themselves', can also mean 'to oneself'.

143 Inserted in the top margin of manuscript page 503.

2. search for a cause;
3. conscious application, after having made conscious the categories and their essence.

There must be criteria for what is the "right" application (projection) to a given subject.

Remark (Philosophy): In every language, the words break down into material (nouns, adjectives, verbs) and formal constituents (prepositions, conjunctions, particles, pronouns, adverbs (proper ones), auxiliary verbs, number words [504] and "endings"). The formal constituents are about 150 words? (Without number words) For example, the word "big" is at the border. "Before" is formal?

Remark (Philosophy): In the psychological realm, there are no substances besides the soul;[144] everything else is an accident. Simple accidents are very rare, although the parts are often not really, but only conceptually, separable.

Not everything that is present at a given moment besides apperception[145] needs to be "grasped" by apperception (some things are "unconsciously" present, not in the sense that we can determine afterwards that it was present, but the opposite). For example, apperception (although a conceptually separable part) cannot exist

144 Here, the word 'substance' is used in its classical metaphysical sense, referring to that by virtue of which something exists. Cf. Aristotle, *De anima*, II 1, 412b 9ff. In John Alexander Smith's translation of Aristotle's *De anima*, this passage is translated as follows: "It is substance in the sense which corresponds to the definitive formula of a thing's essence." Cf. *The Works of Aristotle*, edited by William David Ross and John Alexander Smith, Oxford (Clarendon Press) 1931, where it is marked as occurring at II 1, 412b 11ff.

145 In academic philosophy, 'apperception' belongs to the field of psychology. In Leibniz, apperceptions are conscious, distinct representations, which he distinguishes from unconscious, undetermined representations. Cf. Kurt Gödel, *Maxims III*, p. 272, and the corresponding explanation. For Wilhelm Wundt, whose concept of apperception Gödel considers below, this is a central theoretical concept: "[...] den einzelnen Vorgang, durch den irgendein psychischer Inhalt zu klarer Auffassung gebracht wird, [nennen wir] die Apperception. Dieser stellen wir die sonstige, ohne den begleitenden Zustand der Aufmerksamkeit vorhandene Auffassung von Inhalten als die Perception gegenüber." Wilhelm Wundt, *Grundriss der Psychologie*, Leipzig (Wilhelm Engelmann) 1896, p. 245. Wundt distinguishes between apperception as an active, willful turn toward the content of representations and apperception as a passive, involuntary relating. Cf. also manuscript pages 504, remark philosophy 1; 508, remark psychology 1; 509ff., remark foundations 2; 511, remark philosophy 1; 533ff., remark psychology 2; 534, remark psychology 1 in this volume.

without an apperceived object (although the same can be directed toward different objects). The perception that the table in front of me has four legs consists of: four single legs, their totality, [505] the concept 'four', word 'four' (including their parts), synthesis of the legs and 'four' (hence very complicated).

The presence of apperception does not imply perception that I am perceiving the object (this is already a certain form of apperception), but it does imply that the perceptions are "conscious".

According to Wundt,[146] apperception is relating sensations to memories,[147] but actually it is a relating to inborn highest categories. Here, these categories belong to the intensional[148] object (content).

Remark (Philosophy): How is it possible that an object has parts the separate existence of which is logically impossible (because one presupposes the other). "Part" then only means the possibility of separate perception; that is, one can regard an object from two sides.

Remark (Philosophy): The "this" is the form of givenness through the senses (including [506] inner sense*). Concepts are given in a different way. They are "understood", and any two differ from one another by their properties. But often, we can characterize concepts only by referring to a this (or a then). But then we do not see them, but only know about their existence *in abstracto*.

* And the proper name is what corresponds to this in language, and in my syntax it is the "constant".

Remark (Philosophy): States of affairs relate to things as things relate to matter. Thus, one can say: things are the matter of states of affairs. By contrast, the reverse definition is likely to be difficult.

146 Wilhelm Max Wundt (1832–1920) was a German psychologist and philosopher, widely regarded as one of the founders of experimental psychology. Like Leibniz, he approached the mind–body problem through the framework of psychophysical parallelism. As he rejected the notion of the soul as a substance, however, he is considered one of the first proponents of a "psychology without a soul". Cf. also the introduction to Kurt Gödel, *Maxims VI*, pp. 129, Fn. 132, 148.

147 "[...] wenn wir uns bei einer Erinnerung einer bestimmten Beziehung des erinnerten Erlebnisses zu einem gegenwärtigen Eindruck bewusst werden, so verbindet sich hier mit den Associationen zugleich eine Function der Apperception in Gestalt beziehender Thätigkeit." Wilhelm Wundt, *Grundriss der Psychologie*, op. cit., p. 294.

148 Alternative reading: intentional.

Remark (Foundations): The definitions of the intuitionistic fundamental concepts of logic[149] can be regarded as analogous to the classical* definitions that result from replacing the classical truth concept 'true' with the intuitionistic concept (B[150]) (i.e., $P \rightarrow Q = B(P) \supset B(Q)$).

* Via truth table.

[507]
Remark (Foundations): Is there not something for functions that corresponds to the B sign?[151] $Bf(x)$ would be equal to the computable value of f for x (i.e., result of the computation). Thus, we would have $Bf(x) = f(x)$ everywhere where $Bf(x)$ is defined, but it would not be defined everywhere. By contrast, $B\phi(x)$ is sometimes false, where $\phi(x)$ is true (it is a reduction of the extent of truth in the sense that much space is given to the false.**)

** Bears some similarity to the definition: If a function is not computable, then its value at this point is 0. When introducing "nothing" (where the function is undefined), the situation is exactly analogous.

Remark (Foundations): Can one regard the sign B as part of the assertion sign (agrees well with the interpretation as $Bp \supset Bq$) or as part of the proposition? In the former case, one would have to distinguish between: validity in the intuitionistic sense and validity of the intuitionistically interpreted proposition (i.e., $B(Bp \supset Bq)$ and [508] $Bp \supset Bq$).

Remark (Psychology): The intensity of apperception (that part of the state of mind[152] which consists in relating sensations to categories) increases the efficiency of the understanding. By contrast, perception of ourselves (as thinking) has precisely the opposite effect.

Remark (Foundations): From regarding extensions as "mere multiplicities" (linguistically expressed in the plural) it follows that:

149 Gödel mentions certain fundamental logical concepts as examples of 'primitive ideas' in Kurt Gödel, *Philosophy I Maxims 0*, p. 184: "¬, ∨, ∃, ∈, set." In a marginal note to the present entry, however, he specifies, by adding "via truth table", that he means the logical constants, i.e., ¬, ∧, ∨, →, ≡. In the revised version of the chapter "Logicism" in Gödel's manuscript *Eigenes Buch (Grundlagen)*, op. cit., he writes the following on manuscript page 1: "They just result from the way in which symbols are assigned to reality in language."

150 In intuitionism, 'true' is equated with, or replaced by, 'provable'.

151 As in the preceding remark, the *B* sign stands for 'provable'. Cf. also the remark below.

152 Alternative reading: mental state.

1. The extension of an empty concept is "nothing" (i.e., it does not exist).
2. The extension of a concept that applies to a single object is that object.[153]*

Question: Is there a sense in which multiplicities are units other than by the corresponding concept. Multiplicities are never units, but there are "corresponding units".

* The extension is then not always the property $x \varepsilon U \equiv \phi(x)$, at least not if ιx $\phi(x)$ is a class.

[509]

Remark (Foundations): Correct understanding of descriptions: If no objects exist, they mean [*bedeuten*] "nothing"; if several exist, they mean [*bedeuten*] the respective multiplicity (= class?). Or, following Peano:[154] it always exists? Can only hold true in the sense of "in general".

Peano's*2* way of denoting the fulfillment of a description by (ι[155] x) $\phi(x)$ ε[156] M corresponds to the introduction of a function

** In Peano, this question is commingled with the partial definition (which also has applications to concepts and everywhere definable functions). It is never defined in such a way that the designation definitely has no sense [*Sinn*].

153 By contrast, Frege writes: "If we keep it in mind that in my way of speaking expressions like 'the concept *F*' designate not concepts but objects, [...] I merely expressed my view that in the expression 'the number that applies to the concept *F* is the extension of the concept equinumerous to the concept *F*' the words 'extension of the concept' could be replaced by 'concept'." From: Gottlob Frege, "On Concept and Object" ["Über Begriff und Gegenstand"], in: *Vierteljahrsschrift für wissenschaftliche Philosophie* 16 (1892), translated in: *Mind*, vol. 60(238) (1951), by Peter Geach, pp. 168–180, here p. 174. Library records show that Gödel borrowed the German volume on October 24, 1932. In *Logisches Notizheft. Altes Excerpten Heft I (1931 – ...)*, op. cit., very brief excerpts by Gödel concerning pages 201 and 204 of Frege's work "Über Begriff und Gegenstand" ["On Concept and Object"] can be found on p. 85. Here, we read: "p. 201 Die Aussage, welche von einem Begriff gemacht werden kann, passt gar nicht auf einen Gegenstand. Die Beziehung eines Gegenstandes zu einem Begriff erster Stufe ist verschieden von der ähnlichen eines Begriffs erster Stufe zu einem zweiter Stufe. p. 204 Ich habe einen Unterschied von höchster Wichtigkeit gefasst." This refers to the distinction between 'concept' and 'object'.

154 Giuseppe Peano (1858–1932) was an Italian mathematician and logician. For Gödel's reflections on Peano in the preceding philosophical notebooks, see in particular Kurt Gödel, *Maxims III*, p. 318; *Maxims IV*, pp. 207; 209; 211; 214; 219. Additionally, excerpts by Gödel from Peano's *Formulaire de mathématiques* (1895–1901) can be found in Gödel's *Nachlass* in an untitled notebook in box 6a, series III, folder 62, manuscript pages 26, 27ff., 31–34, and 38. Gödel also considers Peano's work in detail in the manuscript *Eigenes Buch (Grundlagen)*, op. cit.

155 The inverted iota denotes the definite description operator. It is to be read as 'the unique ... such that ...'.

156 The notation ε for the so-called element relation goes back to Giuseppe Peano. ε is a mathematical symbol used to indicate that an object is an element of a set. The symbol ε (abbreviation for ἐστί, *esti* in Greek) means 'is an' or 'is an element of'.

$E(x)$ [i.e., x is an object $x \neq$ nothing]. Because this has the property $M \subseteq E$ for every M.

Remark (Foundations): The difference between the name of a function $f(x)$ as an object and as an unsaturated sign[157] ("form") is not whether f is a simple or a composite sign, but whether f can occur as an argument.[158] All of Frege's basic signs ⊤,[159] |,[160] =, \[161] are unsaturated (and so is, by its nature, every variable-binding sign: $\acute{\varepsilon}\,\phi(x)$, $\smile\!\!\!\!\!\!-^{a}\, \phi(a)$ [162]). [510]

157 Concerning 'argument place', 'function names', and 'unsaturated signs', Frege writes: "Hereafter, the letter 'ξ' will be used for this purpose instead of 'x'. This holding-open is to be understood as follows: all places at which 'ξ' stands must be filled always by the same sign, never by different ones. I call these places argument-places, and that whose sign (name) occupies these places in a given case, I call the *argument* of the function for this case. The function is completed by the argument; what it becomes on completion I call the *value* of the function for an argument. Thus we obtain a name of the values of a function for an argument, if we fill the argument-places in the name of the function with the name of the argument. In this way, for example, '(2 + 3 · 1) · 1' is a name of the number 5, composed of the function-name '(2 + 3 · ξ) · ξ' and '1'. Thus the argument is not to be counted as part of the function, but serves to complete the function, which in itself is unsaturated. In the sequel, where use is made of an expression like 'the function Φ(ξ)', it is always to be observed that 'ξ' contributes to the designation of the function only so far as it renders recognizable the argument-places, but not in such a way that the essence of the function is altered if some sign is substituted for 'ξ'." Gottlob Frege, *Basic Laws of Arithmetic* [*Grundgesetze der Arithmetik*], translation by Montgomery Furth, Berkeley/Los Angeles/London (University of California Press) 1964, p. 34.

158 See the preceding comment.

159 Frege's negation stroke is a small vertical line positioned below the content stroke (a long horizontal line). Cf. Frege *Basic Laws of Arithmetic* [*Grundgesetze der Arithmetik*], op. cit., § 6. Cf. Gödel's excerpts from Frege's *Basic Laws of Arithmetic* in: *Logisches Notizheft. Altes Excerpten Heft I (1931 – ...)*, op. cit., manuscript page 27: "x ist nicht das Wahre."

160 In Frege, the short vertical stroke is the judgment stroke (cf. Gottlob Frege, *Basic Laws of Arithmetic* [*Grundgesetze der Arithmetik*], op. cit., § 5, p. 38). It appears in combination with the horizontal content stroke and is placed to the left of it, forming the symbol ⊢. Like Frege, Gödel refers to the latter sign as the 'assertion sign'. Cf. Gödel's excerpts from Frege's *Basic Laws of Arithmetic*, in: *Logisches Notizheft. Altes Excerpten Heft I (1931 – ...)*, op. cit., manuscript page 27: "Behauptungszeichen". Cf. manuscript page 488, remark philosophy 3 in this volume. The negation stroke is also a small vertical stroke; see the preceding explanation.

161 In Gödel's excerpts from Frege's *Basic Laws of Arithmetic* [*Grundgesetze der Arithmetik*], op. cit., the reproduction on p. 27 is correct. In Frege, '\' is a basic sign for a function that is today also called the 'designation function'; Frege calls this "a substitute [...] for the definite article". Cf. Frege, *Basic Laws of Arithmetic* [*Grundgesetze der Arithmetik*], op. cit., § 11, p. 49.

162 Here, the first formula represents Frege's value-range. However, Frege uses an uppercase Greek Phi, which is not incidental. In Frege's system, upper-

In every formal system, there must be unsaturated signs[163] (forms), for example ε in the system of type theory[164] or ∀ or "application". By contrast, Hilbert's function signs[165] $\mathfrak{A}(x\ y\ \ldots\ z)$, although simple and defined,[166] are still unsaturated. The unsaturated corresponds to that which is in the subject (apperception).

Remark (Foundations): The truth values are the simplest extensions.[167] They are what corresponds to the objects (the saturated) in the extensional (namely, all objects are identified*). What corresponds to the concepts in the extensional is not the same for all concepts.

* Or at least, all states of affairs. Accordingly, objects and states of affairs are related to each other like concepts of different extensions. In contrast, each pair of objects (or states of affairs, respectively) relate as two concepts of the same extension.

Remark (Foundations): Free variables mean that the all-sign is taken to be part of the assertion sign (the usual inference rule also holds true for this kind of proposition).

[511]
Remark (Philosophy): The states of affairs are the actual (and only, as concepts are incomplete states of affairs,[168] i.e., forms of states

case letters serve a specific function, indicating names (cf. Gottlob Frege, *Basic Laws of Arithmetic*, op. cit., § 5, p. 38, Fn. 15). Here, Gödel ignores this. Cf. also manuscript page 475, remark foundations 2, where the epsilon appears with a spiritus asper, not a spiritus lenis. By contrast, on p. 4 3/4v of the chapter "Logicism" in Gödel's manuscript *Eigenes Buch (Grundlagen)* in Gödel's *Nachlass*, op. cit., an 'x' with a spiritus lenis is used for the value-range.

163 For example, variables are unsaturated signs. An expression or function that contains variables refers to something only once those variables have been replaced with specific values. See also manuscript page 516 in this volume and the comment attached to the beginning of this remark.

164 Following Giuseppe Peano, Alfred North Whitehead and Bertrand Russell introduced the element relation '∈' in ch. 20.01 and 20.02 of vol. 1 of *Principia Mathematica*‹, in which they founded type theory: "Thus '$x \in \alpha$' will mean 'x is a member of the class α,' and may be used wherever no special defining function of the class α is in question." However, '∈' cannot be applied for a class to the class itself. Therefore, one cannot say meaningfully of a class that it belongs to itself nor that it does not belong to itself.

165 David Hilbert used lowercase Latin letters as variables for objects and uppercase letters (italics) for formulas. Cf. David Hilbert, "Neubegründung der Mathematik. Erste Mitteilung", in: *Abhandlungen aus dem Mathematischen Seminar der Universität Hamburg* 1 (1922), pp. 157–177, here p. 166.

166 Alternative reading: undefined.

167 Put roughly, for Frege, truth values are objects. Gödel expresses this very precisely by writing: "They are what corresponds to the objects [...] in the extensional."

168 Alternative readings: only, in the concept, incomplete states of affairs; only, in the concept and complete states of affairs.

of affairs) object of understanding. Things are the object of the senses. Learning consists in absorbing (and memorizing) propositions; "getting to know" (through the senses) consists in absorbing things. When we merely have a sensation (without apperception), we perceive a mere thing.

{[169] Sense [*Sinn*] = the ideal, all states of affairs belong to the ideal, sense [*Sinn*] is the designated (represented), not meaning [*Bedeutung*[170]], grasping "possible" worlds and "appearing"[171] (opposite). → Perception also refers to this realm of possibilities and is something active.}

<u>Remark</u> (Psychology): The state of man, before he reaches the full exercise of reason, consists in the following: he is offered a choice between objects (which, however, only imperfectly represent the states of affairs; in particular the degree to which the objects themselves and not merely the symbols are seen differs, even for the same question from one day to the other, hence a "wavering" in one's decision).

But also immediate evidence,[172]* both through the actual and through value concepts (importance, sense [*Sinn*]), and third, forces are acting [512] on him that favor or inhibit the choice (drive[173] and inhibition[174]). These as well, and also the evidences,[175] can change for the same question (concerning the right behavior) from day to day.** The evidences are*** a substitute for reason (they are an unconscious, automatic, effortless, but often wrongly drawn inference).

* Evidence often has the form of "insinuations".

** Desire to do something is the evidence that something will in itself be a pleasure + (usually) drive.

*** That which "seems to be the case" to me.

169 The sentence between the curly brackets is positioned in the top margin of manuscript page 512.
170 Alternative reading: mean.
171 Alternative reading: appear.
172 For the numerous mentions of 'evidence' in the Philosophical Notebooks, see *Maxims V*, p. 140; *Maxims VI*, pp. 199; 201; 202; 208ff.; this volume, manuscript page 491, remark philosophy 2.
173 Cf. *Maxims V*, p. 147; *Maxims VI*, p. 169; this volume, manuscript page 532, remark psychology 1; 552, remark psychology 1.
174 Cf. *Maxims V*, pp. 147; 169.
175 While the English word 'evidence' is typically an uncountable noun, the German word *Evidenz* has been used both in the sense of (roughly) an 'evident insight' and in the sense of the evidentness of an insight. Here and throughout, we follow the tradition of translating *Evidenz* in this sense as 'evidence'; cf. *Maxims V*, p. 157, footnote 83.

Our being *sub potestate diaboli*[176] means:

1.) Very often, we are not given the actual choice (nothing appears, i.e., the right thing does not come to mind), in particular concerning our overall view of the situation or the higher standpoint we could take. We see as if we had "retinal blindness", or as if through a pipe.
2.) Evidence[177] and drive are often wrong and contrary to our nature, and also changing.
3.) The direction of an inhibition contradicts the direction of evidence and also the direction of our own choice.
4.) There is no accordance between evidence (inhibition) concerning purpose and means. [513]

Derived and direct evidence contradict each other. (It is particularly interesting when one shows what would also be chosen according to evidence and one's nature, but at the same time, an inhibition is set.)

The cause of the numerous contradictions is that we ourselves choose contradictions (because we are partly good and partly evil). Although we never choose opposites in the same situation, we do so in essentially equivalent ones.*

* In particular, there is an asymmetry between us and our close one; but we are in the same situation with and without reflection.

In general: Every evil wants the contradiction with itself, because there are no means by which it would be achievable. The devil has partly transferred his *potestas*[178] to others (or was it wrested from him? Just as every man can wrest his *potestas* concerning himself from him with the help of God?). Hence the feeling that something is "sent" to me. <u>The cause of "not-coming-to-mind", in particular of "not-rising-above-the-situation",** is that we allow our attention to follow</u> [514] <u>what is "most striking"</u> and not what is most beautiful, the sense [*Sinn*], and that we are, in general, not sufficiently "autonomous" in directing our attention. At least, we constantly allow ourselves to be "distracted". All of life resembles a tremendous fairground hullabaloo that obscures something very beautiful, namely the actual sense [*Sinn*].

** [514] That is, getting stuck in the details.

Indecisiveness is the contradiction between appearance and appearance (at different times) or between <u>appearance and inhibition</u>.

176 Translation: under the power of the devil.
177 Items 2, 3, and 4 are connected by a curly bracket on the left-hand side.
178 Translation: power, force.

Remark (Foundations): The two definitions – of concept from function[179] and of function from concept[180] – cannot both be right [otherwise, a one-place function would be a two-place function]. But "concept" seems to be the more primitive (or at least the more preferable), because:

1.) Linguistically, a function is a special case of a concept (concept of addition), but not vice versa.
2.) Concept is that which contains "life" [connection with assertion *verbum* [515] *finitum*[181]], while the function is something that is dead, something similar to a thing, even less than a thing, merely being an incomplete part of it. The Altaic languages[182] do not have concepts, but only functions.
3.) Whenever one understands the mathematical functions precisely for the first time, it happens through concepts, and for functions, the difficulty of the domain of definition arises.

Frege only uses one concept, namely "true".[183]

179 See Gottlob Frege, *Function und Begriff*, Jena (Hermann Pohle) 1891, translated by Peter Geach 1952, p. 139: "[A] concept is a function whose value is always a truth-value." Or: Frege, *Basic Laws of Arithmetic*, op. cit., § 3, p. 97: "With such functions whose value is always a truth-value, one may accordingly say, instead of 'course-of-values of the function', rather 'extension of the concept'; and it seems appropriate to call directly a *concept* a function whose value is always a truth-value." In a footnote to manuscript page 94 of his excerpts from Frege's *Begriffsschrift* in *Logisches Notizheft. Altes Excerpten Heft I (1931 – ...)*, op. cit., Gödel points out that the distinction between signs for functions and functions was watered down in *Function and Concept* (1891).

180 While Frege initially defined concepts in terms of functions, in later developments functions came to be defined via concepts: "This danger about the definite article is here completely circumvented, since '$\backslash\dot{\varepsilon}\Phi(\varepsilon)$' always has a denotation, whether the function $\Phi(\xi)$ be not a concept, or a concept under which falls no object or more than one, or a concept under which falls exactly one object." Gottlob Frege, *Basic Laws of Arithmetic* [*Grundgesetze der Arithmetik*], op. cit., § 11, p. 50.

181 The German expression *finite Verbform* refers to conjugated verb forms that contain grammatical information about person, number, tense, gender, and mode.

182 It is likely that Gödel is referring here to the Altaic languages, which he also mentions as an example in *Maxims VI*, p. 205, and not to the "Maltaic" or Maltese languages .The Altaic language family comprises approximately 60 languages spoken across Eurasia, particularly including the Turkic, Mongolic, and Tungusic languages.

183 Cf., e.g., Gottlob Frege, "The Thought: A Logical Inquiry", in: *Mind*, New Series, vol. 65, no. 259 (1956), pp. 289–311, translated by Anthony Meredith and Marcelle Quiton, here p. 289: "The word 'true' indicates the aim of logic as does 'beautiful' that of aesthetics or 'good' that of ethics. All sciences have truth as their goal; but logic is also concerned with it in a quite different way from this. It has much the same relation to truth as physics has to weight or heat. To discover truths is the task of all sciences; it falls to logic to discern

Remark (Foundations): Type theory[184] relates to non-type-theoretic logic as phenomenal physics relates to nuclear physics. It treats concepts only insofar as and in the way that they are given (not concepts proper, but merely their appearance in understanding). It is thus essentially nominalistic. Nominalism is also the only justification of pure type theory, namely: a concept is something [516] "unsaturated" (i.e., incomplete, requires supplementation). That is, in order to generate a proposition, one needs to supplement in a certain way. By contrast, a state of affairs is complete.

Remark (Foundations):
Designation : object = concept : extension[185]
= state of affairs : truth value
function : value-range = concept : class[186] = relation : pair set
Application of a function (a concept) yields a definition (of a state of affairs). Application of a value-range (a class) yields an object (a truth value).[187]
Concept = definition of the concept? Likewise for functions.

Remark (Foundations): Perhaps, for every mathematical proposition there is a* very simple (and elegant,[188] and, as one should expect naively, easily remembered) proposition, and this proposition forms a self-contained system in such a way that one never needs

* In the right notation.

the laws of truth. [...] Rules for asserting, thinking, judging, inferring, follow from the laws of truth."
Concerning "The Thought", Gödel notes the following on manuscript page 69 of *Logisches Notizheft. Altes Excerpten Heft I (1931 – ...)*, op. cit.: "'Der Gedanke' – *Beiträge zur Philosophie des deutschen Idealismus*. 'Thought' = not real and not psychological. p. 69 Thoughts are neither representations nor objects in the external world. A third realm must be recognized [with respect to objects in the external world, he is a stark realist]."

184 A type theory is a formal system in which the objects under consideration (such as sets) are organized into a hierarchy of types of objects. Such a hierarchy has a lowest level and may be unbounded above. See Kurt Gödel, *Time Management (Maxims) I and II*, pp. 407; 494; *Maxims III*, p. 281; *Maxims IV*, pp. 261f.; *Maxims VI*, p. 180.

185 Cf. manuscript page 475, remark foundations 2 in this volume.

186 Cf. in particular Kurt Gödel, *Maxims VI*, p. 164: "The term 'human being' denotes many things and relates to a concept in a certain other relation [not the denotation relation], namely to that concept 'by which' it denotes. [This concept uniquely determines the class of the denoted objects, but not vice versa.]"

187 Cf. manuscript page 510, remark foundations 1 in this volume.

188 Cf. Kurt Gödel, *Time Management (Maxims) I and II*, pp. 496; 501; *Maxims III*, p. 230; *Maxims IV*, pp. 218; 223; 225.

to consider another one [517] for its proof. But these are then the "right" proofs. Another aspect is "intuitiveness".

Maxim: The means to focusing on something (and also to arriving at a decision to do something) is to attend to only a very small part (one proposition) on that respective day. Best: to try it out.

Remark (Psychology): The comical[189] has a second subjective basis, namely to "rise up" and to rise above* something. A something which is nothing is a special case of this (the non-being of something, amplified by the contrast). The apparent nothing, which still is something, would be the opposite. Thus, a good joke (jest) is perhaps a simultaneous satisfaction of our evil and good nature. Some jokes only work verbally and not when presented visually, for example: [518] "to sit on a crocodile".[190] The opposition is always essential.

* Not necessarily through understanding, but possibly just through sense impressions (for the opposite conviction).

Remark (Philosophy): Russell's concept of 2[191] : 2 = concept of space : actual space = concept : form (a concept that has become flesh). Is that psychological?

Remark (Psychology): Every perceiving is a perceiving of states of affairs. Everything else is a "having".** Plants only have a having.[192]

** These are the two kinds of suffering.

189 Cf. Kurt Gödel, *Maxims IV*, pp. 211; 212.
190 This is likely an allusion to a joke or pun that was familiar in Gödel's time but can no longer be reconstructed.
191 Bertrand Russell, *Introduction to Mathematical Philosophy*, New York (Macmillan) / London (G. Allen & Unwin) 1919, p. 18: "We naturally think that the class of couples (for example) is something different from the number 2. But there is no doubt about the class of couples: it is indubitable and not difficult to define, whereas the number 2, in any other sense, is a metaphysical entity about which we can never feel sure that it exists or that we have tracked it down. It is therefore more prudent to content ourselves with the class of couples, which we are sure of, than to hunt for a problematical number 2 which must always remain elusive. Accordingly we set up the following definition: *The number of a class is the class of all those classes that are similar to it*. Thus the number of a couple will be the class of all couples. In fact, the class of all couples will be the number 2, according to our definition [...]."
192 Cf. Aristotle, *De anima*, II 3, 414a 29ff. According to Aristotle, plants possess the nutritive faculty alone, whereas animals (and humans) also possess the faculty of perception.

Remark (Philosophy): The highest division of objects (*onta*[193]) is that into units and multiplicities; the highest division of units is that into things, concepts, and states of affairs.

Remark (Philosophy): Something that is imprecise (e.g., imprecise concepts) can be grasped either as a determinate species of (entirely determinate) objects of the respective kind [519] (e.g., the concept which is defined for a certain category of objects, but not for certain arguments) or as something "indeterminate", i.e., a multiplicity of objects of the respective kind, more precisely, a multiplicity of multiplicities, etc., *ad absurdum*[194] (a consideration in favor of this is* that the imprecise perception of a state of affairs is "indeterminate", i.e., uncertain, but that perhaps means they vary).

* Purely philologically.

The same is true for imprecise knowledge. Quantum theory, which works with "indeterminate" objects, is such a theory. But this contradicts the nature of the theory as originally conceived. The "given" has the above character of the "indeterminate", because it is merely a deceptive appearance of an entirely different reality. It is the task of understanding to "master" these indeterminate demarcations and specifications. Similarly to how the world was created from chaos.

Thus: the indeterminate = multiplicity of multiplicities (multiplicity that does not consist of units?) = the absolute.[195]

[520]
Remark (Foundations): "Oneness" as a concept is first the number 1; second "thing"; as a relation, identity; and as a function, the identity function.[196]

Remark (Philosophy): The grasping of the world through language (or a theory) is not merely a depiction but a projecting onto the greater manifold of possibilities. What is stated is not only what

193 ὄντα, 'the beings', present participle, nominative neuter plural of εἰμί ('to be'); τὸ ὄν, 'the being', present participle, nominative neuter singular of εἰμί.
194 Alternative reading: *ad absconditum*.
195 Cf. addendum *Results on Foundations IV* in: Kurt Gödel, *Maxims IV*, p. 171: "Thus, it is proved that the definable sets are actually not countable [and even have the cardinality of the absolute]."
196 The identity function (identity) is a function that maps every value to itself.

is the case but also "what if", and it is precisely this which is interesting.

Language is constructed in such a way that the same word use* has different meanings when different possibilities (i.e., different worlds) are realized.

* Definition.

{Principle of division → = concept of the third order}[197]

Remark (Philosophy): There are two stages in the awakening of reason. The first stage consists in possessing the "*organon*"[198] [knowing the right behavior or the right means for a purpose]. The second stage consists in knowing the essentials of the world [the right *weltanschauung*]. The former corresponds to logic and ethics, the second to metaphysics. The second stage [521] is achieved by applying the *organon* to questions concerning the *weltanschauung*.

The first stage differs from the "natural" one only in a minor detail.** (If a single gear is displaced in an artful machine, the whole machine stands completely still.) The second stage differs tremendously from the "natural" one.

** And only gradually.

Communists and Goethe[199] in *Poetry and Truth*[200] are at the first stage. It is possible to be a materialist in the first stage by never applying the *organon* to questions concerning the *weltanschauung*. Therefore, it is likely advantageous if these two sides are developed simultaneously. The first side by itself easily generates megalomania, as one believes that one has achieved this stage by one's own merits. But this likely depends mainly on one's elementary school education.***

*** And on health and freedom from worries (wealth).

On the other hand, one can have a more or less correct *weltanschauung* without being at the first stage – felt[201] philosophy. These two stages correspond to the epistemological and the metaphysical way.

197 Inserted at the top of manuscript page 521.
198 The word *organon* (τὸ ὄργανον) means 'tool'. It is also the title of a collection of Aristotle's logical writings, which includes not only works on logic in the strict sense but also texts concerning the philosophy of language and the philosophy of science.
199 Johann Wolfgang Goethe (1749–1832), German author and natural scientist.
200 *Aus meinem Leben. Dichtung und Wahrheit* is the first section of what Goethe had envisioned as a comprehensive autobiography. The volumes that were actually published focus on experiences and events from 1749 to 1775.
201 Alternative readings: feelings, feels for.

[522]

<u>Remark</u> (Philosophy): Are the following propositions true?:

1. No sign combination in a rational language refers to a single thing* (but only to concepts and possible states of affairs).
2. Possible states of affairs are particular kinds of ideas (concepts).
3. Every actual state of affairs is a possible one.
4. The presence of a state of affairs always means [*bedeutet*] the realization (saturation) of a concept.
5. Things are the causes of the presence of states of affairs; that is, they are that which realizes.

ad 3. Reality is a predicate that applies to certain possible states of affairs. The cause of the predicate's applicability is a thing?

ad 4. Or non-applicability in the case of negation.

6. In reality, nothing besides the things corresponds to the realized possible states of affairs [true propositions].
7. The meanings [*Bedeutungen*] of true propositions are not parts [features] of reality.**
8. Every proposition is irrefutable [like a moral maxim, i.e., "truth" is an ethical concept.] [523]

ad 7. This is particularly obvious for propositions of the form $a \vee b$. For elementary states of affairs, it may be true that they are "parts or features of reality".

* In particular also in the living, correct languages of understanding. Remark E.-M. E.: Alternative reading: correctly understood languages.

** Wittgenstein's states of affairs do not exist. Remark E.-M. E.: In item 2 of his *Tractatus logico-philosophicus*, Ludwig Wittgenstein writes (in translation): "What is the case, the fact, is the existence of states of affairs." In 2.01, he writes: "A state of affairs is a combination of objects (entities, things)."

<u>Remark</u> (Philosophy): The highest pair of opposite concepts is "one and many", i.e., simple and composite or simple thing and set [the sets are then divided into homogeneous and inhomogeneous sets on the basis of later divisions – or do only the homogeneous ones exist?]. Only sets have parts [concepts and physical things are such homogeneous sets in the realm of the physical and in the realm of ideas – characteristics [are] the parts of concepts].

The simple is then divided into real and possible on the one hand and into object and state of affairs (i.e., substance and accident) on the other. [These two divisions can easily be confused; the former is the one between reality and the world of ideas, which relates as a form (such as space) does to its "fulfillment".]

Perhaps there are several stages of possibility: logical, mathematical, physical [2 + 2= 5 [524][202] is a logical possibility]. Sub-

202 In the manuscript, the page number '524' appears after the equal sign.

stance[203] and accident[204] are much closer to each other than reality and possibility. For example, the sensations are obviously accidents, although, in their appearance, they are not essentially different from the things that cause them and which are substance. Thus, Aristotle devotes three books to this distinction and only one to each of the others.[205]

In general, much of what one tends to regard as a thing[206] turns out to be a state of affairs or a system of states of affairs [e.g., a war or my stay in Aflenz,[207] in general every "event"]. Hence Wittgenstein's idea of defining things as systems of states of affairs.[208]

Moreover, it is not certain whether a differs at all from the state of affairs $(\exists x)\ \phi(x)$ if ϕ is the designation of a that concerns its essence. Or is the thing merely the cause of the presence of this state of affairs?

[525]
Remark (Philosophy): My stay in Aflenz is something that has parts, namely, a multiplicity of states of affairs, but not everything that happened to me in Aflenz during this time belongs to it; rather, because my stay in Aflenz is a series of actions of mine undertaken for one and the same purpose, only those parts of events belong to it which 1.) are actions of mine, 2.) serve the purpose

203 In Greek, οὐσία (*ousia*) corresponds to the Latin *substantia*, but also to *essentia*. Substance is that by which something is what it is. In Aristotle, the term οὐσία is used in two related senses: on the one hand, to denote substance itself, and on the other, to refer to the essential property or essence of a thing.

204 In Greek, συμβεβηκός (*symbebēkós*) corresponds to the Latin *accidens*. It refers to that which an object possesses accidentally, not necessarily.

205 Aristotle treats the distinction between substance and accident in his *Metaphysics* and the *Categories*. The distinction between the necessary and the accidental as a fundamental characteristic of essentialist metaphysics was also discussed in the *Analytica posteriora*.

206 Alternative reading: much of what is to be regarded as an object.

207 From August 17 to 29, October 2 to 24, and October 31 to November 21, 1936, Gödel was in Aflenz, a health resort he had previously visited with his parents. Cf. Dawson, *Logical Dilemmas: The Work and Life of Kurt Gödel*, Wellesley, Mass. (Peters) 1997, p. 111. During his time in Aflenz, Gödel began a notebook titled *Aflenz 1936 (Analysis, Physik)*, which also contains several remarks on philosophy. It is preserved in Gödel *Nachlass*, box 6a, series III, folder 59, cf. Kurt Gödel, *Maxims III*, p. 273. See also the following remark.

208 See above. In his *Tractatus logico-philosophicus*, item 2.01, Ludwig Wittgenstein writes: "An atomic fact is a combination of objects (entities, things)." Cf. *Tractatus logico-philosophicus* (English), translated by Frank P. Ramsey, edited by Charles Kay Ogden, New York/London (Kegan Paul) 1922, p. 10.

of recreation (or a similar purpose): for example strolling or not answering letters,[209] but perhaps reading a book. Likewise, when I say: "my philosophical studies".[210]

The dependence of jurisdiction on the legislature is a property of the current form of government in Germany.

Similar analysis, what is a state of affairs and what is an object.

Remark (Philosophy): The analysis (by means of the highest concepts: substance, accident, unity, multiplicity, reality, possibility[211]) of abstract states of affairs, human and social conditions would be very fruitful for the formation of understanding. Here, the feeling for language must be the [526] guiding star.

Being a good author and historian[212] [*Geschichtswerker*] with the goal of determining what the objects designated [*bezeichnet*] by the individual words actually are, in particular, into which of the categories of the preceding remarks they fall (and definition of these).

Remark (Philosophy): The multiplicities can be divided into those that are dependent on time and those that are not. The former are those for which the objects that do not belong to the multiplicity [not merely their qualities] change over time. Example: a stream (= set of moving drops of water) or a club (= group of people that have united in order to jointly pursue certain goals*).

* Or does a club also include the existence of certain relationships within this group of people?

The existence of multiplicities that change over time appears to be a contradiction insofar as a multiplicity is something abstract that is formed from units (through logical operations) (formed in

209 For these two subjects, see in particular Kurt Gödel, *Time Management (Maxims) I and II*.

210 Gödel was not enrolled in philosophy at the University of Vienna, but he is known to have attended at least the following lectures and courses: Heinrich Gomperz's "Übersicht über die Hauptprobleme der Philosophie I", "Übersicht über die Hauptprobleme der Philosophie II", "Geschichte der europäischen Philosophie I", and "Geschichte der europäischen Philosophie II"; Moritz Schlick's "Einführung in die Philosophie der Mathematik"; and Rudolf Carnap's "Philosophische Übungen".

211 Cf. manuscript page 501 in this volume, where Gödel writes: "This grasping is already present in animals as well, but they only have sensory categories (space, time, matter, force). The other (abstract) categories [possibility, cause, being, multiplicity, essence, purpose] form the fundamental concepts in 'logical space'."

212 Alternative reading: history works. The term *Geschichtswerker* is a rarely used German word that, in journalistic contexts, typically refers to non-professional or amateur historians.

thought). Hence multiplicities with different elements that are formed through different operations, hence are different. Moreover, a club cannot be the set of its members, because there could be two different [527] clubs with the same members. It is the set of its members "insofar" as they serve a joint purpose (what does this mean?). Nor is a flow a set of water particles, but rather their "flowing", which is particularly apparent in an ocean current. Similar also for the definition of group.

Remark (Philosophy): Investigations of the three preceding remarks are not investigations of the feeling for language; the feeling for language is merely a (dispensable) "signpost". Rather, it is a looking into the space of concepts and has an objectively verifiable result, namely certain* logical relations between certain claims and concepts, such as: meaning [*Bedeutung*], sense [*Sinn*]; at the heart of the matter are the logical categories of logic, metaphysics, and epistemology.

* Often highly unexpected.

[528]
Remark (Foundations): Possible meanings [*Bedeutungen*] of (ιx) $\phi(x)$ under the assumption that

1.) propositions mean [*bedeuten*] states of affairs,
2.) the meaning [*Bedeutung*] of an expression formed by composing meaningful [*bedeutungsvoll*] expressions is composed of the meanings [*Bedeutungen*] of the partial expressions:

I. Language is intensional, that is, e.g., Socrates does not mean [*bedeutet*] this object but rather the definition of this object[213] or this object + a definition [i.e., this object, insofar as it is defined in this and that way]. That is, a certain epistemic access to [a certain givenness[214] of] this object. It is only the proposition stating a cer-

213 Cf. in this volume, manuscript pages 489ff., remark philosophy 1; see also Gödel's marginal note on manuscript page 506, where he introduces proper names as constants into his syntax.

214 On page 57 of Gottlob Frege's "On Sense and Reference" ["Über Sinn und Bedeutung"], in: *Translations from the Philosophical Writings of Gottlob Frege*, edited by Peter Geach and Max Black (this piece translated by Max Black), Oxford (Blackwell) 1952, pp. 56–78, Frege writes: "It is natural, now, to think of there being connected with a sign (name, combination of words, letter), besides that to which the sign refers, which may be called the reference of the sign, also what I should like to call the *sense* of the sign, wherein the mode of presentation is contained." See also the editorial note attached to the fol-

tain property or relation that means [*bedeutet*] something purely objective. That is, the names of objects designate [*bezeichnen*] not objects but their appearances. It is only via assertions that the transition to the realm of the objective is achieved. [Difference between object and assertion and between function and concept is apparently: object : assertion = function : concept = appearance : thing-in-itself.] 2 + 2 is a certain "appearance" (manifestation, aspect) of the number 4. [529]

II. Different view: "the author of Hamlet"[215] only refers to [*bedeutet*] a part of Shakespeare[216] [because Shakespeare is not only the author of Hamlet], but to something objective, namely a part of those states of affairs that, in combination, constitute the object Shakespeare. This part is: Shakespeare, insofar as he is the author of Hamlet. The preceding perspective is a special case of this perspective, as the appearance of an object is one of its parts.

This: "*a*, insofar as it is this and that" is something that is not entirely objective? Which is partly in the subject?*

* Thus, does "$(\iota x)\ \phi(x)$" not mean $(\iota x)\ \phi(x)$, or is Leibniz's law of identity false?

Remark (Foundations): The meaning [*Bedeutung*] relates to the sense [*Sinn*] as the thing-in-itself relates to the appearance.[217] Thus, according to Frege, all true propositions "purely objectively" have the same meaning [*Bedeutung*].[218] They indicate different aspects of the same object (namely the "truth"). That is, truth is,

lowing remark, which provides the full quotation from Frege. On manuscript page 83 of *Logisches Notizheft. Altes Excerpten Heft I (1931 – ...)*, op. cit., Gödel notes two very short excerpts from "On Sense and Reference" that are unconnected to this remark.

215 *The Tragedy of Hamlet: Prince of Denmark* was written by Shakespeare between 1599 and 1601.

216 William Shakespeare (1564–1616), English poet, playwright, and actor.

217 Cf. Gottlob Frege's paper "On Sense and Reference" ["Über Sinn und Bedeutung"], in: *Translations from the Philosophical Writings of Gottlob Frege*, op. cit., pp. 57ff.: "It is natural now, to think of there being connected with a sign (name, combination of words, letter), besides that to which the sign refers, which may be called the reference of the sign, also what I should like to call the *sense* of the sign, wherein the mode of presentation is contained. In our example, accordingly, the reference [...] of 'evening star' and of 'morning star' would be the same, but not the sense. [...] Comprehensive knowledge of the reference would require us to be able to say immediately whether any given sense belongs to it. To such knowledge we never attain."

218 Cf. Gottlob Frege's paper "On Sense and Reference" ["Über Sinn und Bedeutung"], in: *Translations from the Philosophical Writings of Gottlob Frege*, op. cit., p. 65: "If now the truth value of a sentence is its reference, then on the one hand all true sentences have the same reference and so, on the other hand,

as it were, a substance, and the individual states of affairs are its accidents.* [530] (While one would be inclined to regard truth [the whole truth] as a set of true propositions.)

But one can regard sense [*Sinn*] in two ways: as something psychological, and as something ideal. The ideal is thus the appearance of the real? Taken in the first sense [*Sinn*], the sense [*Sinn*] of "$\iota x\ \phi(x)$" would be that of the formula in which the notions [*Vorstellungen*] of ι and those contained in ϕ are combined into a unit in a certain way. In the second sense, it is the concept ϕ. It is the same for a state of affairs; the realm of ideas and that of forms of notions [*Vorstellungsformen*] correspond to each other one-to-one. By contrast: the realm↓[219] of reality [thing-in-itself] is something entirely different.

* [530] This resembles the Indian doctrine according to which all beings are one.

Remark (Philosophy): Life is a higher form of "being" (an *actus*[220]). Notions [*Vorstellungen*] are the intensional[221] object corresponding to the concepts. [Following the respective dominant parlance, they are the sensations caused by us = imagination,[222] for example: I cannot form a notion of this.] [531] (?Or the process of perceiving (grasping) the concepts?)

In the actual course of our thinking, notions [*Vorstellungen*] almost never (or actually never**) occur alone, but always along with others and combined in units with sensations. Because we think in judgments, this is very important when one wants to investigate empirical cognitive psychology.

** This would mean that they are the elements of our thinking that can only be separated conceptually.

Remark (Philosophy): The proportion $a : b = c : d$ has a determinate sense [*Sinn*] only with respect to a certain "character" [property, principle of division] of the objects a, b, c, d [e.g., color, size, shape; square : circle = rectangle : ellipsis], and it presupposes that

do all false sentences." Today, this observation is known as the 'slingshot argument'.

219 Arrow points from "the realm" to "notions" in the next remark.

220 For Gödel, *actus* is a basic concept of psychology. Cf. Kurt Gödel, *Maxims III*, p. 221; 269; see also Kurt Gödel, *Maxims V*, p. 190; and *Maxims VI*, p. 204.

221 Alternative reading: intentional. Cf. *Philosophy I Maxims 0*, p. 213: "The stream of ideas (i.e., the appearance of new ideas [= intensional objects] and the vanishing of others) is not determined by the ideas themselves, but by the acts of the soul (by the 'interest' in the most general sense)." But: *Maxims V*, p. 153: "Imagination is the ability to evoke intentional objects without external objects."

222 Cf. Kurt Gödel, *Maxims IV*, p. 217; *Maxims V*, pp. 153; 154; 164; 173; 175; 181; 183; 195.

a group [translation[223]] is defined for this character; as a proportion only with respect to a certain translation (i.e., identification, correspondence).

But is there not "the correspondence", or several? One is in the direction of "unfolding" [532] from the simple to the complex, i.e., from the unit to the multiplicity; one is perhaps in the direction from appearance to reality [i.e., from the subject to the object].

Remark (Psychology): What one commonly calls emotions[224] (jealousy, anger,[225] love, i.e., the impulses) are a mixture of sensation and drive, where the sensation is the perceived reaction state and the drive is the effect of the reaction state of the lower spheres.

But why can the lower spheres react at all to something that is only perceivable by the understanding? – They even react more strongly than the higher ones, since these are merely a feeble "choice" (hence no agony if what was chosen does not materialize). On the other hand, we react to the corresponding sensation with a strong choice, although it is not an object of understanding in the strict sense. We just have it without understanding it (the pleasantness of sensibility).

The three different motives for acting [533] are:

1. choice of the pleasant sensation,*
2. drive,
3. choice of a state of affairs as good
   (due either to an evidence[226] or to an abstract conclusion).

* That is, the presently sensuously good.

Remark (Psychology): Feelings in the higher sense [*Sinn*] (e.g., feeling for nature) also have a reaction side (sensation with impulse).

Remark (Psychology): The four different kinds of perception of the soul[227] are:

223 In general, a translation refers to the shifting of an object or a point; here, however, it refers to the transformation of a property.

224 Alternative reading: calls common emotions.

225 Cf. manuscript page 562, remark psychology 1 in this volume.

226 For the numerous mentions of 'evidence' in the Philosophical Notebooks, see this volume, manuscript page 491, remark philosophy 2.

227 *Maxims VI* mentions four human organs of perception. Cf. Kurt Gödel, *Maxims VI*, p. 181: "four human organs of perception: 1. sense for the perception of the physical, 2. inner perception (and empathy), 3. feeling, 4. understanding."

Sensation, sense perception, inner perception,[228] understanding (feeling and evidence[229] are less distinct forms of the latter).

Does inner perception differ from outer perception merely by the fact that it relates the same sensations to different categories, or is there something corresponding to the sensations?*

* Question.

The actual object would be one's own "conception" taking place at a certain time.

The question is whether this is immediately perceived or "inferred", i.e., "constructed", like the external objects. Do we, [534] for example, perceive our apperception,[230] or do we infer it? –

This psychological apperception is what is mostly neglected for people in the "natural" state.

Why is there no species of animals that has inner perception but no abstract understanding?

Remark (Psychology): Can the indistinct perception (apperception)[231] of a state of affairs (which happens in the higher feelings) ever be confused with distinctly "having" something, such as red?

Is every having an indistinct knowing, or is it the other way around, that the higher feelings are a mere having of a sensation?[232] At least, it is likely that sensations correspond to states of affairs [because they all have their counterpart in the lower realm, or a combination of sensations, just as, for example, jealousy cor-

228 Cf. Kurt Gödel, *Philosophy I Maxims 0*, p. 208; *Maxims III*, p. 222; *Maxims IV*, p. 252; *Maxims VI*, pp. 170; 181; 183. The concept of inner sense goes back to Aristotle (κοινὴ αἴσθησις, *koinê aisthêsis*) and refers to inner perception of the activity of the sense organs – that is, an organism's perception of its own perceptions.

229 For Franz Brentano, the perception of facts is not merely external perception but involves what he calls introspective evidence – that is, inner perception understood as the act of performing judgments.

230 For 'apperception', cf. manuscript page 504, remark philosophy in this volume and the corresponding editor's note.

231 Unlike Leibniz, Gödel does not equate conscious perception with distinct perception – at least not as far as the apperception of states of affairs is concerned. Here, Gödel may be drawing on Franz Brentano's distinction between perceptions that are conscious, explicit, and distinct and those that are conscious, implicit, and indistinct. The latter are exemplified by the experience of hearing a chord: one is consciously aware of the chord as a whole but cannot distinguish or identify the individual notes. Cf. Franz Brentano, *Psychologie vom empirischen Standpunkt*, vol. 3. *Vom sinnlichen und noetischen Bewusstsein. Äußere und innere Wahrnehmung, Begriffe*, chapter 4, § 2.

232 Alternative reading: an indistinct knowing, or, conversely, are the higher feelings a mere having of a sensation?

responds to a certain bodily sensation and thus always appears simultaneously with it. This is why they are so hard to separate].

According to Leibniz [535] sensations are[233] something indistinct with a distinct degree of indistinctness, which we thus do not know to be indistinct.

Remark (Philosophy): The weaker concept is the one with the greater extension and the smaller content[234] (i.e., the one that "demands" little for its presence*); for example: a weaker equality relation. On the other hand, it is called a "quieter" equality relation on the basis of the conception that the** relation is a force that "links" its arguments "together". In the case of a weaker equality relation, this is the weaker force, because the "presence", i.e., the effect of this force, does not yield such a great closeness of the respective objects. Hence, the equality relation that acts between objects [536] for which this relation holds and that causes (effects) the presence of this relation appears to be weaker.

* Its presence does not mean much, so it is easy (it does not require much force) to influence the things in this way.
** Equality relation.

On the other hand, the "demanding less" is based on the conception that the presence of the relation (or rather, the realization of the state of affairs which the presence means [*bedeutet*]) effects the appearance (being-present) of this force (this essence). The difference is that in the second case we have a ground of knowledge,[235] while in the first we have the real ground.[236]

?The force-like nature[237] becomes most apparent when the occurrence is predictable [love]?

The presence of the concept is not the state of affairs, but the state of affairs is merely the external symptom of the presence of the concept. The concept "red" is, as it were, a being that only possesses a red brush (as its only organ for acting on others), just as Cupid has an arrow and a bow.

233 For Leibniz, (indistinct) sensations lead to unconscious, undetermined perceptions – so-called *petites perceptions*. Leibniz allows, however, that these can become conscious apperceptions once they cross a certain threshold of consciousness. Cf. Kurt Gödel, *Maxims III*, p. 272.

234 Cf. manuscript page 475, remark foundations 2 in this volume.

235 *Ratio cognoscendi*. Cf. Kurt Gödel, *Maxims IV*, pp. 193; 251; 254f.; 260; and *Maxims V*, pp. 156; 161; 167.

236 Cf. Kurt Gödel, *Maxims IV*, p. 260; and *Maxims V*, p. 167. Both the reason for being (*ratio essendi*) and the reason for becoming (*ratio fiendi*) are called 'real grounds'.

237 The German expression *Kraftnatur*, here translated as "force-like nature", usually refers to those with remarkable physical, mental, or psychological strength. Alternative readings: force, nature; force-nature.

But this does not imply that the concept does not have other complicated organs of perception and reflection, nor that its [537] only goal consists in indiscriminately making everything red. From its character, the laws of appearance and disappearance of the red color can be discerned. (For example, there can be a malicious, a fickle, a stable, etc., concept.)

Remark (Foundations): The relations R and $\breve{R}$[238] are objectively different in that, in the proposition $R(xy)$, the product of Ry with x is asserted, while in the proposition $\breve{R}(yx)$, it is the product of Rx with y. This is particularly apparent in the case of a function. Through $z = x + y$ something is asserted about the predicate z (z is . . .), or is the subject the triple x, $+$, y and the predicate is: application (combination) yields z.

4 is not a part of the sense [*Sinn*] of 2 + 2. Thus: 2 + 2 designates only a definition, not the defined.

[538]
Remark (Foundations): Definition of homomorphism[239] for relations:
There is h and $\sim$[240] such that:
1. $R(xy) \rightarrow R(h(y) \wedge h(x))$
2. $x \sim y \rightarrow h(x) \sim h(y)$ (or $\equiv h(x) = h(y)$)
3. $R(uv) \rightarrow$ there is y, $\quad x\, R(yx)\, u \sim h(y) \quad v \overset{?}{\cong} h(x)$
4. $\underline{R(uv)\ v' \sim v \rightarrow \text{there is } u' \sim u \ \ R(u'v')}$.

Remark (Psychology): Tremendous : giant = great : big.[241]

Why is it that, when translating, there is a tendency to "fantasize"? That is, not to translate what is written, i.e., paying too little attention to the given text and more to one's own thought activity.

This is the reason why the Bible (assuming that everything is right and every word has a meaning [*Bedeutung*]) is such a bene-

238 $\breve{R}$ denotes the inverse of relation R. The inverse of a binary relation is the relation that holds between the same objects as R but in the reverse order. A common example is the relation 'parent of', the inverse of which is 'child of'. Cf. Kurt Gödel, *Maxims VI*, pp. 220ff.

239 Concerning 'homomorphism' as a mapping in the wider sense, cf. Kurt Gödel, *Maxims VI*, p. 221. A homomorphism is typically understood as a structure-preserving mapping from one algebraic structure to another.

240 Here, rather than denoting negation, the tilde serves as a symbol for equivalence.

241 The words 'great' and 'big' are written in English in the manuscript.

ficial read. Because it works against this tendency (which inhibits learning) – (*qui intelligendo faciunt non intelligant*[242]). The same phenomenon exists in particular in understanding [539] philosophy.

The same holds for my works: "Working blindly" and the explicit wanting-to-figure-it-out-by-myself-rather-than-reading-a-book is the same phenomenon. Is the reason that one values oneself more than the object,* or is it a non-adherence to the goal?

* Or that what is offered is often really very bad?

The latter is particularly apparent in the case of translations, where the purpose is to learn English and not to learn German (finding the right German expression is the means and not the purpose). For a different manifestation, cf. p. 557.

Remark (Foundations): Argument[243] : subject = function : concept.[244]

Remark (Foundations): Without the introduction of value-ranges,[245] Frege's formal system (i.e., the system of type theory of functions) rests on the idea that, wherever** a letter occurs that represents [*bedeutet*] (or indicates) a function, it must be followed by the appropriate number of letters [in argument brackets[246]], which mean [*bedeuten*] or indicate appropriate arguments.

** In a meaningful [*sinnvoll*] proposition.

This has the consequence that one can (without introducing the λ or $\hat{x}$ notation) make statements of the form $\forall \phi\ \phi(f)$ about a [540] particular function f. The λ-conversion rule becomes redundant because "substitution" is already defined in the right way for functions of higher type. Functions are regarded as something incom-

242 Translated verbatim, this reads: "Those who produce understanding do not understand." This is a modified quotation from a letter by the Church Father Sophronius Eusebius Hieronymus (348/49–420 CE) to Pammachius (letter 57, chapter 5), where he writes: "Faciunt nae intelligendo ut nihil intelligant" [Obviously their objective is to produce understanding to understand nothing]. In this letter, Hieronymus reflects on the best methods of translation. The above quotation comes from *Andria*, a comedy by Terenz (Publius Terentius Afer, c. 195–184 BCE). Cf. manuscript page 557, remark philosophy 1 in this volume.

243 Cf. manuscript page 509, remark foundations 2 in this volume.

244 Cf. manuscript page 514, remark foundations 1 in this volume.

245 Cf. Gottlob Frege, *Basic Laws of Arithmetic* [*Grundgesetze der Arithmetik*], op. cit., § 3, p. 36: "I use the words 'the function $\Phi(\xi)$ has the same course-of-values as the function $\Psi(\xi)$' generally to denote the same as the words 'the functions $\Phi(\xi)$ and $\Psi(\xi)$ have always the same value for the same argument'."

246 Cf. Gottlob Frege, *Basic Laws of Arithmetic* [*Grundgesetze der Arithmetik*], op. cit., § 25, p. 80: "The letter 'β' here in the brackets fills up the place of the argument of the function occurring as argument [of the whole]."

plete[247] [half an object] that thus can only appear in a meaningful [*sinnvoll*] proposition if completed in an appropriate way.

Thus, the conceptual analysis of the world consists in tearing it into parts that cannot exist by themselves, and in propositions a number of these are reassembled in an appropriate way into a whole that can exist by itself. In a way, a function ϕ with an argument that is itself a function of two arguments is something that has two hinges on which the argument is "hung". The concepts are the "female" parts of the world. In a way, they are the world's "mother's womb". In this sense [*Sinn*], reality is equal to a shadow of the concepts. They are "more important" or that which actually exists insofar as everything essential is contained in them* [541] (αρχῆ ἥμισυ πάντων[248]). Insofar as every proposition establishes a relation between reality and concepts, it says something about its "origin", and hence its "sense" [*Sinn*].

* Fundamental truth of mathematics.

Remark (Foundations): In the proposition "the yearly average temperature of a certain place depends on its latitude", "of a certain place" is a variable, and the phrase "yearly average temperature" occurs in its second meaning [*Bedeutung*]. It refers to the concept "yearly average temperature"** (not to the individual instances in an ambiguous↓[249] way).

** Or a value-range of this concept.

Proof: One cannot plug in "Berlin", and one can leave out "of a certain place".

Remark (Foundations): Many relations are denoted by nouns by grasping them as functions (possibly as multi-valued functions).

Is there a difference between "hat of *A*" and "son of *A*" in linguistic awareness?

→[250] If words are used with this meaning [*Bedeutung*] (as a concept), then one has the impulse to pronounce [542] them in a different way. Has one learned this impulse?

247 Cf. Gottlob Frege, *Basic Laws of Arithmetic* [*Grundgesetze der Arithmetik*], op. cit., § 1, p. 34: "The expression for a function is in need of completion, unsaturated."

248 Or: η αρχή είναι το ήμισυ του παντός; alternatively, αρχή ἥμισυ [...] παντός. Translated verbatim, this reads: The beginning is half of the whole. Cf. Plato, *Laws*, VI, 753e; Aristotle, *Politics* V 4, 1303b 29.

249 Arrow points downward to "if words are used with this meaning" in the next remark (foundations).

250 Arrow points from "possibly as multi-valued" in the preceding remark to "if words".

Remark (Philosophy): For a certain interpretation of the words, a proposition can be broken down into meaningful [*sinnvolle*] and meaningless [*sinnlose*] words, a proof into false and correct ones.[251]

For the word "argument", however, the following view is the right one: argument for *A* is something that someone cites as a proof of *A* (actually: argument of *X*, *A*).

Remark (Philosophy): Are languages perhaps constructed in such an artful way that what "sounds bad" to the ear (e.g., in rhythm, vowel clustering, etc.) is also grammatically incorrect or false in terms of content?

Remark (Philosophy): Many concepts have a legal and a factual meaning. For example: [543]

A is the teacher of *B* in subject *C* if *A* gives *B* instructions such that adhering to them will lead to an increase in knowledge of subject *C* in a normal human being. [Or, for a theoretical subject: If *A* makes true statements in front of *B* that belong to subject *C*, and listening and acquiring (memorizing) them leads to an increase in knowledge (or ability) in subject *C*.*]

* Or the instructions could also be false (like the assertions), but they must be approximately right and lead to knowledge of the right assertions in an independently thinking individual.

B is the student of *A* if he follows these instructions [or listens to the statements and attempts to acquire them]. But also if *A* has an obligation to *B* (or *B* to *A*) to do this; *A*'s obligation comes from his position (official teacher) or from a private contract with *B* (or his father, etc.). *B*'s obligation emerges either toward another person (father) or toward himself on the basis of an [544] intent.

Forming an intention (or a decision) creates an obligation on the part of the respective person toward himself (or toward God?). It is a promise one makes to oneself (or to God?). Thus, truly making a decision (with full awareness of what that entails) is a significant act.

Remark (Philosophy): Certain subjects are not taught at all in middle school. Logic and psychology were not even given the appearance of being taught.** Then in order of badness: religion, biology (including geology and anthropology), German, history and geography.*** Comparatively, the teaching of foreign languages

** But only the name.

*** This should mainly be the sociology of the present.

251 Here, Gödel leaves two lines empty.

(French, Latin, English) and mathematics, physics, chemistry, descriptive geometry was handled best.

What is missing in biology and history[252] is the broader perspective. One has to start with the highest [545] ideas (life, power) and then study their realization in reality by going into ever more detail.*

In geography, sociology and economic geography are missing altogether [but it is only these that would give one the means to memorize the names of individual cities, etc., and likewise, in history, the years].**

What is missing in German classes is the precise learning of the language, that is, in particular, the precise differences in meaning [*Bedeutungsunterschiede*] of abstract words (this is best learned through translation). <u>This subject does not even have a name</u>.*** Foreign language classes offer no substitute for this, because here, the attention is not directed at precisely grasping the sense [*Sinn*] (from the context) and then to the precisely correct expression,[253] but one first translates literally and then transforms "into nice German". Whereby, for example, unusual words (which do not have a precise sense [*Sinn*] at all) [546] quickly conceal the falsehood. <u>Most importantly, not enough time is spent on a sentence until the right translation is found.</u>

* In other words, what is missing is the "meaning" [*Bedeutung*] of the subject; likewise in history and geography.

** Mathematics and languages are the best subjects, because it is almost impossible to teach them entirely badly.

*** [546] What matters is precisely grasping the sense [*Sinn*] (for very good authors). The difficulty is that one has the unconscious conviction that one can do this "anyway".

<u>Remark</u> (Philosophy): People can be classified[254] in terms of:

1. character [properties of the will],
2. temperament [= properties of the soul, insofar as they are not already given by character],
3. intellect [*Geist*] [understanding],
4. social status (which comprises financial means).

252 Here, Gödel mentions the concepts 'life' (fundamental to biology) and 'power' (fundamental to history). In Kurt Gödel, *Maxims III*, p. 221, he also identifies a concept that is fundamental to psychology: "It is sometimes possible to establish an entire science with a single word. For psychology, this word is 'finis'." On page 269, the fundamental concept of history is given as follows: "Power is passed on to [...]." Additional fundamental concepts of psychology are also noted here.

253 Alternative reading: precise, correct expression.

254 Cf. manuscript page 471, remark philosophy 1; insertion in the top margin of manuscript page 472; manuscript page 485, remark philosophy 1.

By social status, they are divided into:[255]

1. masters [= aristocrats and capitalists, those who have an "empire" with subordinates, such as a factory],
2. slaves.

The latter are divided into:

1. those who know the master's system of governance and help with it to a lesser or greater extent for a greater or lesser remuneration (purchase price); these are the intellectuals,[256]
2. the foremen,
3. the workers.

Since remainders of the preceding epoch are present in every historical epoch (characterized by the distribution of power, the way in which and the purposes for which it is exercised and preserved), some of these classes are present twice, and as [547] the whole system is continuously in motion, in each person's case it also depends on how long he has been in his current class and which class he belonged to previously. Some move to a different social class[257] (qualitative change), others merely experience quantitative change.

Real advancement is almost impossible?* But often, there is an apparent advancement (i.e., the respective person believes he has advanced).**

* The savings are being used up again and again from time to time (by inflation, war, etc.).

** The state of a person is best characterized by the number of duties he has fulfilled or neglected (innocence).

<u>Remark</u> (Philosophy): "Pagans" [those who pray to foreign gods, the *di gentium*[258]] are those who know the true psychological laws of the world [in particular also those that concern the acquisition and loss of "good"] and who arrange their lives in such a way that they are doing well thanks to those laws [not thanks to God's mercy, which means *non ex fide vivunt*[259]]. These laws reach beyond the grave: every man lives just as long and intensively as there are others who do something for him, worship him, hence ancestor worship and [548] striving for fame and non-extinction of the race.

255 Cf. Kurt Gödel, *Philosophy I Maxims 0*, p. 202; *Time Management (Maxims) I and II*, p. 346; *Maxims III*, p. 320.

256 Cf. Kurt Gödel, *Time Management (Maxims) I and II*, p. 358.

257 Cf. *Philosophy I Maxims 0*, p. 155; *Time Management (Maxims) I and II*, p. 341.

258 *Di gentium* is an expression that occurs in the Vulgate, e.g., in Psalm 95:5 ("*omnes di gentium daemonia*"), but also appears prominently in Augustine's *De civitate Dei*. It refers to the gods of the pagans.

259 Augustine, *De civitate Dei*, liber 19, chapter XVII, par. 1. Translation: they do not live by faith.

Fundamental principle: One can only possess by someone else's losing (but in particular only by one's own toil and trouble); moreover a kind of justice (but not the true one) and necessity of "asserting" one's rights (e.g., their affairs). Starting point is "disposition" and paternal heritage* (disposition = mind, emotion, will, body). In later years also additionally "divine intervention"? (*spiritus ubi vult spirat*[260]) – One can either waste this capital (with or without pleasure gain, in the latter case through pure stupidity, i.e., wrong behavior) or increase it through work and rational behavior.

This theory is the psychology that corresponds to Newtonian physics.[261] There are two principles in this theory:

1. What happens to a human being on the outside only depends on his [549] outer behavior (in particular not on the intention with which he does something = principle of materialism). {Meyer[262]}
2. What happens to a human being on the inside (his experiences, pleasures, sufferings) only depends on his inner actions.** [Every being is a world in itself, completely separate from all others = monadology[263] (solipsism[264]).]

Or does it also depend on the intentions that other beings have with respect to him? (For example, if someone has an honest intention*** of teaching someone a certain subject (and is also en-

* (Education is work, because we are not angels.) This also includes instruction by the parents, which they are obliged to provide and also have a natural instinct to provide. Furthermore, it is also in their material interest.

** Likely up to "inessential transformations", which, in particular, leave the amount of good invariant.

*** To the point that he even thinks carefully about how to do it.

260 John 3:8. Commonly translated as: The wind blows wherever it pleases. However, *spiritus* can also mean 'spirit' or 'world soul'.

261 For Gödel, Newtonian physics had attained the status of the highest form of knowledge. Concerning the relationship between physics and psychology, he remarked the following to Hao Wang years later: "9.2.36 The Newtonian frame is a kind of absolute knowledge. It is a psychological phenomenon. In this sense absolute knowledge is the frame or backbone or axiom system of a good theory. [...] Psychology is different from physics; in psychology, you don't know." Hao Wang, *A Logical Journey: From Gödel to Philosophy*, Cambridge, Mass./London (MIT Press) 1996, pp. 302ff.

262 Inserted in the top left margin of manuscript page 549. If this is a reference to Theodor A. Meyer, as in *Maxims VI*, it may be an allusion to his discussion of the connection between inner experience and external events, which begins on page 186 of his principal work *Das Stilgesetz der Poesie*, Leipzig (Hirzel) 1901.

263 In Gödel's notes on the lecture by Heinrich Gomperz, he writes the following on this topic: "The monads cannot affect each other, but the causal chain only lies within each individual monad" (Gödel *Nachlass*, box 6b, series III, folder 72.6, initial document number 030100.5). Cf. the introduction to Kurt Gödel, *Maxims VI*, p. 148; there also on the 'doctrine of monads', p. 177; see also Kurt Gödel, *Philosophy I Maxims 0*, p. 198.

264 An extreme epistemological view according to which it is only the consciousness of the *I*, or the subject, that possesses objective reality, whereas the external world lacks this status.

titled to teach) but is hindered[265] by external circumstances. Will that become apparent later through good ideas and the good books one gets hold of?) Also against the laws of matter? (This would explain the "spirit" of something insofar as it is independent of the external form.)

Those who achieve something great for humanity have thus acquired an "entitlement" to live for many hundreds of years. This is one reason why the rich and powerful are also healthier in soul and mind:* [550] They did not have any duties in their youth that they could have neglected (duties understood in the sense of this world). In addition, they are protected from diseases[266] that impose new duties (or if, in this way, adherence is enforced and the character as a duty is destroyed through lies?).

* The rational ones among them.

But the extremely poor, who are forced by external forces to adhere to their duties, also enjoy these advantages. As do soldiers. Moreover also those who completely act against their duties. But destroying one's conscience results in an even greater disadvantage later on?**

** But perhaps at a time when you can bear it more easily without perishing.

265 Alternative reading: hindered, is.
266 Alternative reading: Additionally, they protect from diseases.

Remark (Philosophy): The incomprehensible comes in two forms: On the one hand the boundless[267] lawlike and on the other hand the lawless (the absolute[268] and the continuum[269]). [551]

Remark (Philosophy): Kant's practical philosophy[270] (assumption of the existence of God[271] or moral reason) fits very well with his theoretical philosophy: assumption of certain synthetic *a priori* judgments, because these are a necessary condition of knowledge (experience). It is morally right[272] to only have experiences for

267 Cf. Kurt Gödel, *Maxims VI*, pp. 179ff., marginal note and footnote: "[...] the antinomic character of 'everything'* *Or rather, the possibility of objectifying 'everything' and then going beyond it (the boundlessness)." In his paper "Some Basic Theorems on the Foundations of Mathematics and Their Implications" from 1951, Gödel uses the phrase 'the inexhaustibility of mathematics' to describe the boundlessness of mathematics: "The phenomenon of the inexhaustibility of mathematics, however, always is present in some form, no matter which standpoint is taken" (Kurt Gödel, *Collected Works*, vol. III, op. cit., p. 305). "[...] not only that the procedure just described can be carried out with any operation, but that moreover there should exist a set closed with respect to it, that is, one which has the property that, if this procedure (with any application) is applied to elements of this set, it again yields elements of this set" (ibid., p. 307).

268 Cf. Kurt Gödel, *Time Management (Maxims) I and II*, p. 403; p. 407: "You shall not think about the absolute: This is the point of the resolution of the antinomy through the theory of types"; 448; 494; *Maxims III*, p. 200: "class = absolute"; 226; *Maxims IV*, p. 171; *Maxims VI*, p. 199. In Gödel's 1940 monograph *The Consistency of the Axiom of Choice and of the Generalized Continuum Hypothesis with the Axioms of Set Theory*, the following comment on absoluteness can be found on page 1: "In several places (in particular for the 'general existence theorem' on page 8 and the notions of 'relativization' and of 'absoluteness' on page 42) we are concerned with metamathematical considerations about the notions and propositions of the system *S*." On pp. 42ff. of the same text, Gödel defines when certain classes, concepts, and operations are called 'absolute'.

269 Cf. Kurt Gödel, *Time Management (Maxims) I and II*, pp. 363; 366; 367; 372; 377; 378; 379; 380; 381; 385; 386; 387; 389; 399; 402; 403; 417; 421; 422; 441; 445; 447; 521; *Maxims III*, pp. 222; 226; *Maxims IV*, pp. 214; 220; 227; 237; 242; *Maxims V*, p. 199; *Maxims VI*, p. 183.

270 Kant's writings on practical philosophy include in particular the *Critique of Practical Reason* (1788), the *Groundwork of the Metaphysics of Morals* (1785), and the *Metaphysics of Morals* (1797).

271 Kant calls 'God', 'soul', and 'world' (as unities) transcendental ideas or concepts of reason.

272 Here, Gödel uses the term 'morally' not in the same sense as in *Philosophy I Maxims 0*, p. 200, but rather in the sense of 'the right thing to do'. For Kant, both ethical and scientific principles are to be understood as regulative. In the *Critique of Pure Reason*, translated and edited by Paul Guyer and Allen W. Wood, Cambridge (Cambridge University Press) 1998, p. 595, Kant writes: "For the law of reason to seek unity is necessary, since without it we would have no reason, and without that, no coherent use of the understanding, and, lacking that, no sufficient mark of empirical truth [...]. We also find this tran-

oneself at first. The practical philosophy is the same in "converted" form.[273]

Remark (Foundations): In Frege's distinction between German, Greek, and Latin letters,[274] the German and the Greek letters mean [*bedeuten*] the same thing, namely: an expression that contains them refers to [*bezeichnet*] a function. By contrast: an expression that contains the Latin letters states a general proposition (and in general the same as the respective expression with a variable bound by a universal quantifier). The distinction between German and Greek letters is superfluous.

Remark (Foundations): What is in us in actual thinking is not merely possible [552] states of affairs (or their images), but always also a certain position with respect to them, in that they appear either as a question or a wish or a judgment (where truth is divided into factual and ideal, i.e., into what is and what should be*) or as

* [551] This corresponds to the two words "true" and "right"?

scendental presupposition hidden in an admirable way in the principles of the philosophers [...]; that therefore a certain systematic unity of all possible empirical concepts must be sought insofar as they can be derived from higher and more general ones: this is a scholastic rule or logical principle, without which there could be no use of reason [...]" (B 679, 680/A 651, 652). Emphasis by Eva-Maria Engelen, who is indebted to Alexander Englert for drawing attention to this passage.

273 In the section "Critical Examination of the Analytic of Pure Practical Reason" in the *Critique of Practical Reason*, translated by Werner S. Pluhar, Indianapolis/Cambridge (Hackett Publishing) 2002, pp. 114ff., Kant writes the following: "The Analytic of pure theoretical reason dealt with cognition of the objects [...]; it therefore had to start from intuition and hence [...] from sensibility; only from there could it first advance to concepts [...], and [...] was [...] allowed to end with principles. Practical reason, by contrast, deals not with objects [...] but with its own power [...], i.e., with a will [...]; consequently [...] it has to indicate, as practical reason, only a law of objects. Therefore a critique of the analytic of reason [...] must start from the possibility of practical a priori principles. Only from there was it able to proceed to concepts of the objects of a practical reason, viz., those of the absolutely good and evil, in order first to give them in conformity with those principles [...]; and only then could the last chapter, viz., that concerning the relation of pure practical reason to sensibility and concerning its [own] necessary and a priori cognizable influence on it, i.e., concerning moral feeling, conclude this part."

274 Cf. Gottlob Frege, *Basic Laws of Arithmetic* [*Grundgesetze der Arithmetik*], op. cit., § 5, p. 38, Fn. 15; § 9, pp. 43f.; § 17, pp. 65f.; § 19, p. 70; § 26, pp. 142ff.; § 28, p. 83; § 33, pp. 90ff.; § 48, items 5, 9–11, pp. 106ff.; § 50, pp. 112ff. In the notebook *Logisches Notizheft. Altes Excerpten Heft I (1931 – ...)*, op. cit., manuscript page 30, Gödel writes: "A German and a Latin letter do not refer to an object, but indicate."

a subject for another state of affairs (it is also in this sense [*Sinn*] that the names of objects are in us).

Remark (Psychology): For me as well, the impaired psychological function of entering-into-personal-relations-with-other-people* [by communicating, asking, requesting, joking] can perhaps be fixed through a conceptual analysis of what it means and what the reasons for my disorder are (and what the disorder consists in, what normal behavior consists in, and what the mechanism is, i.e., the driving forces of normal behavior).

* These psychological functions are very important for the intelligence. as they also include the language function.

In particular, the cause could be that I regard everyone as a competitor (for a position, money, pleasure, respect) and as someone who regards me as a competitor. A cause could also be that I had the habit of looking directly into people's faces out of reckless curiosity as a child. [553] Moreover also the excessive wish to please and the excessive fear of displeasing, which, whenever establishing personal relations, distract attention from the subject to my image of myself and the impression I am making.

For every subject one wants to learn, it is essential to know where to direct one's attention [i.e., which goals to set for oneself] and to learn to do it [quick reaction to [sense] impressions]. In this way, one can perhaps even learn to joke, by directing attention toward the right. Then, the necessary ideas come as if by themselves.

Remark (Philosophy): The Romans are a precise copy of the Greeks[275] (e.g., Caesar[276] corresponds to Alexander,[277] Pliny[278] to Aristotle[279]). A relation like moon to sun, Hahn[280]: Furtwängler,[281]

275 Cf. Plutarch's *Parallel Lives* [*οἱ βίοι παράλληλοι, Vitae parallelae*], which includes a comparison of Caesar to Alexander the Great.
276 Gaius Julius Caesar (100–44 BCE), Roman statesman and military commander.
277 Alexander the Great (356–323 BCE), king of Macedonia and military commander.
278 Pliny the Elder (ca. 23–79 CE), Roman scholar and natural scientist.
279 Aristotle (384–322 BCE), Greek philosopher and natural scientist.
280 Hans Hahn (1879–1934), Austrian mathematician and philosopher who taught at the University of Vienna. Gödel attended several of his lectures between the winter semester of 1924/25 and the winter semester of 1928/29.
281 Philipp Furtwängler (1869–1940), German mathematician who taught at the university of Vienna. Gödel attended several of his lectures between the winter semester of 1924/25 and the winter semester of 1928/29.

Brouwer[282] : Hilbert,[283] independence of the continuum hypothesis[284] to proof of consistency of continuum hypothesis[285] (= ? Einstein[286] : Weyl,[287] Russell[288] : Frege[289]).

[554]
<u>Remark</u> (Theology): If the purpose of temporal existence is to bring to light the moral quality of every being (and with the greatest possible precision), then this must be similar to the approximation of an irrational point through dyadic development.[290] That is, a merit is followed by an aggravation of the conditions until a sin occurs,* then again alleviation, etc.

* *Inclinavit ex hoc in hoc* (Psalm 74). Remark E.-M. E.: This is a reference to Psalm 75:8: "and he poureth out of the same". The full verse reads: "For in the hand of the LORD there is a cup, and the wine is red; it is full of mixture; and he poureth out of the same: but the dregs thereof, all the wicked of the earth shall wring them out, and drink them."

282 Luitzen Egbertus Jan Brouwer (1881–1966), Dutch mathematician, founder of intuitionism, who, among other things, made important contributions to the foundations of mathematics.

283 David Hilbert (1862–1943), German mathematician, founder of formalism, who, among other things, made important contributions to the foundations of mathematics.

284 The independence of the continuum hypothesis (CH) from the axioms of Zermelo–Fraenkel set theory is regarded as one of the most important results of set theory. Gödel himself formulated Cantor's continuum problem as follows: "How many points are there on a straight line in Euclidean space? [...] How many different sets of integers do there exist?" (Kurt Gödel, "What Is Cantor's Continuum Problem?", 1947). The question is whether there exists a cardinal that lies strictly between the cardinality of the set of natural numbers and the cardinality of the set of real numbers. According to Cantor's hypothesis, there is no such cardinal. In other words, every infinite subset of the continuum has either the cardinality of the set of natural numbers or the cardinality of the whole continuum. Gödel showed that the continuum hypothesis is not refutable in Zermelo–Fraenkel set theory with the axiom of choice (ZFC) by constructing (under the assumption that ZFC is consistent) a model of ZFC + CH. Thus, the continuum hypothesis is consistent relative to ZFC. Later, in 1963, Paul Cohen showed that the continuum hypothesis is not provable in ZFC (such that the negation of CH is consistent relative to ZFC) by constructing (under the assumption that ZFC is consistent) a model of ZFC + ¬CH.

285 In 1940, Gödel showed that ZFC is consistent with the continuum hypothesis provided ZFC is consistent. Cf. Kurt Gödel, "Lecture [on the] Consistency [of the] Continuum Hypothesis", in: Kurt Gödel, *Collected Works*, vol. III. *Unpublished Essays and Lectures*, ed. by Solomon Feferman et al., Oxford (Oxford University Press) 1995, pp. 175–185.

286 Albert Einstein (1879–1955), German-born physicist. Since the imitators of great role models are here mentioned first in all other cases, this should read 'Weyl : Einstein'.

287 Hermann Weyl (1885–1955), German mathematician, theoretical physicist, and philosopher.

288 Bertrand Russell (1872–1970), British philosopher and logician.

289 Gottlob Frege (1848–1925), German mathematician, logician, and philosopher.

290 Binary representation of an irrational number.

Here, the moment of birth is the moment of maximal difficulty (because there is no reason [*Vernunft*] at all and the situation is difficult), such that at that moment, all human beings are sinful.[291]

?Death is the moment at which one's precise character is struck? On the other hand, death is the moment at which either the continuous small sins [senile decay] or a great sin [violent death] have consumed the whole capital of good? – But on the other hand also a preparation for the best possible place determined by examination. Even within life, one part often has this relation to another.

[555]

Remark (Philosophy): A "job" (position[292]) is an employment contract, which, however, can be in different stages of "realization", in particular either offer (i.e., realized in the intention of one of the parties*) or occupied, then wholly realized. The position, however, is an employment contract insofar as it is realized, because there can be different positions that are precisely equal.

* Or by law (i.e., obligation to fill the position).

Remark (Philosophy): The assertion that the existence of something

1. is logically (verbally) possible,
2. is possible according to the laws of nature (i.e., ideally possible),
3. is within someone's intention (i.e., psychologically possible),
4. is within physical** reality,

means [*bedeutet*] different stages of "realization".

** Or psychological (i.e., legal) reality.

But to which realm does the object that can be realized in these different degrees actually belong? For example, the "position" of the preceding remark? Is it an *essentia*[293] (i.e., a definition that applies to at most one object), that is, is it a mere word, or is it a reality of an even [556] lower degree? This should really mean "verbal possibility", because the law of non-contradiction[294] can also be negated with words.

Remark (Philosophy): The existing legal relationships (which are only meaningfully applicable to souls or spirits) are a system of

291 Alternative reading: sin.
292 Written in English in the manuscript.
293 Cf. Kurt Gödel, *Maxims VI*, p. 195: *essentia* = substantial definition.
294 According to the law of non-contradiction (*principium contradictionis*), two propositions that contradict each other cannot both be true.

relations that are superimposed onto the actual ones and not definable from the actual ones (because psychologically, there is no difference between someone who has completely forgotten[295] his duties and someone who has not forgotten them).

The emergence and end of these relations are ruled by certain axioms (the only fundamental concept is "ought" or "duty"); thus, they are also definable in principle, like bodies are from sense perceptions (although this is not feasible in practice). And in this sense, the legal relationships are the memory of the actual relations, but it is better to regard them as a theory of the actual relations.

That is: law : psychology = nuclear physics : phenomenology. Thus, the ought is [557] something similar to the electric field or the forces. But a force that strives to alter reality in the sense of the ought differs from a physical force by our emotional attitude. Namely:

1. That it happens like this seems "beautiful".
2. We feel "obliged" to contribute to this (phenomenon of conscience). When we do not, we do not find peace and suffer from it.

Remark (Philosophy): (*intelligendo facere ut non intelligant*[296]) One only thinks about the explanation (understanding) before one has even precisely grasped the bare fact (or the words). Before one looks for a cause, one must first grasp the facts (thus, a language is also best learned if one first hears someone speak without understanding him). Non-adherence yields "desperate" and "far-fetched" explanations. For this reason, it is also better to read in a foreign language,* because then, necessarily, more attention is directed [558] to the bare word and the literal sense [*Sinn*].

* And things written in a good style.

I had this insight when I read the psalms,[297] where merely grasping the literal meaning [*Bedeutung*] seemed[298] to have a sense

295 Here, the manuscript reads "elapses" (*vergeht*), which, however, does not make sense in this context. Assuming the final loop was not properly closed when writing, the intended word is likely 'forgotten' (*vergessen*).

296 Cf. manuscript page 538, remark psychology 1 in this volume. Translation: to make others understand in order not to understand.

297 In the Old Testament, the Book of Psalms is a collection of 150 religious Hebrew hymnal texts.

298 Alternative reading: seems.

[*Sinn*]. Grasping the right literal sense [*Sinn*] is much more important than one believes.*

Remark (Philosophy): Particularly easily confused in thinking (each of which, as it were, lies on top of itself, like in a Riemann surface[299]) are contrariness[300] and inversion of relations[301]** (cf., e.g., the mappings $\mathfrak{w}' = -\mathfrak{w}$ and $x' = y$, $y' = x$, moreover the proportion: young man : consumption = 5 francs : x). There is something similar in the Greek distich[302] Εστιν ὁ μενχειρων.[303]

Such confusions likely play a great role in "automatically" forming a worldview (i.e., for the working of the categories in the "depths" of the mind).

[559]
Remark (Foundations): It is the characteristic feature of "reasonable" mathematical theorems that, when grasping them, one can imagine the occurring concepts as falling under certain superordinate concepts,*** where these are not great in number and, by their nature, lead us to expect certain relations with the concepts falling under them (perhaps by analogy with geometrical or physical concepts or with conceptions of forces†).

But only very few propositions can be grasped so precisely. Finer propositions are obtained by modifying these raw concepts, namely, through modifications that tend in a certain direction (perhaps work against each other), and through modifications of these modifications. [Thus, the order of the assumptions of a proposition is also important.]

Here, the characteristic features are:

* For example Moses and the burning bush [or understanding a minor detail at the beginning of a paper]. → This is a special case of the principle that one should only proceed to more difficult matters once one has mastered the simple things. Remark E.-M. E.: Exodus 3:2: "Now Moses kept the flock of Jethro his father in law, the priest of Midian: and he led the flock to the backside of the desert, and came to the mountain of God, even to Horeb. And the angel of the LORD appeared unto him in a flame of fire out of the midst of a bush: and he looked, and, behold, the bush burned with fire, and the bush was not consumed. And Moses said, I will now turn aside, and see this great sight, why the bush is not burnt. And when the LORD saw he turned aside to see, God called unto him out of the midst of the bush, and said, Moses, Moses. And he said, Here am I."

** For the relation >, the two actually coincide.

*** Which present the properties of these concepts.

† This or that assumption "tends" toward a certain direction.

299 A Riemann surface is a one-dimensional complex manifold. Riemann surfaces are investigated in complex analysis.

300 A contrary relation exists between two relata mutually excluding each other.

301 The inverse of a relation is obtained by reversing the order of its elements. For example, the inverse of the relation 'greater than' is 'smaller than'.

302 A distich is a verse form consisting of a pair of lines.

303 ἔστιν ὁ μὲν χείρων, ὁ δ᾽ ἀμείνων ἔργον ἕκαστον· // οὐδεὶς δ᾽ ἀνθρώπων αὐτὸς ἅπαντα σοφός. Theognis of Megara, *Elegies*, 901–902. Translation: "At each and every thing one man is better and // another worse; no man alive is skilled in all things" (the // symbol indicates a line break). From: *Elegy and Iambus: Being the Remains of All the Greek Elegiac and Iambic Poets from Callinus to Crates Excepting the Choliambic Writers with the Anacreontea*, edited and translated by J. M. Edmonds, London/New York (Heinemann/Putnam's) 1931, p. 337. Translated verbatim: The one is worse, the other better at every deed, but no man is wise in everything.

1. The transition to the next higher type (and then every proposition is a special case of a more abstract one).
2. Intensional approximation, that is: transition from the rough to the refined (through modification). [560]

But a certain simplicity and symmetry of the structure also plays a role (a manifold regularity of the relations between the individual parts of the proposition, which make it resemble a crystal*), for example particularly for the distributive laws,[304] etc.

* Or a melody.

Remark (Philosophy): One has the tendency to regard all propositions that do not belong to theoretical physics or mathematics as imprecise (thus ultimately meaningless [*sinnlos*], not either true or false). (Detrimental effect of studying mathematics as a consequence of the fallacy: This is precise, so everything else is not, and: If I do not see the precise sense [*Sinn*] of something, then it is not precise.**)

** In my head, it is really not precise.

It is as fruitful to analyze the sense [*Sinn*] of such (in particular sociological) propositions, that is, to realize that they must be either true or false, as it is to analyze the definitions of concepts (e.g., a declaration of war or defeat in war[305] or . . .[306]).

[561]

Remark (Philosophy): In colloquial language, certain objects are only denoted by a noun with an article. That is, the conception is that the concepts (verbs) are not objects, because "the riding" denotes [*bezeichnet*] an (or the totality of) act(s) of riding, just as "the human being" denotes an individual human or the totality of human beings.

Remark (Philosophy): A (certain) voice (in the sense that two people can have the same voice) is an object of the same kind (*genus*[307]) as a certain color (or a certain flickering or a certain gaze), namely the "sensuous form" (i.e., that which corresponds in sensuousness to the "concept" in understanding). With gaze and voice, it is much clearer that they can only be "directed at something" (and thus are

304 In mathematics, the distributive laws describe how binary operations are distributed when expanding brackets. Example: $x(y + z) = xy + xz$.

305 This likely means that the war was lost.

306 Empty line to allow for the continuation of the list.

307 Here, Gödel uses *genus* not as a grammatical term but as a Latin term, meaning 'species', 'class', 'sort'.

mere splinters of things that cannot exist by themselves) than it is for red (because, psychologically, this can be present by itself).

But perhaps it is only their appearance that is lacking independence* [i.e., that aspect of them that is present in a state of affairs, not they themselves].

* And incomplete.

[562][308]

Being – Non-being	Unity – Multiplicity[309]
⎧ Object – Property ⎫	Possibility – Reality
⎨ Cause – Effect ⎬	Purpose – Means
⎩ Essence – Appearance ⎭	

<u>Remark</u> (Psychology): The appropriate starting point for investigating animal intelligence[310] is the study of "higher" emotions [anger, distrust, jealousy,[311] etc.].

[563][312]

Unclear perceptions and uncertain judgments. Does the perception of subject and predicate suffice for the judgment? For the philosophical concepts that I have, it would be very useful to try them out with many concrete examples (systematically with objects of different categories).

308 The second half of the manuscript page is empty.

309 Cf. in particular Kurt Gödel, *Maxims V*, p. 146, on 'unity' and 'multiplicity' as logical categories. See also the enumeration of abstract categories on manuscript page 501.

310 Since Gödel apparently read the writings of Wolfgang Köhler (cf. Kurt Gödel, *Philosophy I Maxims 0*), it is plausible that he was also familiar with Köhler's experiments and observations on the intelligence and psychology of great apes. Cf. Wolfgang Köhler, *Aus der Anthropoidenstation auf Teneriffa III. Intelligenzprüfungen an Anthropoiden I*, Abhandlungen der Königlich-Preußischen Akademie der Wissenschaften, Physikalisch-Mathematische Klasse 1917, 1, Berlin (Verlag der Königlichen Akademie der Wissenschaften) 1917; Köhler, "Zur Psychologie der Schimpansen", in: *Psychologische Forschung* 1 (1922), pp. 2–46.

311 Cf. manuscript page 532, remark psychology 1 in this volume.

312 The second half of the manuscript page contains cryptic notes by Gödel on logic and mathematics. Unlike the rest of the notebooks, they are written in a very small script and thus apparently do not belong to the content of the *Maxims Philosophy*.

Biographische Skizzen – Biographical Vignettes

Alexander der Große: Pella 20./21. Juli 356 v. Chr. – Babylon 10./11. Juni 323 v. Chr. *König der Mazedonier und Feldherr.*
July 20/21, 356 BC in Pella – June 10/11, 323 BC in Babylon King of Macedon and Commander.

Aristoteles/Aristotle: Stagira (Thrakien) 384 v. Chr. – Chalkis (Euböa) 322 v. Chr. *Griechischer antiker Philosoph.*
384 BC in Stagira (Thrace) - 322 BC in Chalcis (Euboea). *Ancient Greek philosopher.*

Bernays, Paul: London 17. Oktober 1888 – Zürich 8. September 1977. *Deutsch-Schweizer Mathematiker und Logiker. Bernays war neben seinen mathematischen Arbeiten zu den Grundlagen der Mathematik und zur axiomatischen Mengenlehre philosophisch engagiert. Er unterstützte die Verbreitung der Philosophie von Leonard Nelson und war Mitbegründer der philosophischen Zeitschrift ›Dialectica‹.*
October 17, 1888 in London – September 8, 1977 in Zurich. *German-Swiss mathematician and logician. Besides his work in the foundations of arithmetic and axiomatic set theory Bernays was engaged in philosophy. He supported the philosophy of Leonard Nelson and was co-founder of the philosophical journal ›Dialectica‹.*

Brouwer, Luitzen Egbertus Jan: Overschie (Rotterdam) 27. Februar 1881 – Blaricum 2. Dezember 1966. *Niederländischer Mathematiker und Philosoph, Begründer des Intuitionismus in der Philosophie der Mathematik, bedeutender Topologe und Mengentheoretiker.*
February 27, 1881 in Overschie (Rotterdam) – December 2, 1966 in Blaricum. *Dutch mathematician and philosopher, founder of intuitionism in the philosophy of mathematics, eminent topologist and set theorist.*

Burali-Forti, Cesare: Arezzo 13. August 1861 – Turin 21. Januar 1931. *Italienischer Mathematiker und Logiker. Er war Assistent bei Giuseppe Peano und ist bekannt für das »Burali-Forti-Paradoxon« der Mengenlehre Georg Cantors, das bei der Bildung der Menge aller Ordinalzahlen entsteht*
August 13, 1895 in Turin – January 21, 1931. *Italian mathematician and logician. He was an assistant to Giuseppe Peano and is known for the »Burali-Forti paradox« of Georg Cantor's set theory, which arises when forming the set of all ordinal numbers.*

Cantor, Georg Ferdinand Ludwig Philipp: Sankt Petersburg 19. Februar (jul.) / 3. März (greg.) 1845 – Halle (Saale) 6. Januar 1918. *Deutscher Mathematiker. Cantor ist der Begründer der Mengenlehre.*
March 3, 1845 in Saint Petersburg – January 6, 1918 in Halle (Saale). *German mathematician. Cantor is the founder of set theory.*

Cäsar, Gaius Julius: 100 v. Chr. – 44 v. Chr. *Gaius Julius Caesar war ein römischer Staatsmann und Feldherr.*
100 BC – 44 BC. *Roman statesman and commander.*

Carnap, Rudolf: Ronsdorf (Wuppertal) 18. Mai 1891 – Santa Monica, Kalifornien 14. September 1970. *Deutsch-amerikanischer Philosoph, Mitbegründer und einer der Hauptvertreter des Logischen Positivismus, Mitglied des Wiener Kreises.*
May 18, 1891 in Ronsdorf (Wuppertal) – September 14, 1970 in Santa Monica, California. *German-American philosopher, one of the founders and a main representative of logical positivism, member of the Vienna Circle.*

Einstein, Albert: Ulm 14. März 1879 – Princeton, New Jersey 18. April 1955. *Deutschstämmiger Physiker. Begründer der Relativitätstheorie.*
March 14, 1879 in Ulm – April 18 1955 in Princeton, New Jersey. *German-born physicist. Developed the theory of relativity.*

Finsler, Paul: Heilbronn 11. April 1894 – Zürich 29. April 1970. *Schweizer Mathematiker, der zunächst in der Differentialgeometrie (Finsler-Räume) gearbeitet hat und dann zu den Grundlagen der Mathematik und der Mengentheorie.*
April 11, 1894 in Heilbronn – April 29, 1970 in Zurich. *Swiss mathematician who worked in differential geometry (Finsler spaces), in the foundations of mathematics, and in set theory.*

Frege, (Friedrich Ludwig) Gottlob: Wismar, 8. November 1848 – Bad Kleinen, 26. Juli 1925. *Deutscher Mathematiker, Logiker und Philosoph.*
November 8, 1848 in Wismar – July 26, 1925 in Bad Kleinen. *German mathematician, logician, and philosopher.*

Furtwängler, Philipp: Elze 21. April 1869 – Wien 19. Mai 1940. *Deutscher Mathematiker, Zahlentheoretiker. Gödel bezeichnet die mathematischen Vorlesungen von Furtwängler, neben den philosophischen Einführungsvorlesungen von Heinrich Gomperz, im Grandjean-Fragebogen als einflussreich für sein Denken.*
April 21, 1869 in Elze – May 19, 1940 in Vienna. *German mathematican, number theorist. In the Grandjean questionnaire Gödel describes the lectures in mathematics by Furtwängler, besides the introductory lectures by the philosopher Heinrich Gomperz, as having influenced his thinking.*

Grelling, Kurt: Berlin 2. März 1886 – Auschwitz 1942. *Deutscher Mathematiker, Logiker und Philosoph. Mitglied der Berliner Gesellschaft für empirische Philosophie (Berliner Kreis).*

March 2, 1886 in Berlin – 1942 in Auschwitz. *German mathematician, logician, and philosopher. Member of the Berlin Circle.*

Hahn, Hans: Wien 27. September 1879 – Wien 24. Juli 1934. *Österreichischer Mathematiker und Philosoph, Doktorvater u. a. von Kurt Gödel und Karl Menger. Mitbegründer des Wiener Kreises.* September 27, 1879 in Vienna – July 24, 1934 in Vienna. *Austrian mathematician and philosopher, Ph.D supervisor of Kurt Gödel and Karl Menger inter alia. Hahn was one of the founders of the Vienna Circle.*

Hilbert, David: Königsberg 23. Januar 1862 – Göttingen 14. Februar 1943. *Deutscher Mathematiker.* January 23, 1862 in Königsberg – February 14, 1943 in Göttingen. *German mathematician.*

Kant, Immanuel: Königsberg 22. April 1724 – Königsberg 12. Februar 1804. *Deutscher Philosoph.* April 22, 1724 in Königsberg – February 12, 1804 in Königsberg. *German philosopher.*

Langford, Cooper Harold: Dublin, Arkansas 25. August 1895 – 28. August 1964. *Amerikanischer Logiker und Philosoph*
August 25, 1895 in Dublin, Arkansas – August 28, 1964. *American logician and philosopher.*

Leibniz, Gottfried Wilhelm: Leipzig 1. Juli 1646 – Hannover 14. November 1716. *Deutscher Philosoph und Universalgelehrter.*
July 1, 1646 in Leipzig – November 14, 1716 in Hanover. *German philosopher and polymath.*

Meyer, Theodor Alexander: Stuttgart-Berg 21. Februar 1859 – 12. Oktober 1936. *Deutscher Philologe, Literaturwissenschaftler und Philosoph* February 21, 1859 in Stuttgart-Berg – October 12, 1936. *German linguist, literary scholar and philosopher*

Newton, Isaac: Woolsthorpe-by-Colsterworth in Lincolnshire 25. Dezember 1642 (jul.) / 4. Januar 1643 (greg.) – Kensington 20. März 1726 (jul.) / 31. März 1727 (greg.). *Englischer Naturforscher.* January 4, 1643 in Woolsthorpe-by-Colsterworth in Lincolnshire – March 31, 1727 in Kensington. *English natural scientist.*

Peano, Giuseppe: Spinetta 27. August 1858 – Turin 20. April 1932. *Italienischer Mathematiker und Logiker. Die Standardaxiomatisierung der natürlichen Zahlen ist nach ihm mit Peano-Axiome benannt.* August 27, 1858 in Spinetta – April 20, 1932 in Turin. *Italian mathematician and logician. The standard axiomatization of the natural numbers is named the Peano axioms.*

Platon/Plato: Athen (oder Ägina) 428/427 v. Chr. – Athen 348/347 v. Chr. *Griechischer antiker Philosoph.*
428/427 BC in Athens (or Aegina) – 348/347 BC in Athens. *Ancient Greek philosopher.*

Plinius der Ältere: Novum Comum 23 oder 24 n. Chr. – Stabiae 79 n. Chr. *Römischer Gelehrter und Naturforscher*
23 oder 24 in Novum Comum – 79 in Stabiae. *Roman scholar and naturalist*

Ramsey Plumpton, Frank: Cambridge 22. Februar 1903 – Cambridge 19, Januar 1930. *Englischer Mathematiker, Philosoph und Ökonom, der ein enger Freund Ludwig Wittgensteins war.*
February 11, 1903 in Cambridge – January 19, 1930 in Cambridge. *English mathematician, philosopher and economist who was also a close friend of Ludwig Wittgenstein.*

Russell, Bertrand (Arthur William): Trellech (Wales) 18. Mai 1872 – Penrhyndeudraeth (Wales) 2. Februar 1970. *Britischer Philosoph, Mathematiker und Logiker.*
May 18, 1872 in Trellech (Wales) – February 2, 1970 in Penrhyndeudraeth (Wales). *British philosopher, mathematician, and logician.*

Shakespeare, William: Stratford-upon-Avon 26. April 1564 – Stratford-upon-Avon 3. Mai 1616. *Englischer Dichter, Dramatiker und Schauspieler.* April 26, 1564 in Stratford-upon-Avon – Mai 3, 1616 in Stratford-upon-Avon. *English poet, dramatist and actor.*

Sokrates: Athen um 470 v. Chr. – Athen 399 v. Chr. *Antiker griechischer Philosoph, Lehrer Platons.* 470 BC in Athens – 399 BC in Athens. *Ancient Greek philosopher, teacher of Plato.*

Weyl, Hermann Klaus Hugo: Elmshorn 9. November 1885 – Zürich 8. Dezember 1955. *Deutscher Mathematiker, theoretischer Physiker und Philosoph, der in vielen Gebieten, von der Zahlentheorie bis zur theoretischen Physik und Philosophie, gearbeitet hat. Weyl wurde in Göttingen von David Hilbert promoviert und nach Jahren als Professor an der ETH Zürich dessen Nachfolger in Göttingen, ehe er ans Institute for Advanced Study nach Princeton wechselte, wo er Kollege von Kurt Gödel war.* November 9, 1885 in Elmshorn – December 8, 1955 in Zürich. *German mathematician, theoretical physicist, and philosopher who has worked in several fields: from number theory to theoretical physics, and philosophy. His doctorate was awarded at the University of Göttingen under the supervision of David Hilbert. After he had been professor at the ETH Zurich in Switzerland for many years, he became Hilbert's successor in Göttingen, before he joined the Institute for Advanced Study in Princeton, where he was a colleague of Kurt Gödel.*

Wittgenstein, Ludwig (Johann Josef): Wien 26. April 1889 – Cambridge 29. April 1951. *Österreichisch-britischer Philosoph, der sowohl den Wiener Kreis als auch die englische analytische Philosophie nachhaltig beeinflusst hat.*

April 26, 1889 in Vienna – April 29, 1951 in Cambridge. *Austrian-British philosopher, who has influenced the philosophy of the Vienna Circle as well as British analytic philosophy.*

Wundt, Wilhelm: Neckarau (Mannheim) 16. August 1832 – Großbothen bei Leipzig 31. August 1920. *Deutscher Psychologe und Philosoph, Vertreter des Psychologismus in der Logik.*
August 16, 1832 in Neckarau near Mannheim – August 31, 1920 in Großbothen near Leipzig. *German psychologist and philosopher, representative of psychologism in logic.*

Literaturverzeichnis und Werkregister – References and Index of References

›Die Bibel. Altes und Neues Testament‹. *Siehe auch ›Luther, Martin (Übers.)‹, ›Joseph Franz Allioli (Übers.)‹ sowie ›Vulgata‹.*

›Holy Bible. King James Version‹, Racine, Wisconsin (Whitman) n. d.

›Vulgata‹. *Gödel hat mehrere Ausgaben der lateinischen Fassung der Bibel (Biblia Sacra Vulgata) benutzt. Nachweisbar ist das im Falle der von Joseph Franz Allioli (s. u.) und der von Michael Hetzenauer (s. u.) herausgegebenen Ausgabe.*

Allioli, Joseph Franz (Hrsg.): ›Biblia sacra vulgatae editionis‹, München (Vogel'sche Verlagsbuchhandlung), 1854, 2. Aufl. *Gödel hat am 1. März 1938 einen Bestellschein dafür ausgefüllt.*

Allioli, Joseph Franz (Übers.): ›Das Neue Testament‹, Leipzig (Pöschel und Trepte) 1907. *Der Band befindet sich in Gödels Privatbibliothek.*

Allioli, Joseph Franz (Übers.): ›Die Heilige Schrift des Alten und Neuen Testaments‹, 3 Bde., München/Landshut (Vogel'sche Verlagsbuchhandlung) 1860.

Aristoteles: ›Das Organon‹, hrsg. und übers. v. Julius Hermann von Kirchmann, Heidelberg (Georg Weiss) 1883. *Gödel hat hierfür am 5. und 12. Juli 1938 einen Bestellschein ausgefüllt.*

Gödel, Kurt: ›Collected Works‹, Bd. I. ›Publications 1929–1936‹, hrsg. v. Solomon Feferman, John W. Dawson, Jr., Stephen C. Kleene, Gregory H. Moore, Robert M. Solovay, Jean van Heijenoort, Oxford (Oxford University Press) 1986.

Gödel, Kurt: ›Collected Works‹, Bd. II. ›Publications 1938–1974‹, hrsg. v. Solomon Feferman, John W. Dawson, Jr., Stephen C. Kleene, Gregory H. Moore, Robert M. Solovay, Jean van Heijenoort, Oxford (Oxford University Press) 1990.

Gödel, Kurt: ›Collected Works‹, Bd. III. ›Unpublished Essays and Lectures‹, hrsg. v. Solomon Feferman, John W. Dawson, Jr., Warren Goldfarb, Charles Parsons, Robert M. Solovay, Oxford (Oxford University Press) 1995.

Gödel, Kurt: ›Collected Works‹, Bd. IV. ›Correspondence A–G‹, hrsg. v. Solomon Feferman, John W. Dawson, Jr., Warren Goldfarb, Charles Parsons, Wilfried Sieg, Oxford (Clarendon Press) 2003.

Gödel, Kurt: ›Collected Works‹, Bd. V. ›Correspondence H–Z‹, hrsg. v. Solomon Feferman, John W. Dawson, Jr., Warren Goldfarb, Charles Parsons, Wilfried Sieg, Oxford (Clarendon Press) 2003.

Gödel, Kurt: ›Philosophie I Max 0‹, Kurt Gödel Papers (CO282), Behältnis 6b, Reihe III, Mappe 63, ursprüngliche Dokumentennummer 030086.

Gödel, Kurt: ›Max I‹, siehe ders., ›Zeiteinteilung (Max) I‹.

Gödel, Kurt: ›Max II‹, siehe ders., ›Zeiteinteilung (Max) II‹.

Gödel, Kurt: ›Max III‹, Kurt Gödel Papers (CO282), Behältnis 6b, Reihe III, Mappe 66, ursprüngliche Dokumentennummer 030089.

Gödel, Kurt: ›Max IV‹, Kurt Gödel Papers (CO282), Behältnis 6b, Reihe III, Mappe 67, ursprüngliche Dokumentennummer 030090.

Gödel, Kurt: ›Max V‹, Kurt Gödel Papers (CO282), Behältnis 6b, Reihe III, Mappe 67, ursprüngliche Dokumentennummer 030091.

Gödel, Kurt: ›Max VI‹, Kurt Gödel Papers (CO282), Behältnis 6b, Reihe III, Mappe 68, ursprüngliche Dokumentennummer 030092.

Gödel, Kurt: ›Max VII‹, Kurt Gödel Papers (CO282), Behältnis 6b, Reihe III, Mappe 68, ursprüngliche Dokumentennummer 030093.

Gödel, Kurt: ›Max VIII‹, Kurt Gödel Papers (CO282), Behältnis 6b, Reihe III, Mappe 69, ursprüngliche Dokumentennummer 030094.

Gödel, Kurt: ›Max IX‹, Kurt Gödel Papers (CO282), Behältnis 6b, Reihe III, Mappe 69, ursprüngliche Dokumentennummer 030095.

Gödel, Kurt: ›Max X‹, Kurt Gödel Papers (CO282), Behältnis 6b, Reihe III, Mappe 70, ursprüngliche Dokumentennummer 030096.

Gödel, Kurt: ›Max XI‹, Kurt Gödel Papers (CO282), Behältnis 6b, Reihe III, Mappe 70, ursprüngliche Dokumentennummer 030097.

Gödel, Kurt: ›Max XII‹, Kurt Gödel Papers (CO282), Behältnis 6b, Reihe III, Mappe 71, ursprüngliche Dokumentennummer 030098.

Gödel, Kurt: ›Max XIV‹, Kurt Gödel Papers (CO282), Behältnis 6b, Reihe III, Mappe 72, ursprüngliche Dokumentennummer 030099.

Gödel, Kurt: ›Max XV‹, Kurt Gödel Papers (CO282), Behältnis 6b, Reihe III, Mappe 72, ursprüngliche Dokumentennummer 0300100.

Gödel, Kurt: ›Philosophische Notizbücher, Band 1: Philosophie I Maximen 0‹ / ›Philosophical Notebooks, Volume 1: Philosophy I Maxims 0‹, hrsg. v. Eva-Maria Engelen, übers. v. Merlin Carl, Berlin/München/Boston, Mass. (De Gruyter) 2019.

Gödel, Kurt: ›Philosophische Notizbücher, Band 2: Zeiteinteilung (Maximen) I und II‹ / ›Philosophical Notebooks, Volume 2: Time Management (Maxims) I and II‹, hrsg. v. Eva-Maria Engelen, übers. v. Merlin Carl, Berlin/München/Boston, Mass. (De Gruyter) 2020.

Gödel, Kurt: ›Philosophische Notizbücher, Band 3: Maximen III‹ / ›Philosophical Notebooks, Volume 3: Maxims III‹, hrsg. v. Eva-Maria Engelen, übers. v. Merlin Carl, Berlin/München/Boston, Mass. (De Gruyter) 2021.

Gödel, Kurt: ›Philosophische Notizbücher, Band 4: Maximen IV‹ / ›Philosophical Notebooks, Volume

4: Maxims IV‹, hrsg. v. Eva-Maria Engelen, übers. v. Merlin Carl, Berlin/München/Boston, Mass. (De Gruyter) 2023.

Gödel, Kurt: ›Philosophische Notizbücher, Band 5: Maximen V‹ / ›Philosophical Notebooks, Volume 5: Maxims V‹, hrsg. v. Eva-Maria Engelen, übers. v. Merlin Carl, Berlin/München/Boston, Mass. (De Gruyter) 2024.

Gödel, Kurt: ›Philosophische Notizbücher, Band 6: Maximen VI‹ / ›Philosophical Notebooks, Volume 6: Maxims VI‹, hrsg. v. Eva-Maria Engelen, übers. v. Merlin Carl, Berlin/München/Boston, Mass. (De Gruyter) 2025.

Gödel, Kurt: ›Zeiteinteilung (Max) I‹, Kurt Gödel Papers (CO282), Behältnis 6b, Reihe III, Mappe 64, ursprüngliche Dokumentennummer 030087.

Gödel, Kurt: ›Zeiteinteilung (Max) II‹, Kurt Gödel Papers (CO282), Behältnis 6b, Reihe III, Mappe 65, ursprüngliche Dokumentennummer 030088.

Gomperz, Heinrich: »Vorlesung zur Geschichte der europäischen Philosophie aus dem Wintersemester 1925/26 und Sommersemester 1926«, Mitschrift durch Kurt Gödel, in: Kurt Gödel Papers (CO282), Behältnis 6b, Reihe III, Mappen 72,5 und 72,6, ursprüngliche Dokumentennummern 030100.4 und 030100.5.

Hilbert, David; Ackermann, Wilhelm: ›Grundzüge der Theoretischen Logik‹, Berlin (Springer) 1928. *Der Band befindet sich in Gödels Privatbibliothek.*

Leibniz, Gottfried Wilhelm: ›Monadologie‹, hrsg. v. Johann Eduard Erdmann, in: Gottfried Wilhelm Leibniz, ›Opera philosophica quae exstant latina, gallica, germanica omnia‹, Berlin (Eichler) 1839.

Luther, Martin (Übers.): ›Die Bibel oder die ganze Heilige Schrift des Alten und Neuen Testaments‹, Berlin (Britische und Ausländische Bibelgesellschaft) 1936. *Der Band befand sich in Gödels Privatbibliothek.*

Russell, Bertrand: »Les paradoxes de la logique«, in: ›Revue de Metaphysique et de Morale‹ 5 (1906), S. 627–650.

Russell, Bertrand: ›The Principles of Mathematics‹, Cambridge (Cambridge University Press) 1903.

Shakespeare, William: ›The Tragedy of Hamlet. Prince of Denmark‹ *›Hamlet‹ wurde von Shakespeare zwischen 1599 und 1601 geschrieben.*

Weyl, Hermann: ›Das Kontinuum. Kritische Untersuchungen über die Grundlagen der Analysis‹, Leipzig (von Veit und Comp.) 1918.

Whitehead, Alfred North; Russell, Bertrand: ›Principia Mathematica‹, 3 Bde., Cambridge (Cambridge University Press), 1910–1913; 2. Auflage 1925–1927. *Es ist nachweisbar, dass die von Gödel ausgeliehenen Bände 2 und 3 am 23. September 1938 zurückgegeben wurden. Gödel besaß eine Übersetzung der Einleitungen der ›Principia Mathematica‹.*

Personenregister – Index of Names

Errata-Liste für Band 4 / Errata List for volume 4

S. 45 Zeilen 26, 28 das Satzzeichen ›Punkt‹ jeweils fett

S. 45 Zeilen 31, 33 öffnende und schließende Anführungszeichen jeweils fett

S. 46 Zeile 12 das Satzzeichen ›Fragezeichen‹ fett

S. 46 Zeile 14 öffnende und schließende Anführungszeichen sowie das Satzzeichen ›Fragezeichen‹ fett

S. 46 Zeile 17 öffnende und schließende Anführungszeichen fett

S. 46 Zeile 18 die Satzzeichen ›Fragezeichen‹ und ›Ausrufezeichen‹ fett

S. 55 Fußnote ›Mitglied des IAS und erst 1953 Professor‹ statt ›Mitglied des IAS‹

S. 55 Fußnote › »Gesetzlosigkeit« und »Ungleichheit« ‹ statt ›Gesetzlosigkeit‹

S. 64 Fußnote » ›Dissertatio de arte combinatoria‹, Probl.« statt » ›De arte combinatoria‹, §«

S. 72 Zeile 6 ›liegt‹ statt ›legt‹

S. 77 Fußnote ›νοῦς‹ statt ›νούς‹, zweimal

S. 87 Fußnote ›τὸ‹ statt ›τό‹

S. 101 Fußnote ›27 Begriff von »absolut« definierbar‹ statt ›26 Begriff von »absolut« beweisbar‹

S. 112 Zeilen 14 und 16 jeweils ›solche‹ statt ›sinnliche‹

S. 121 Zeile 13 ›Erkennen‹ statt ›erkennen‹

S. 128 Zeile 20 ›Definitionen‹ statt ›Definition‹

S. 131 Fußnote ›Stephansturm‹ statt ›Stephansdom‹

p. 181 remark foundations 1 ›in which any two different expressions have‹ instead of ›in which two different expressions each have‹

p. 185 footnote 40 ›IAS and professor only in 1953.‹ instead of ›IAS.‹

p. 186 last line ›syllogistic figures‹ instead of ›syllogisms‹

p. 185 footnote 62 ›'lawlessness' and 'inequality'‹ instead of 'lawlessness'

p. 193 remark philosophy 1 ›the latter contains‹ instead of ›the former contains‹; ›the former does not‹ instead of ›the latter does not‹

p. 194 footnote 82 ›overdeterminations‹ instead of ›overdetermination‹

p. 194 footnote 83 ›Dissertatio de arte combinatoria, Probl.‹ instead of ›De arte combinatoria, §‹

p. 201 line 2 ›belief‹ instead of ›faith‹

p. 201 line 20ff. ›then is added, according "true"‹ instead of ›then adds "true"‹

p. 206 footnote 135 ›νοῦς‹ instead of ›νούς‹, twice

p. 215 line 6 ›hate or love‹ instead of ›love‹

p. 215 line 13 ›object [*Gegenstand*]‹ instead of ›object‹

p. 215 line 15 ›object [*Objekt*]‹ instead of ›object‹

p. 215 footnote 180 ›τὸ‹ instead of ›τό‹

p. 215 line 1 ›imagination‹ instead of ›fantasy‹

p. 222 line 14 ›(i_1)‹ instead of ›(i_l)‹

p. 222 line 15 ›i_1‹ instead of ›i_l‹

p. 224 maxim ›meaning [*Sinn*]‹ instead of ›meaning‹

p. 229 remark foundations 3 ›provable‹ instead of ›provable,[233]‹; ›"absolutely definable[233]‹ instead of ›"absolutely definable‹

p. 234 remark foundations 1 ›and‹ instead of ›und‹

p. 239 question philosophy ›A. those that I see‹ instead of ›A. sensual ones, which‹; ›B. those that I understand‹ instead of ›B. sensual ones that I understand‹

p. 252 remark foundations 1 ›The concept is the unity‹ instead of ›the concept is a unity‹

p. 257 footnote 338 ›St. Stephen's tower‹ instead of ›St. Stephen's Cathedral‹

Erratum für Band 6 / Erratum for volume 6

Die Einleitung zu Band 6 der Philosophischen Notizbücher Kurt Gödels wurde von John Crutchfield übersetzt.

The introduction to volume 6 of Kurt Gödel's Philosophical Notebooks was translated by John Crutchfield.